高职高专“十二五”规划教材

机械制图与测绘

王小娟　主　编
赵　娜　杨玲玲　副主编

化学工业出版社
·北京·

本教材从教学实际出发，以零件图的测绘、识读和绘制为主线，从技能培养的角度出发，按照模块化、任务驱动的思路进行编写。全书共分基础模块、提升模块和综合模块三大部分，基础模块主要包括绘制和识读基本体的投影、绘制平面图形、绘制立体表面交线和绘制与识读组合体三视图。提升模块中主要包括综合识读各种图样、识读零件图和装配图。综合模块中设置了轴套类零件、轮盘类零件和箱体类零件的测绘实训。每个项目中都涵盖相应的知识任务和技能任务，每个技能任务都以实例为切入点，以实训为主，让学生在绘图过程中掌握知识任务，有较强的针对性和实用性。本书可供高职高专模具、数控、机制、机电和汽车等专业的学生使用。

图书在版编目（CIP）数据

机械制图与测绘/王小娟主编. —北京：化学工业出版社，2014.9（2015.11 重印）
高职高专“十二五”规划教材
ISBN 978-7-122-21154-5

Ⅰ.①机… Ⅱ.①王… Ⅲ.①机械制图-高等职业教育-教材②机械元件-测绘-高等职业教育-教材 Ⅳ.①TH126②TH13

中国版本图书馆 CIP 数据核字（2014）第 142752 号

责任编辑：李 娜　　文字编辑：谢蓉蓉
责任校对：吴 静　　装帧设计：刘丽华

出版发行：化学工业出版社（北京市东城区青年湖南街 13 号　邮政编码 100011）
印　　装：大厂聚鑫印刷有限责任公司
787mm×1092mm　1/16　印张 12¾　字数 315 千字　　2015 年 11 月北京第 1 版第 2 次印刷

购书咨询：010-64518888（传真：010-64519686）　售后服务：010-64518899
网　　址：http://www.cip.com.cn
凡购买本书，如有缺损质量问题，本社销售中心负责调换。

定　　价：35.00 元　

前言

本教材是依据《国家中长期教育改革和发展规划纲要（2010—2020年）》的指导精神，并结合教育部最新颁布的教学指导要求及高职高专学校教学特点和院级精品课“机械制图与测绘”建设的设计理念与思路编写而成。

本教材从教学实际出发，以零件图的测绘、识读和绘制为主线，从技能培养的角度出发，按照模块化、任务驱动的思路进行编写。全书共分基础模块、提升模块和综合模块三大块，基础模块主要包括绘制和识读基本体的投影、绘制平面图形、绘制立体表面交线和绘制与识读组合体三视图。提升模块中主要包括综合识读各种图样、识读零件图和装配图。综合模块中设置了轴套类零件、轮盘类零件和箱体类零件的测绘实训。每一个项目中都涵盖相应的知识任务和技能任务，每个技能任务都以实例为切入点，以实训为主，让学生在绘图过程中掌握知识任务，有较强的针对性和实用性。本书可供高职高专模具、数控、机制、机电和汽车等专业学生使用。

本书的编写特点主要体现在以下几个方面。

（1）采用任务驱动的方式撰写，每块内容都设有知识任务和技能任务，通过每个技能任务的实训检测学生们掌握知识点的情况，激发学生们的学习兴趣，培养学生的自主学习能力、动手能力，强化团队精神，最大限度地让学生掌握本课程的重点难点内容。

（2）内容全面，实用性强。书中大量采用了平面图形与立体图形相结合的形式，可提高学生的空间想象能力，增强学生识读工程图样的能力。

（3）本书的编写依托院级精品课“机械制图与测绘”建设，充分考虑到学校教学实际情况，在技能任务的设置中，方便实训，更易于学生对知识的掌握。

本教材由晋城职业技术学院王小娟任主编，赵娜、杨玲玲任副主编。“机械制图与测绘”精品课的课题组成员成磊、赵飞、杨林波、焦毅霞、高洁都参与了本教材的编写。

由于受经验、水平和时间所限，书中难免存在不妥之处，真诚希望得到各位同行和读者的批评和建议，以便在下次修订时改进。

编者

2014年6月

目录

基础模块

提升模块

综合模块

基础模块

绘制与识读基本体的投影

知识任务一　投影的基本概念及三视图的形成

一、投影法的基本知识

1. 投影法的概念

用投射线（投影线）通过物体，向选定的面投影，并在该面上得到图形的方法称为投影法。

如图 1-1-1 所示，设空间有一定点 S 和任一点 A，以及不通过点 S 和点 A 的平面 P，从点 S 经过点 A 作直线 SA，直线 SA 必然与平面 P 相交于一点 a，则称点 a 为空间任一点 A 在平面 P 上的投影，称定点 S 为投影中心，称平面 P 为投影面，称直线 SA 为投影线。

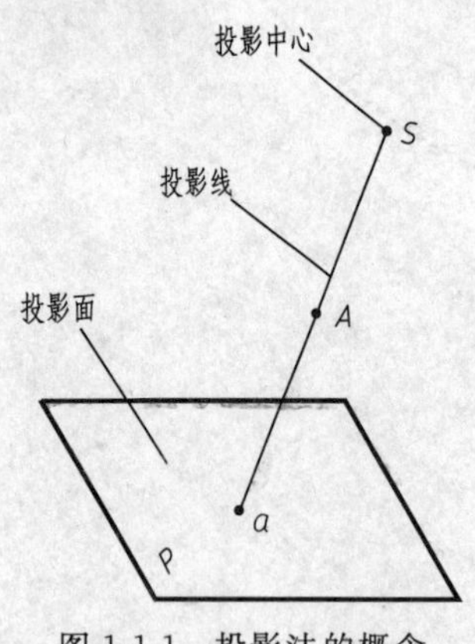

图 1-1-1　投影法的概念

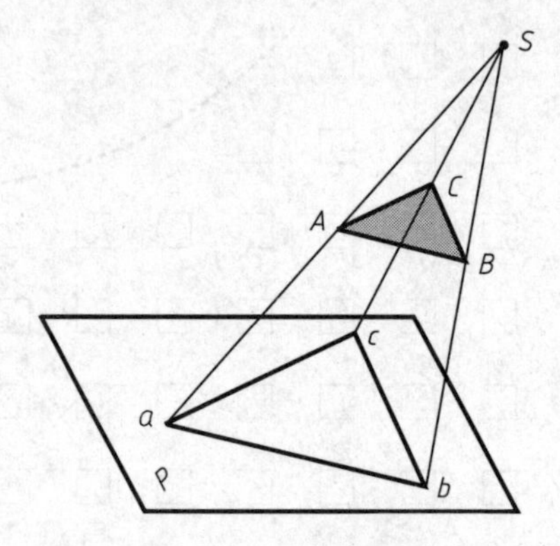

图 1-1-2　中心投影法

2. 投影法的种类

（1）中心投影法　投影线汇交于投影中心的投影法称为中心投影法，如图 1-1-2 所示。

（2）平行投影法　投影线都相互平行的投影法称为平行投影法，如图 1-1-3 所示。

根据投影线与投影面是否垂直，平行投影法又可以分为以下两种。

斜投影法——投影线与投影面相倾斜的平行投影法，如图 1-1-3（a）所示。

正投影法——投影线与投影面相垂直的平行投影法，如图 1-1-3（b）所示。

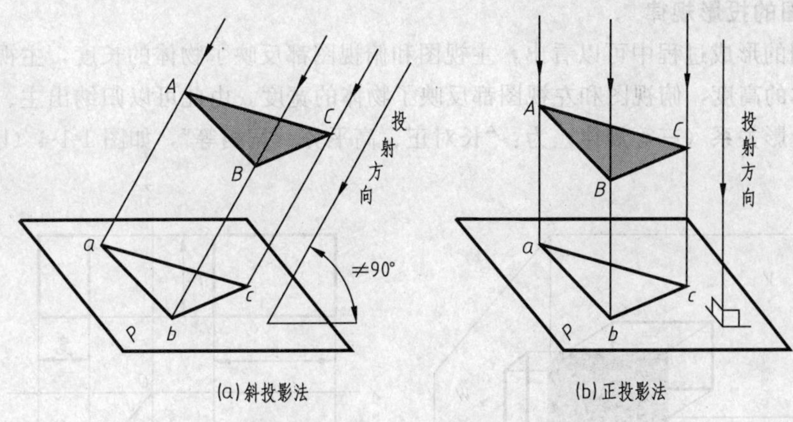

图 1-1-3 平行投影法

由于正投影法得到的投影图能真实地表达空间物体的形状和大小，有极好的度量性，因此，在机械制图中，主要采用正投影法表达物体。

正投影的基本性质有以下几方面。

(1) 真实性 当直线、曲面或平面平行于投影面时，直线或曲线的投影反映实长，平面的投影反映实形。

(2) 积聚性 当直线、曲面或平面垂直于投影面时，直线的投影积聚成一点，平面或曲面的投影积聚成直线或曲线。

(3) 类似性 当平面与投影面倾斜时，其投影为与原平面形状类似的平面图形，但小于原平面的实形；当直线与投影面倾斜时，其投影为直线，但小于实长。

二、三视图的形成及其投影规律

1. 三投影面体系的建立

三个相互垂直相交的投影平面组成三投影面体系。如图 1-4 (a) 所示，它们分别是正立投影面（简称正面，用 V 表示），水平投影面（简称水平面，用 H 表示），侧立投影面（简称侧面，用 W 表示）

两投影面的交线称为投影轴，V 面与 H 面的交线为 X 轴；H 面与 W 面的交线为 Y 轴；V 面与 W 面的交线为 Z 轴。三个投影轴的交点称为原点，用 O 表示。

2. 三视图的形成

如图 1-1-4 (a) 所示，将物体置于三投影面体系中，按正投影法分别向 V 面、H 面、W 面进行投影，即可得到物体的相应投影，该投影也称为视图。

将物体从前向后投射，在 V 面上所得的投影称为正面投影（也称主视图）；将物体从上向下投射，在 H 面上所得的投影称为水平投影（也称俯视图）；将物体从左向右投射，在 W 面上所得的投影称为侧面投影（也称左视图）。

为了便于画图，将三个互相垂直的投影面展开。展开规定：V 面保持不动，H 面绕 OX 轴向下旋转 90°，W 面绕 OZ 轴向右旋转 90°，使 H 面、W 面与 V 面重合为一个平面。展开后，主视图、俯视图和左视图的相对位置如图 1-1-4 (b) 所示。

这里要注意，当投影面展开时，OY 轴被分为两处，随 H 面旋转的用 OY_H 表示，随 W 面旋转的用 OY_W 表示。为简化作图，在画三视图时，不必画出投影面的边框线和投影轴。

3. 三视图的投影规律

从三视图的形成过程中可以看出，主视图和俯视图都反映了物体的长度，主视图和左视图都反映了物体的高度，俯视图和左视图都反映了物体的宽度。由此可以归纳出主、俯、左三个视图之间的投影关系（三等规律）为："长对正、高平齐、宽相等"，如图 1-1-4（b）所示。

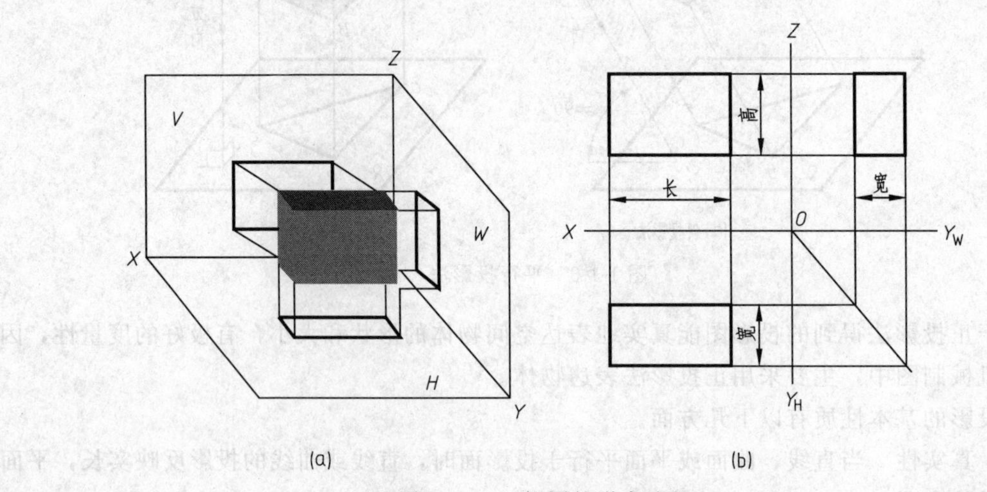

图 1-1-4　三视图的形成过程

① 主视图与俯视图反映物体的长度——长对正。

② 主视图与左视图反映物体的高度——高平齐。

③ 俯视图与左视图反应物体的宽度——宽相等。

4. 三视图与物体方位的对应关系

三视图与物体的方位关系如图 1-1-5 所示。

主视图反映了物体的上、下和左、右的相对位置关系。

俯视图反映了物体的前、后和左、右的相对位置关系。

左视图反映了物体的上、下和前、后的相对位置关系。

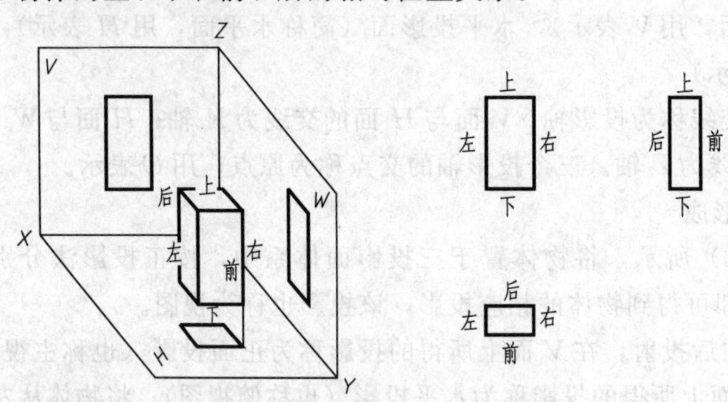

图 1-1-5　三视图的方位关系

● 知识拓展　轴测图的基本知识

1. 轴测图的形成

将空间物体连同确定其位置的直角坐标系，沿不平行于任一坐标平面的方向，用平行投影法投射在某一选定的单一投影面上所得到的具有立体感的图形，称为轴测投影图，简称轴测图，如图 1-1-6 所示。

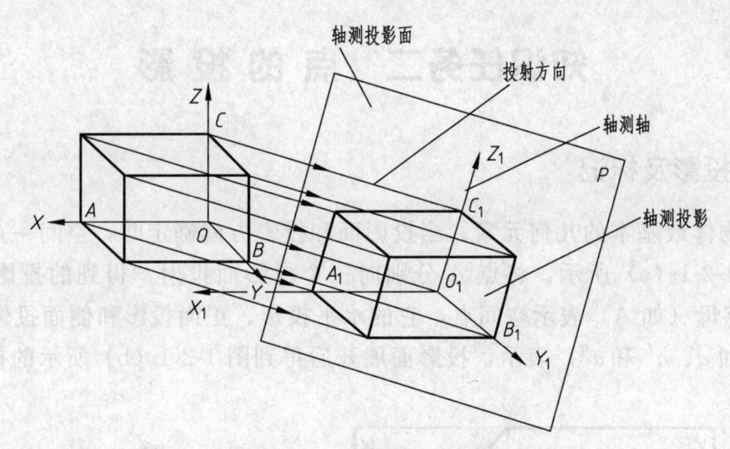

图 1-1-6　轴测图的形成

在轴测投影中，把选定的投影面 P 称为轴测投影面；把空间直角坐标轴 OX、OY、OZ 在轴测投影面上的投影 O_1X_1、O_1Y_1、O_1Z_1 称为轴测轴；把两轴测轴之间的夹角 $\angle X_1O_1Y_1$、$\angle Y_1O_1Z_1$、$\angle X_1O_1Z_1$ 称为轴间角；轴测轴上的单位长度与空间直角坐标轴上对应单位长度的比值称为轴向伸缩系数。OX、OY、OZ 的轴向伸缩系数分别用 p_1、q_1、r_1 表示。例如，在图 1-1-6 中，$p_1 = O_1A_1/OA$，$q_1 = O_1B_1/OB$，$r_1 = O_1C_1/OC$。

2. 轴测图的分类

轴间角与轴向伸缩系数是绘制轴测图的两个主要参数。表 1-1-1 中所列为常用轴测图的分类。

表 1-1-1　常用轴测图的分类

类型	正等轴测图	正二等轴测图	斜二等轴测图
伸缩系数	$p_1=q_1=r_1=0.82$	$p_1=r_1=0.94$ $q_1=p_1/2=0.47$	$p_1=r_1=1$ $q_1=0.5$
简化系数	$p=q=r=1$	$p=r=1$ $q=0.5$	无
轴间角	Z, X, Y; 120°, 120°, 120°	Z, X, Y; 97°, 131°, 132°	Z, X, Y; 90°, 135°, 135°

3. 轴测图的基本性质

① 物体上互相平行的线段，在轴测图中的投影仍互相平行。物体上平行于坐标轴的线段，在轴测图中仍平行于相应的轴测轴，且同一轴向所有线段的轴向伸缩系数相同。

② 物体上不平行于坐标轴的线段，可以用坐标法确定其两个端点然后连线画出。

③ 物体上不平行于轴测投影面的平面图形，在轴测图中变成原形的类似形。如长方形

的轴测投影为平行四边形，圆形的轴测投影为椭圆等。

知识任务二 点的投影

一、点的投影及标记

点是组成物体最基本的几何元素。当投影面和投影方向确定时，空间一点只有唯一的一个投影。如图 1-2-1（a）所示，将点 A 分别向三个投影面投射，得到的投影分别为 a、a'、a''。即用大写字母（如 A）表示空间点，它的水平投影、正面投影和侧面投影，分别用相应的小写字母（如 a、a' 和 a''）表示，投影面展开后得到图 1-2-1（b）所示的投影图。

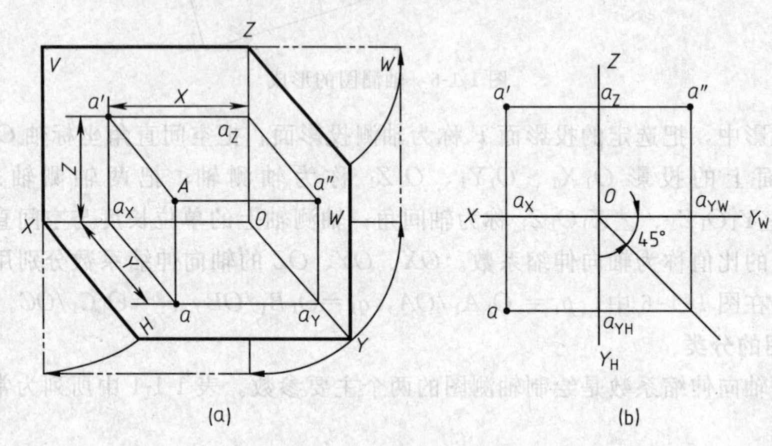

图 1-2-1 点的两面投影

二、点的投影规律

① 点的正面投影和水平投影的连线垂直 OX 轴，即 $a'a \perp OX$。

② 点的正面投影和侧面投影的连线垂直 OZ 轴，即 $a'a'' \perp OZ$。

③ 点的水平投影 a 和到 OX 轴的距离等于侧面投影 a'' 到 OZ 轴的距离，即 $aa_X = a''a_Z$。

根据上述投影规律，若已知点的任何两个投影，就可求出它的第三个投影。

三、点的投影与直角坐标的关系

在三投影面体系中，点的位置可由点到三个投影面的距离来确定。如果将三投影面体系看作是一个空间直角坐标系，投影面 H、V、W 作为坐标面，三条投影轴 OX、OY、OZ 作为坐标轴，三轴的交点 O 作为坐标原点。点 A 坐标的书写形式为（X，Y，Z），A 点的直角坐标与其三个投影的关系如图 1-2-2 所示。

点 A 到 W 面的距离$=Oa_X=a'a_Z=aa_{YH}=X$ 坐标。

点 A 到 V 面的距离$=Oa_{YH}=aa_X=a''a_Z=Y$ 坐标。

点 A 到 H 面的距离$=Oa_Z=a'a_X=a''a_{YW}=Z$ 坐标。

四、两点的相对位置

两点的相对位置是指空间两个点的上下、左右、前后关系。在投影图中，是以它们的坐

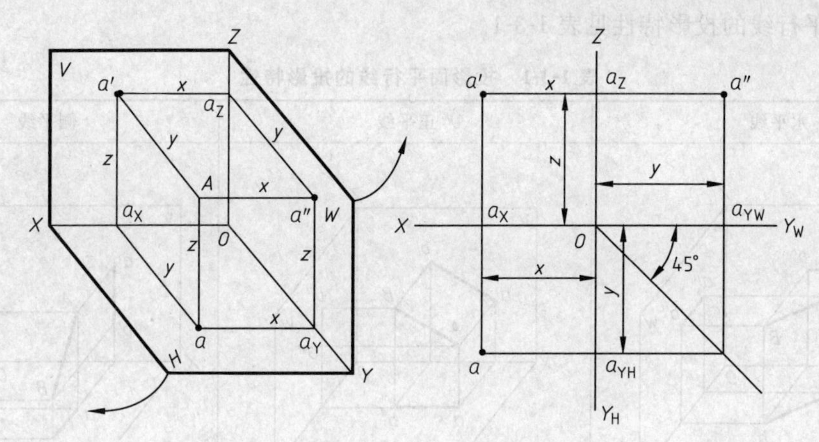

图 1-2-2 点的投影与直角坐标

标差来确定的。如图 1-2-3 所示，空间两点 A（X_A，Y_A，Z_A）、B（X_B，Y_B，Z_B）：

与 W 面的距离（X 坐标）反映两点的左右关系，即 $X_A<X_B$，表示点 B 在点 A 的左方；

与 V 面的距离（Y 坐标）反映两点的前后关系，即 $Y_A>Y_B$，表示点 B 在点 A 的前方；

与 H 面的距离（Z 坐标）反映两点的上下关系，即 $Z_A<Z_B$，表示点 B 在点 A 的上方。

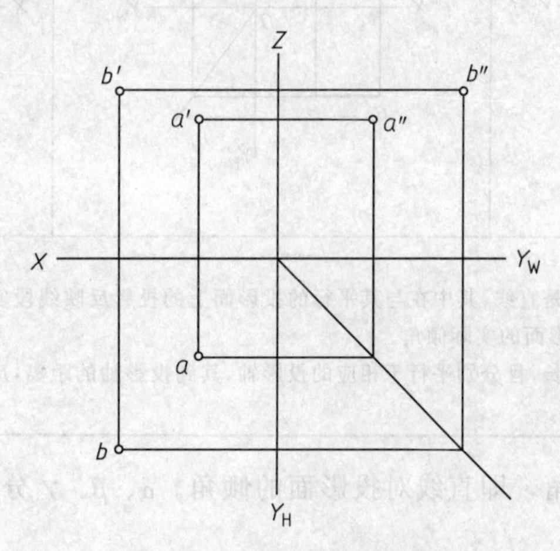

图 1-2-3 两点的相对位置

知识任务三 直线的投影

根据空间直线与投影面的相对位置不同，将直线分为投影面平行线、投影面垂直线和一般位置直线三种。

一、投影面平行线

平行于一个投影面，与另外两个投影面倾斜的直线，称为投影面平行线。

平行于 V 面的直线称为正平线；

平行于 H 面的直线称为水平线；

平行于 W 面的直线称为侧平线。

投影面平行线的投影特性见表 1-3-1。

表 1-3-1　投影面平行线的投影特性

水平线	正平线	侧平线
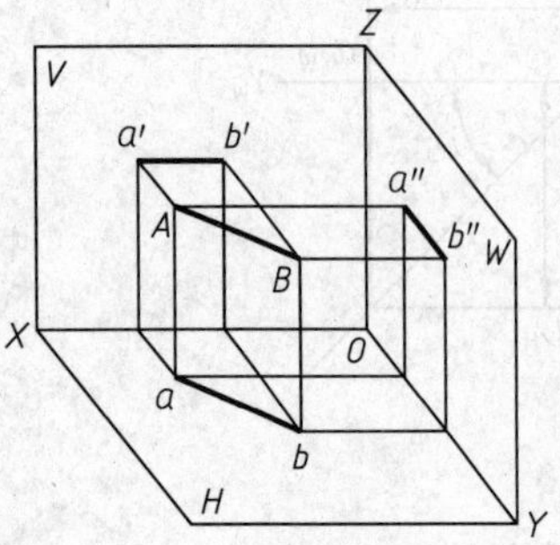	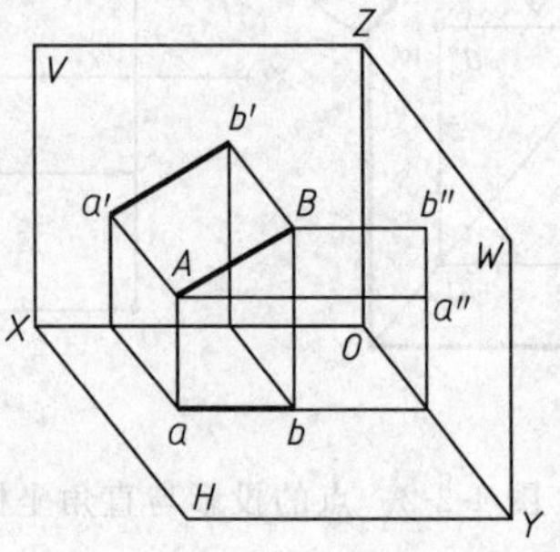	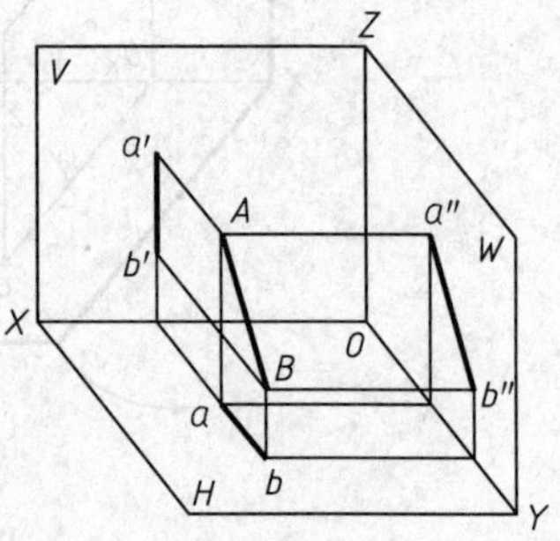
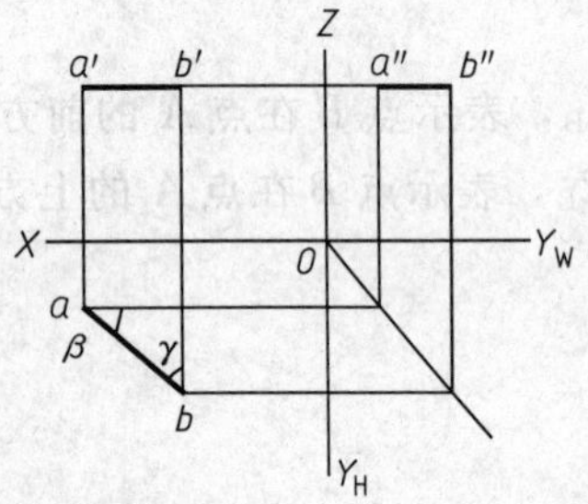	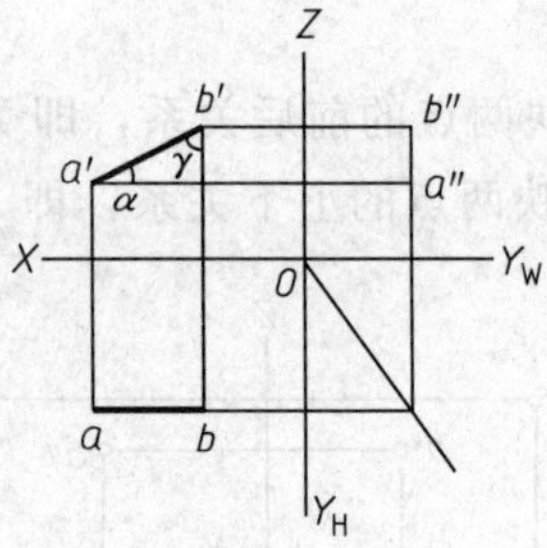	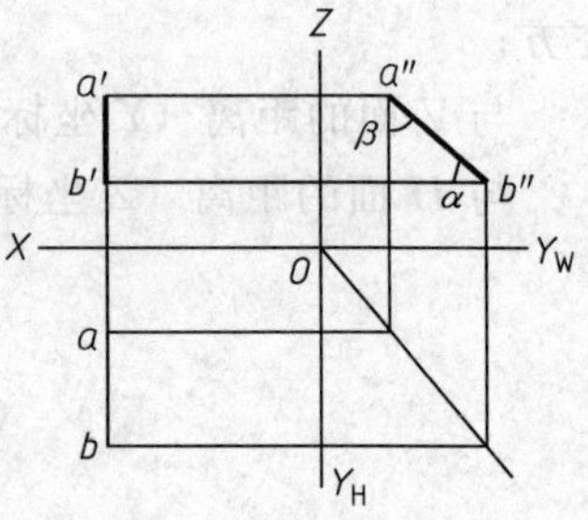

投影特性：

1. 投影面平行线的三面投影都是直线，其中在与其平行的投影面上的投影反映线段实长，而且与投影轴倾斜，与投影轴的夹角等于直线对另外两个投影面的实际倾角。

2. 另外两面投影都短于线段实长，且分别平行于相应的投影轴，其到投影轴的距离，反映空间线段到线段实长投影所在投影面的真实距离。

直线对投影面所夹的角，即直线对投影面的倾角。α、β、γ 分别表示直线对 H、V、W 面的倾角。

二、投影面垂直线

垂直于一个投影面（与另外两个投影面必定平行）的直线，称为投影面垂直线。

垂直于 V 面的直线称为正垂线；

垂直于 H 面的直线称为铅垂线；

垂直于 W 面的直线称为侧垂线。

投影面垂直线的投影特性见表 1-3-2。

三、一般位置直线

与三个投影面都倾斜的直线，称为一般位置直线，如图 1-3-1 所示。

一般位置直线的投影特性：三面投影均不反映实长，且均与投影轴倾斜，直线的投影与投影轴的夹角不反应空间直线对投影面的倾角。

表 1-3-2　投影面垂直线的投影特性

铅垂线	正垂线	侧垂线
投影特性： 投影面垂直线在与其垂直的投影面上的投影积聚成一点，另外两面投影都反映实长，且垂直于相应的投影轴。		

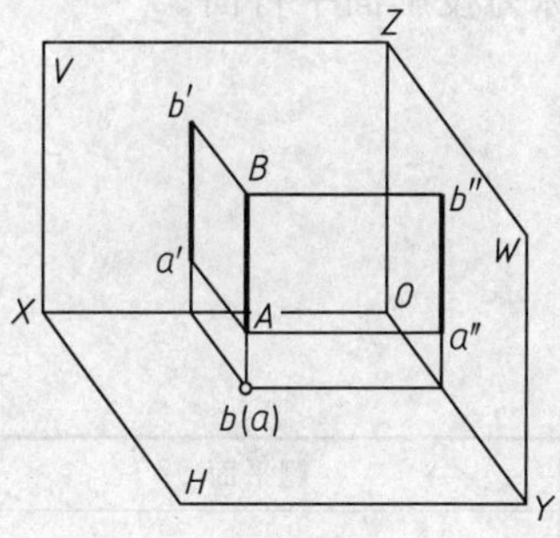

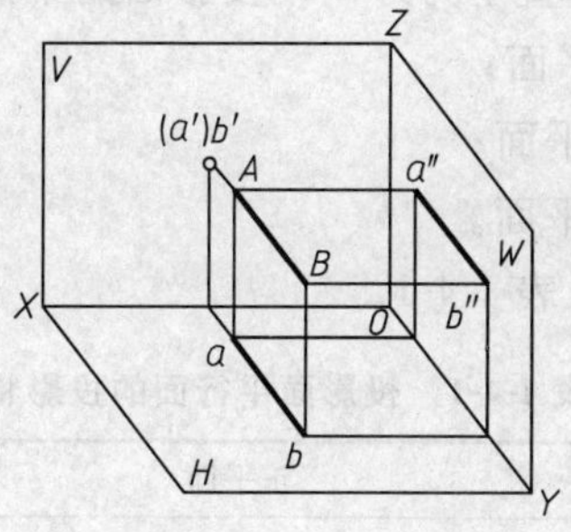

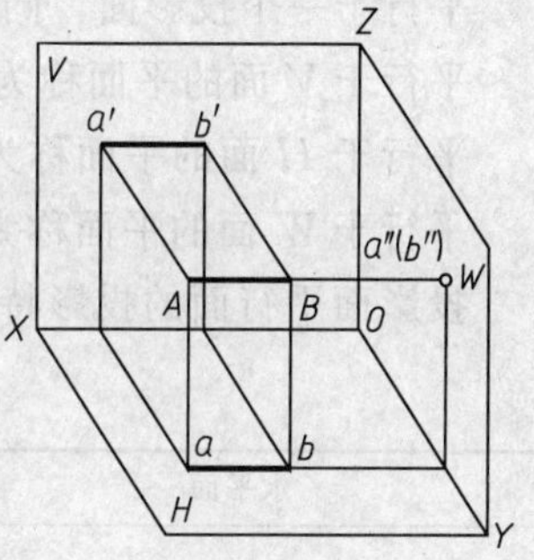

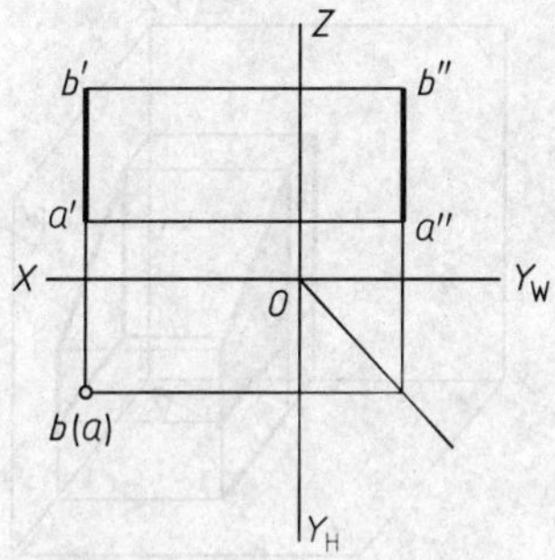

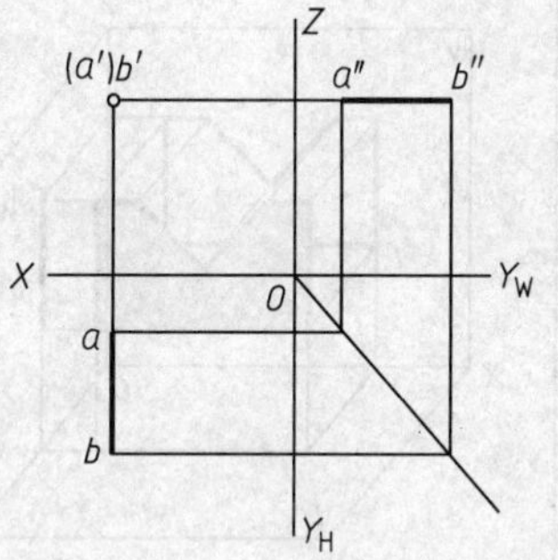

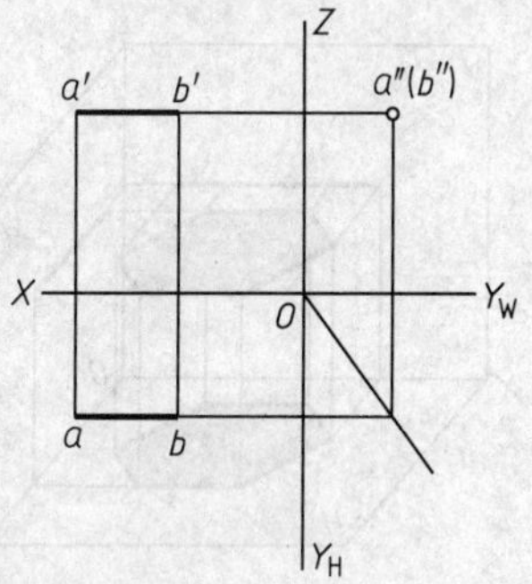

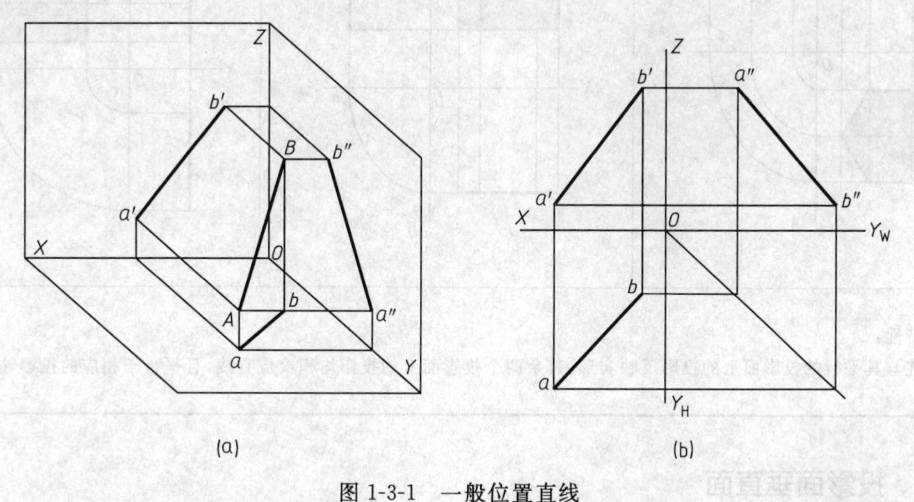

图 1-3-1　一般位置直线

知识任务四　平面的投影

根据平面与投影面的相对位置不同，将平面分为投影面平行面、投影面垂直面和一般位置平面三种。

一、投影面平行面

平行于一个投影面，同时垂直于另外两个投影面的平面，称为投影面平行面。

平行于 V 面的平面称为正平面；

平行于 H 面的平面称为水平面；

平行于 W 面的平面称为侧平面。

投影面平行面的投影特性见表 1-4-1。

表 1-4-1　投影面平行面的投影特性

水平面	正平面	侧平面
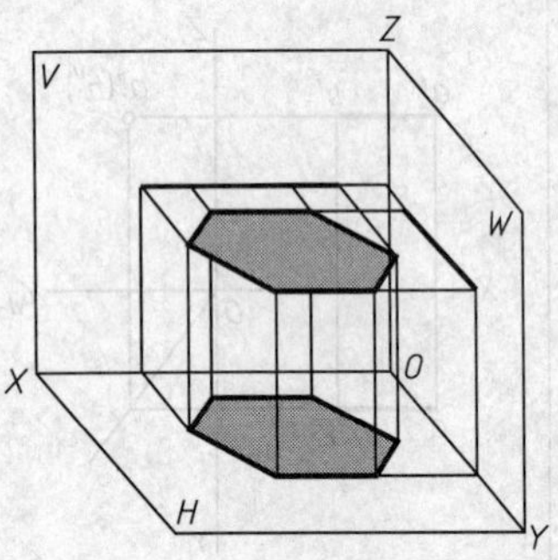 V Z W X O H Y	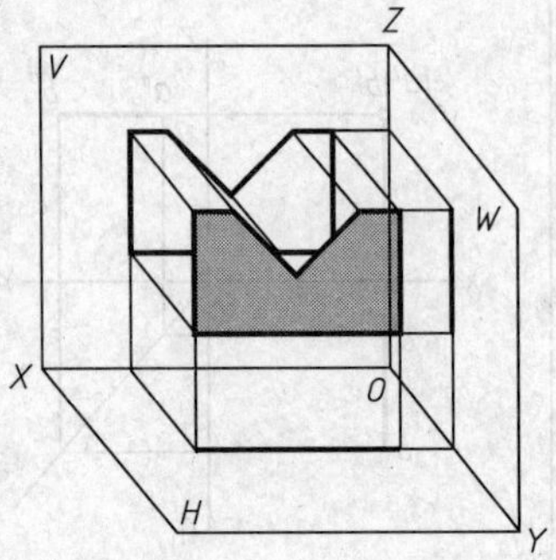 V Z W X O H Y	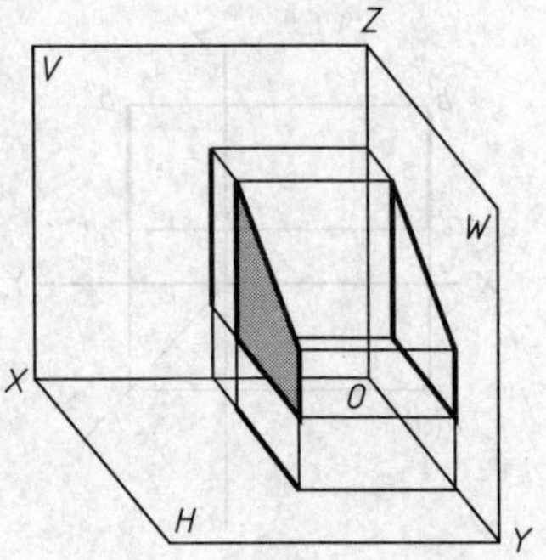 V Z W X O H Y
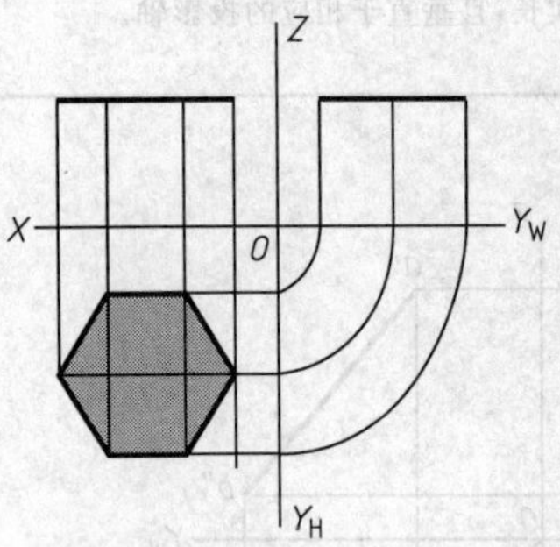 Z X O Y_W Y_H	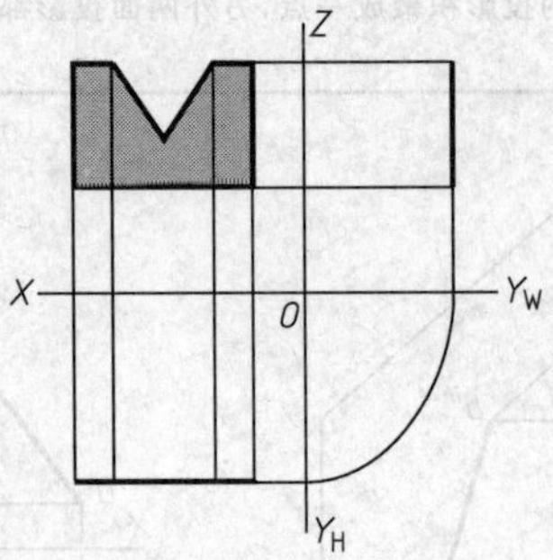 Z X O Y_W Y_H	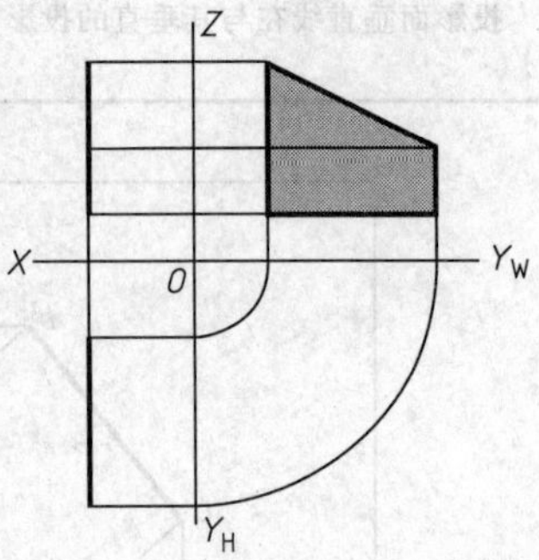 Z X O Y_W Y_H
投影特性： 平面在与其平行的投影面上的投影反映实形，其余两个投影面上的投影均积聚成直线，且平行于相应的投影轴。		

二、投影面垂直面

垂直于一个投影面，与其它两个投影面倾斜的平面，称为投影面垂直面。

垂直于 V 面的平面称为正垂面；

垂直于 H 面的平面称为铅垂面；

垂直于 W 面的平面称为侧垂面。

投影面垂直面的投影特性见表 1-4-2。

表 1-4-2　投影面垂直面的投影特性

铅垂面	正垂面	侧垂面

投影特性：

平面在与其垂直的投影面上的投影积聚成一条直线，与投影轴倾斜，且反映与另外两个投影面的倾角，在其余两个投影面上的投影均为缩小的类似形。

三、一般位置平面

与三个投影面都倾斜的平面称为一般位置平面，如图 1-4-1 所示。

一般位置平面的投影特性：在三个投影面上的投影均为类似形。

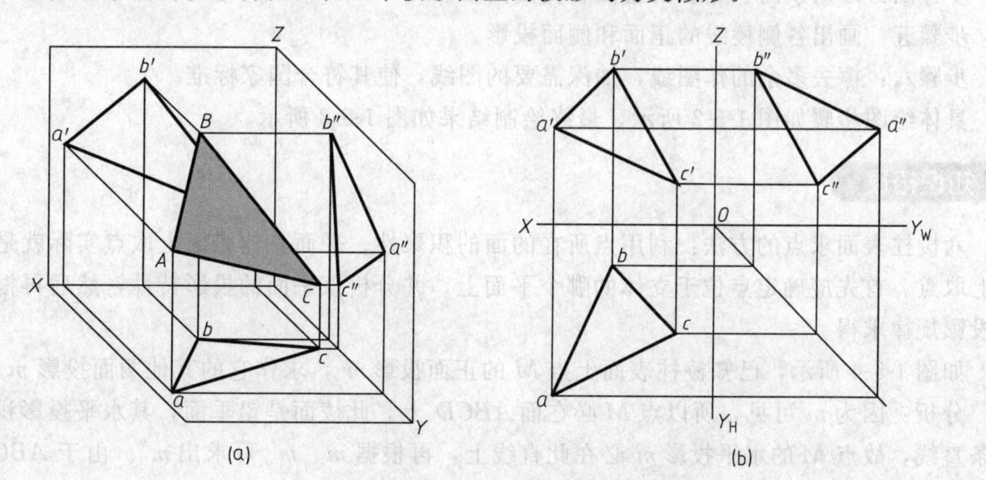

图 1-4-1　一般位置平面

技能任务五　绘制正六棱柱的三视图

棱柱是常见的平面立体，由两个相互平行的多边形顶面、底面和若干个矩形的侧棱面组成，棱面与棱面的交线称为棱线，棱线互相平行。底面为正多边形，且棱线与底面垂直的棱柱称为正棱柱。图 1-5-1 为正六棱柱模型。正六棱柱由上、下两个底面（正六边形）和六个棱面（长方形）组成。如图 1-5-1 所示将其放置成上、下底面与水平投影面平行，并有两个棱面平行于正投影面。

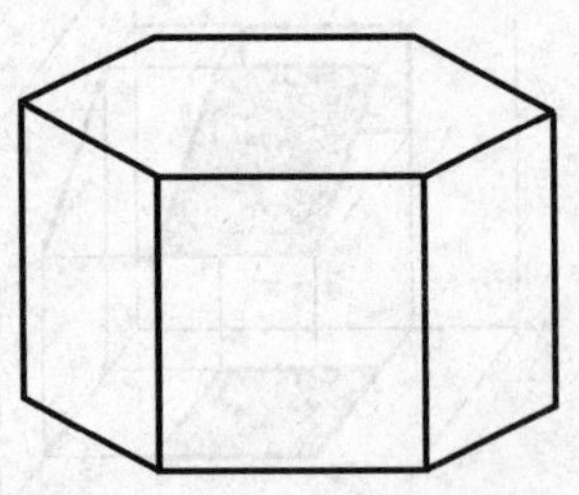

图 1-5-1　正六棱柱模型

实例分析

绘制正六棱柱的三视图之前，需进行投影分析。

(1) 顶面和底面　顶面和底面均为水平面，这两面的水平投影反映实形，且相互重合；正面、侧面的投影分别积聚成直线。

(2) 六个侧棱面　正六棱柱的前后棱面为正平面，其正面投影重合，且反映实形；水平投影和侧面投影都积聚成平行于相应投影轴的直线。其余四个侧棱面都为铅垂面，其水平投影分别积聚成倾斜直线；正面投影和侧面投影均为类似形（矩形），且两侧棱面投影对应重合。

(3) 棱线　顶面和底面各有六条棱线，其中前后两条为侧垂线，四条为水平线，六条侧棱线均为铅垂线。

任务实施

步骤一：测量正六棱柱的尺寸。

步骤二：画出三个视图的中心线。

步骤三：选择合适的比例画出反映顶面、底面实形的水平投影（利用六等分圆周法画正六边形）。

步骤四：画出顶面、底面的正面和侧面投影。

步骤五：画出各侧棱线的正面和侧面投影。

步骤六：擦去多余的作图线，加深需要的图线，使其符合国家标准。

具体绘图步骤如图 1-5-2 所示，最终绘制结果如图 1-5-3 所示。

知识拓展

六棱柱表面求点的方法：利用点所在的面的积聚性。平面立体表面上取点实际就是在平面上取点。首先应确定点位于立体的哪个平面上，并分析该平面的投影特性，然后再根据点的投影规律求得。

如图 1-5-4 所示，已知棱柱表面上点 M 的正面投影 m'，求作它的其他两面投影 m、m''。

分析：因为 m' 可见，所以点 M 必在面 $ABCD$ 上。此棱面是铅垂面，其水平投影积聚成一条直线，故点 M 的水平投影 m 必在此直线上，再根据 m、m' 可求出 m''。由于 $ABCD$ 的侧面投影为可见，故 m'' 也为可见。

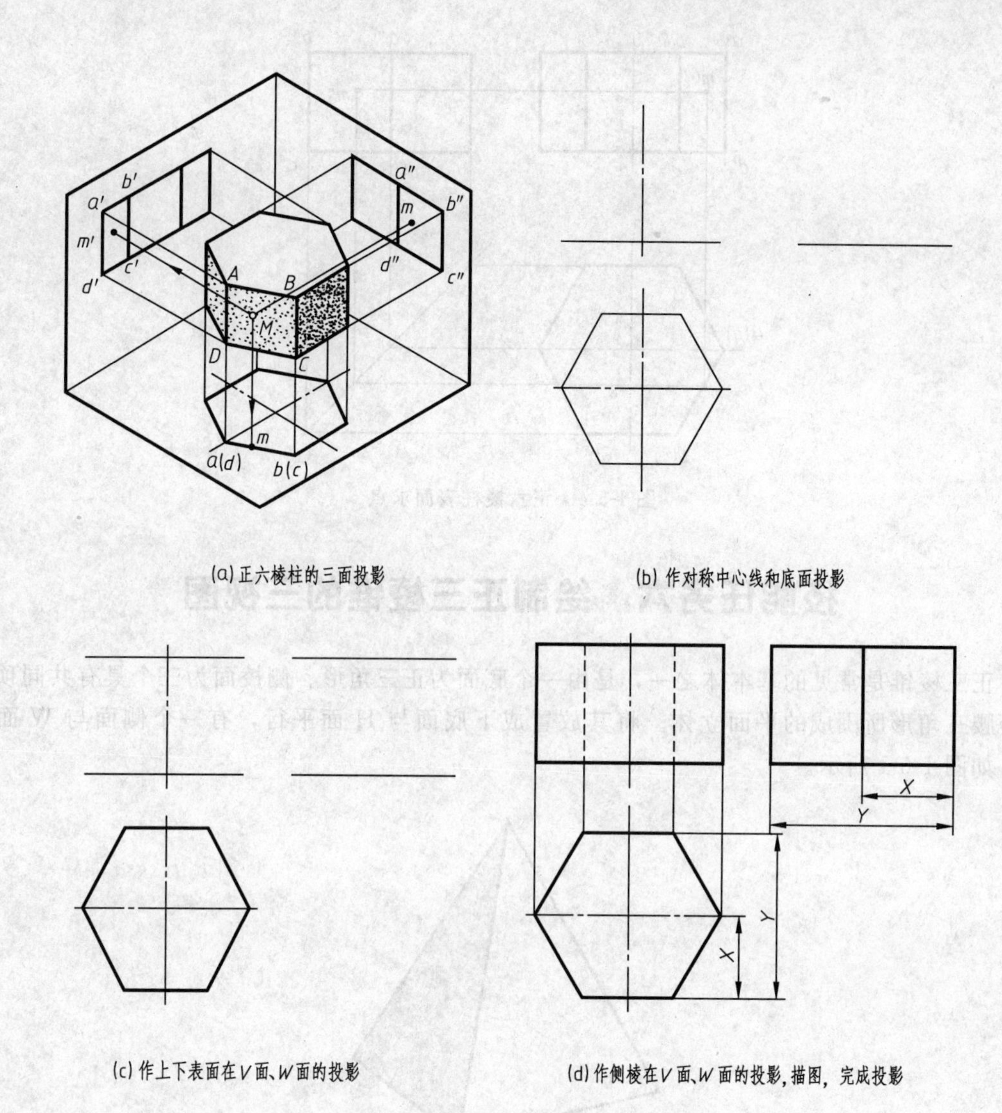

图 1-5-2　正六棱柱的作图步骤

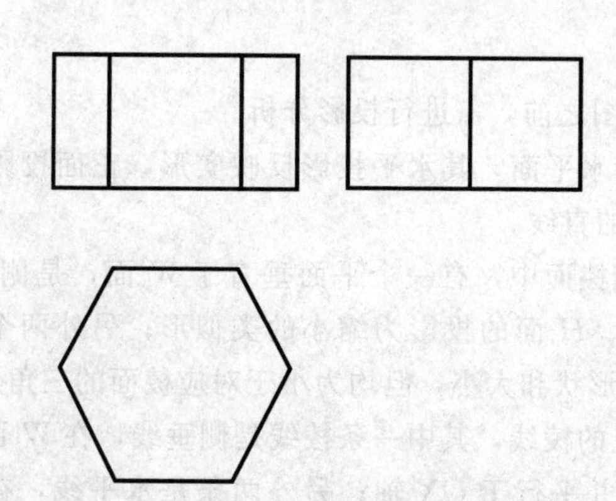

图 1-5-3　正六棱柱三视图

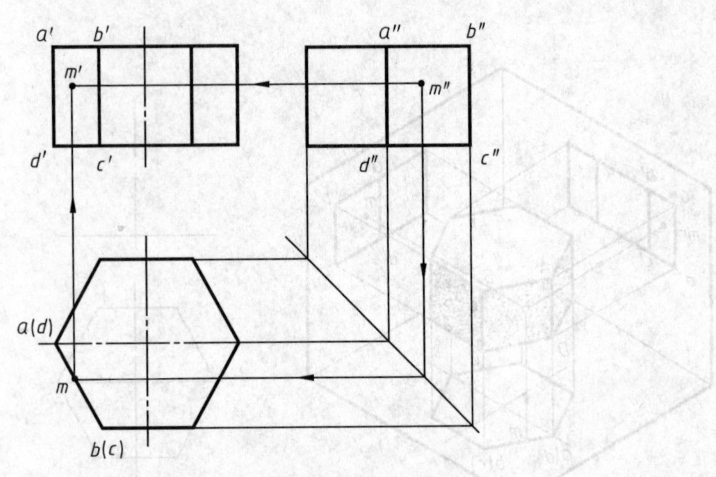

图 1-5-4 正六棱柱表面求点

技能任务六 绘制正三棱锥的三视图

正三棱锥是常见的基本体之一，是由一个底面为正三角形、侧棱面为三个具有共同顶点的等腰三角形所围成的平面立体。将其放置成下底面与 H 面平行，有一个侧面与 W 面垂直，如图 1-6-1 所示。

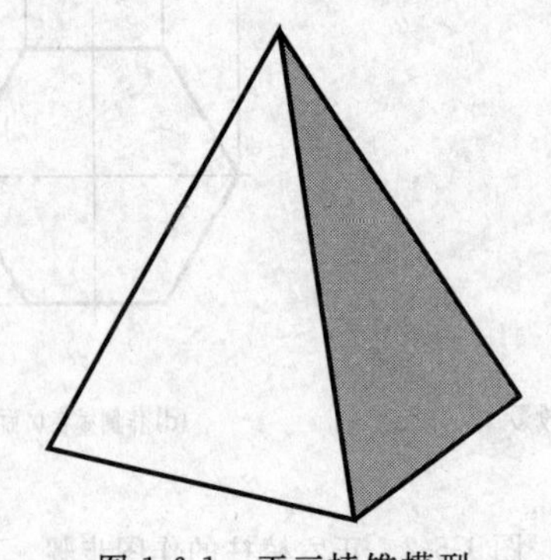

图 1-6-1 正三棱锥模型

实例分析

绘制正三棱锥的三视图之前，需进行投影分析。

① 正三棱锥的底面为水平面，其水平投影反映实形，正面投影和侧面投影均积聚为平行于相应 OX 轴和 OY 轴的直线。

② 正三棱锥的三个侧棱面中，有一个平面垂直于 W 面，是侧垂面，该面在 W 面的投影积聚成一条直线，在 V、H 面的投影为缩小的类似形；另外两个面是一般位置平面，它们的投影都不反映其真实形状和大小，但均为小于对应棱面的三角形线框。

③ 正三棱锥的底面上的棱线，其中一条棱线是侧垂线，在 W 面的投影积聚成一点，其他两面投影都反映实长，并平行于 OX 轴；另外两条是水平线，在 H 面的投影反映实形，其他两面投影均为缩小的类似形。

④ 正三棱锥的其他棱线都是一般位置直线，三个面的投影均为小于实际长度的倾斜直线。

任务实施

步骤一：测量正三棱锥的尺寸。

步骤二：画出对称中心线，选择合适的比例画出底面的三面投影图。

步骤三：画出锥顶的三面投影。

步骤四：将锥顶和底面三个顶点的同面投影连接起来。

步骤五：擦去多余的作图线，加深需要的图线，使其符合国家标准。

具体绘图步骤如图 1-6-2 所示，最终绘制结果如图 1-6-3 所示。

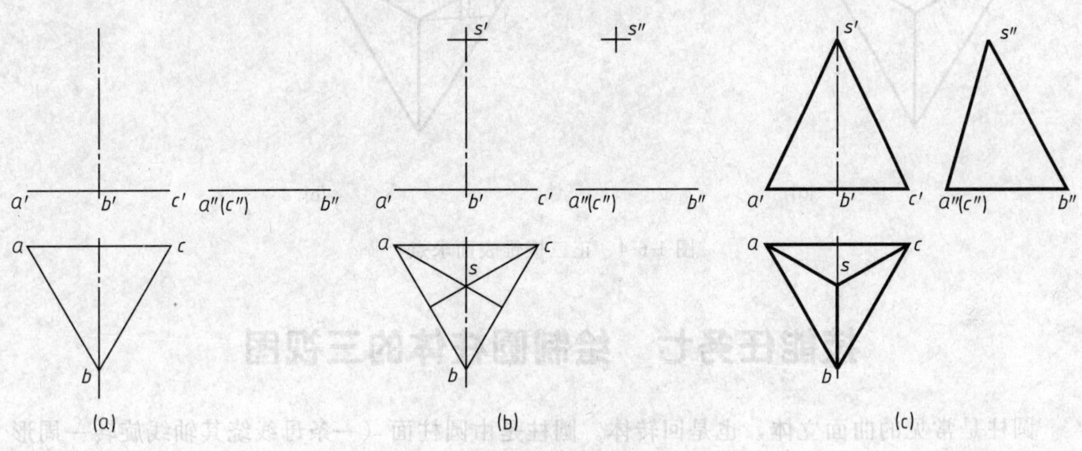

图 1-6-2　正三棱锥的作图步骤

图 1-6-3　正三棱锥的三视图

知识拓展

正三棱锥表面上求点的方法：组成正三棱锥的表面有特殊平面，也有一般位置平面；特殊位置平面上点的投影可利用平面积聚性作图；一般位置平面上点的投影可选取适当的辅助线作图，称为辅助线法。其依据是：在平面上的点，必然在平面上且通过该点的一条直线上。

已知：空间点 K 的正面投影，求出另两面投影，如图 1-6-4（a）所示。

分析：由于点 K 所在的面为一般位置平面，所以需要作辅助线来求解，如图 1-6-4（b）所示。

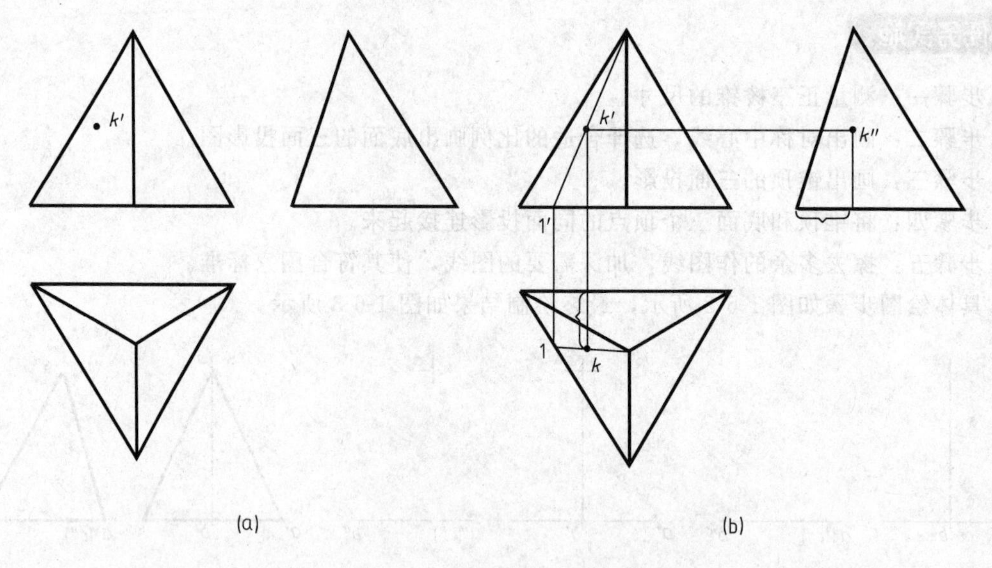

图 1-6-4 正三棱锥表面求点

技能任务七 绘制圆柱体的三视图

圆柱是常见的曲面立体，也是回转体。圆柱是由圆柱面（一条母线绕其轴线旋转一周形成的）、顶面和底面围成。将其放置成顶面、底面与 H 面平行，如图 1-7-1 所示。

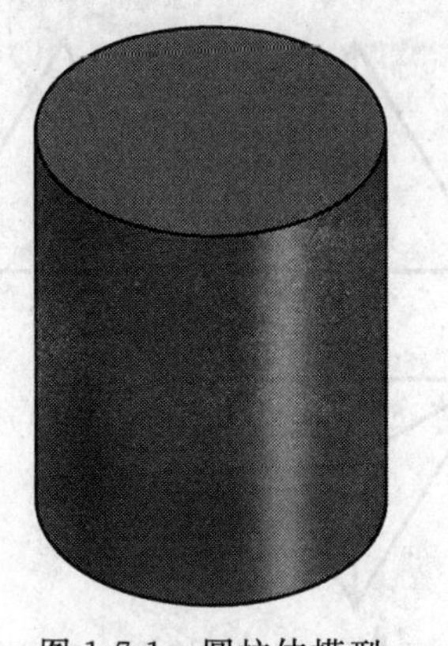

图 1-7-1 圆柱体模型

● 实例分析

绘制圆柱的三视图之前，需进行投影分析。

① 圆柱体的顶面、底面为水平面，其水平投影为圆，反映实形，正面投影和侧面投影均积聚成一直线。

② 圆柱面的水平投影积聚成一个圆，外形轮廓的投影在正面上投影为最左、最右两条素线的投影；在 W 面上投影为最前和最后两条素线的投影。

任务实施

步骤一：测量圆柱的尺寸。

步骤二：画出中心线和轴线。

步骤三：选择合适的比例画出投影为圆的视图。

步骤四：画出其他两个视图。

步骤五：擦去多余的作图线，加深需要的图线，使其符合国家标准。

具体绘图步骤如图 1-7-2 所示，最终绘制结果如图 1-7-3 所示。

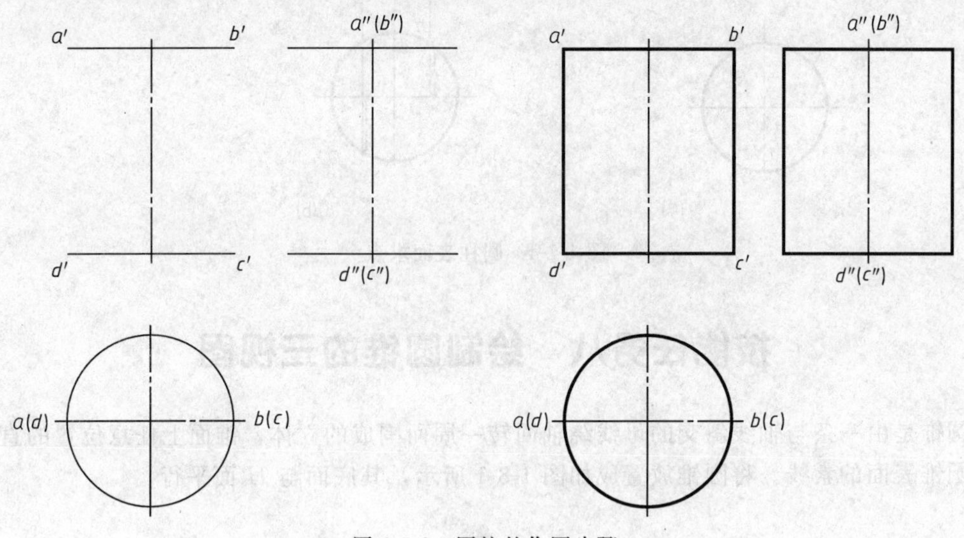

图 1-7-2　圆柱的作图步骤

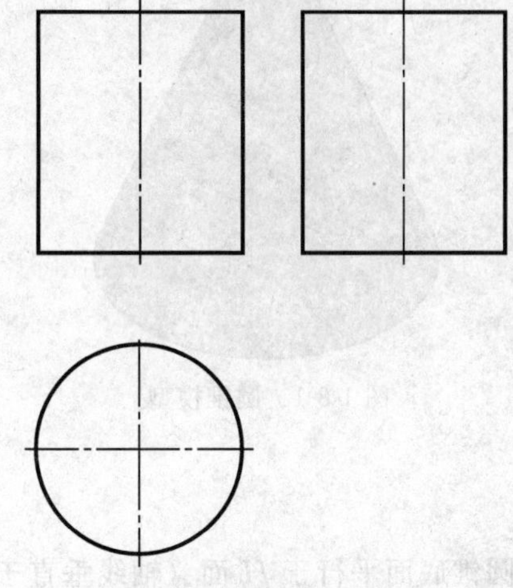

图 1-7-3　圆柱的三视图

知识拓展

圆柱表面求点的方法：组成圆柱的面都具有特殊性，点的投影可利用面的积聚性求得。

已知：空间点 M、N 在圆柱面上的正面投影 m'、n'，求其他两面的投影，如图 1-7-4 (a) 所示。

分析：m'为可见，在前半圆柱面上，n'为不可见，在后半圆柱面上。其水平投影积聚在圆周上，先求出 m、n，再利用点的投影规律求得 m''、n''，如图 1-7-4（b）所示。

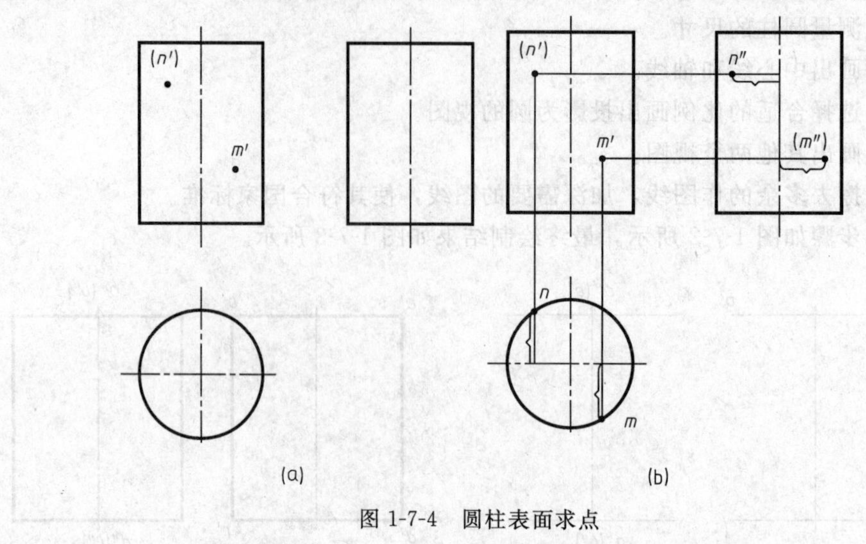

图 1-7-4 圆柱表面求点

技能任务八 绘制圆锥的三视图

圆锥是由一条与轴线斜交的母线绕轴回转一周而围成的立体，锥面上任意位置的直母线称为圆锥表面的素线。将圆锥放置成如图 1-8-1 所示，其底面与 H 面平行。

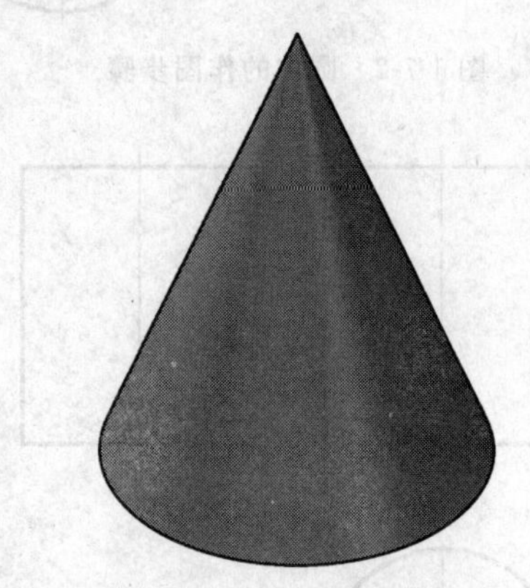

图 1-8-1 圆锥模型

实例分析

如图 1-8-1 所示的位置，圆锥底面平行于 H 面（轴线垂直于 H 面），则圆锥的水平投影为圆，反映实形，其正面、侧面投影均积聚成一条水平线。在正、侧两投影面中还要分别画出锥面外形轮廓线的投影，正面投影上为最左、最右两条素线的投影，侧面投影上为最前、最后两条素线的投影。

任务实施

步骤一：测量圆锥的尺寸。

步骤二：画出中心线和轴线。

步骤三：选择合适的比例画出投影为圆的视图。

步骤四：画出锥顶的三面投影。

步骤五：画出其他外形轮廓素线的投影。

步骤六：擦去多余的作图线，加深需要的图线，使其符合国家标准。

具体绘图步骤如图 1-8-2 所示，最终绘制结果如图 1-8-3 所示。

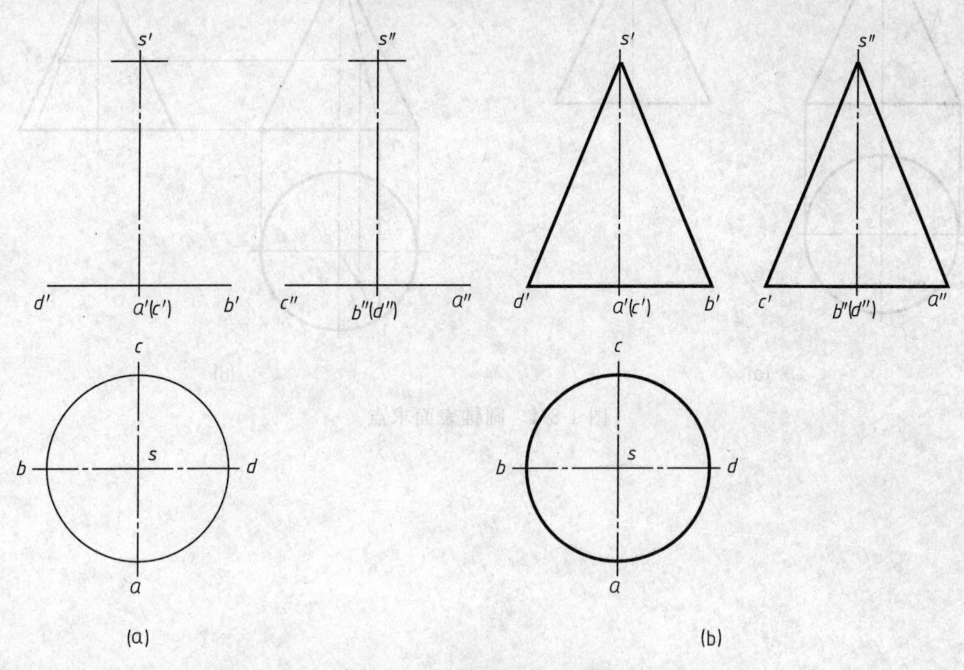

图 1-8-2　圆锥的作图步骤

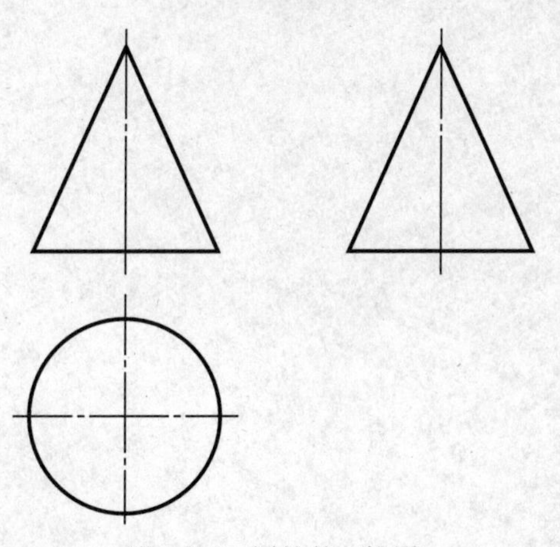

图 1-8-3　圆锥的三视图

知识拓展

圆锥表面求点的方法：若点在底面上，则可利用平面的积聚性求得点的投影；若点位于圆锥面上，则利用辅助线法或辅助圆法求得点的投影。

已知：圆锥表面上一点 K 的正面投影 k'，求另两个投影，如图 1-8-4（a）所示。

分析：辅助素线法——过锥顶 S 和已知点 K 作直线 $S1$，连 $s'k'$ 并延长与底边交于 $1'$，然后求出该素线的 H 面和 W 面投影 $s1$ 和 $s''1''$，最后由 k' 求出 k 和 k''，如图 1-8-4（b）所示。

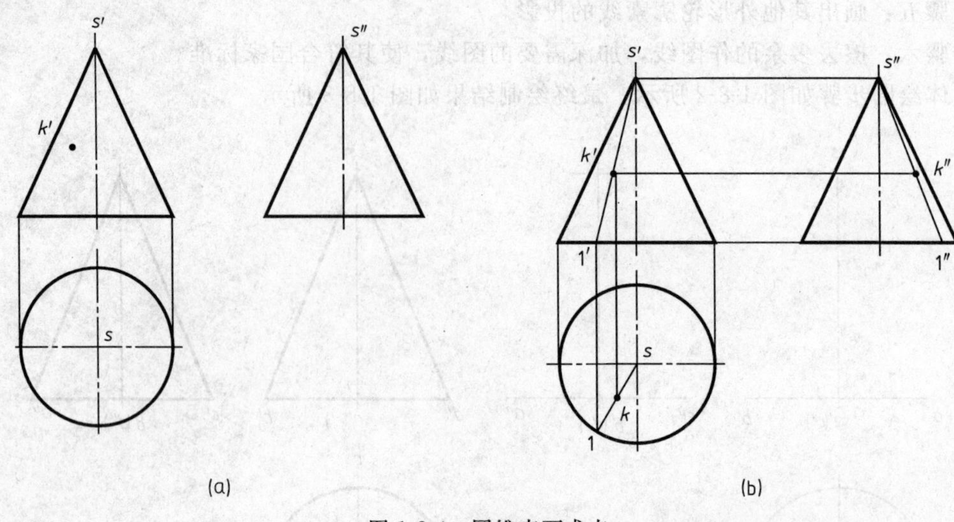

图 1-8-4 圆锥表面求点

绘制平面图形

知识任务一　机械制图国家标准的基本规定

机械图样必须符合国家标准，这些标准对科学地进行生产和图样的管理工作起着十分重要的作用，每个工程技术人员在绘制生产图样时均应熟悉并严格遵照国家标准的相关规定。机械制图中的国家标准有《机械制图》与《技术制图》两项，它们是绘制和阅读机械图样的准则和依据，必须严格遵守。其中《机械制图》是一项机械类专业制图标准，适用于机械图样；《技术制图》是一项基础技术标准，适用于工程界各类专业技术图样。我国国家标准（简称国标）的代号用“国标”两个字汉语拼音的第一个字母“G”和“B”表示。强制性国家标准的代号为“GB”，推荐性国家标准的代号为“GB/T”。国家标准的编号由国家标准的代号、国家标准发布的顺序号和国家标准发布的年号三部分组成。例如 GB/T 17451—1998《技术制图　图样画法　视图》即表示制图标准中图样画法的视图部分，发布顺序编号17451，发布的年号是 1998 年。

一、图纸幅面与格式（GB/T 14689—2008）

1. 图纸幅面

绘制技术图样时，应该优先采用表 2-1-1 所规定的基本幅面。必要时允许加长幅面，应按基本幅面的短边的整数倍增加。

表 2-1-1　图纸幅面尺寸　　单位：mm

<table>
<tr><th>幅面代号</th><th>$B\times L$</th><th>a</th><th>c</th><th>e</th></tr>
<tr><td>A0</td><td>841×1189</td><td rowspan="5">25</td><td rowspan="3">10</td><td rowspan="2">20</td></tr>
<tr><td>A1</td><td>594×841</td></tr>
<tr><td>A2</td><td>420×594</td><td rowspan="3">10</td></tr>
<tr><td>A3</td><td>297×420</td><td rowspan="2">5</td></tr>
<tr><td>A4</td><td>210×297</td></tr>
</table>

2. 图框格式

在图纸上必须用粗实线画出图框，其格式分为留装订边和不留装订边的两种图纸，但是，同一产品的图纸只能采用同一格式。

留装订边的图纸，其图框格式如图 2-1-1 所示。

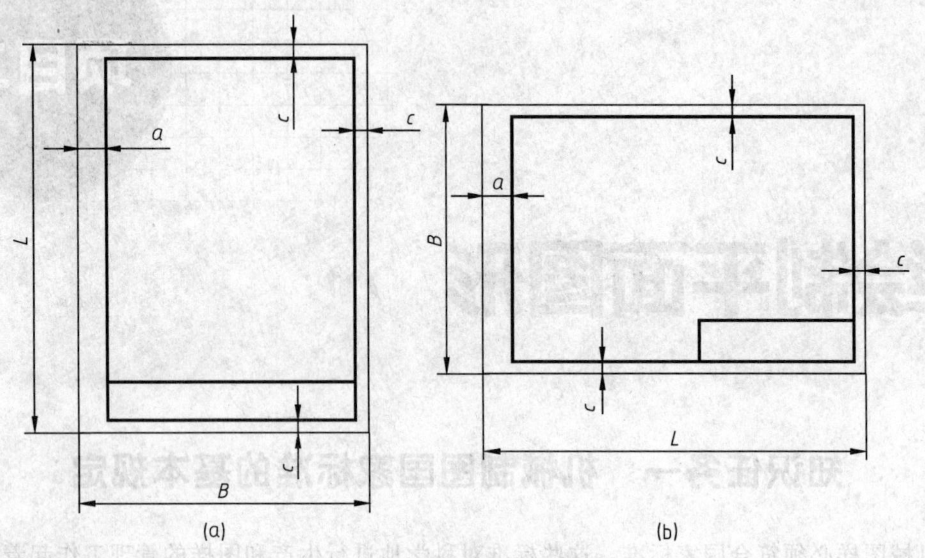

图 2-1-1　留装订边的图框格式

不留装订边的图纸，其图框格式如图 2-1-2 所示，尺寸按表 2-1-1 的规定。

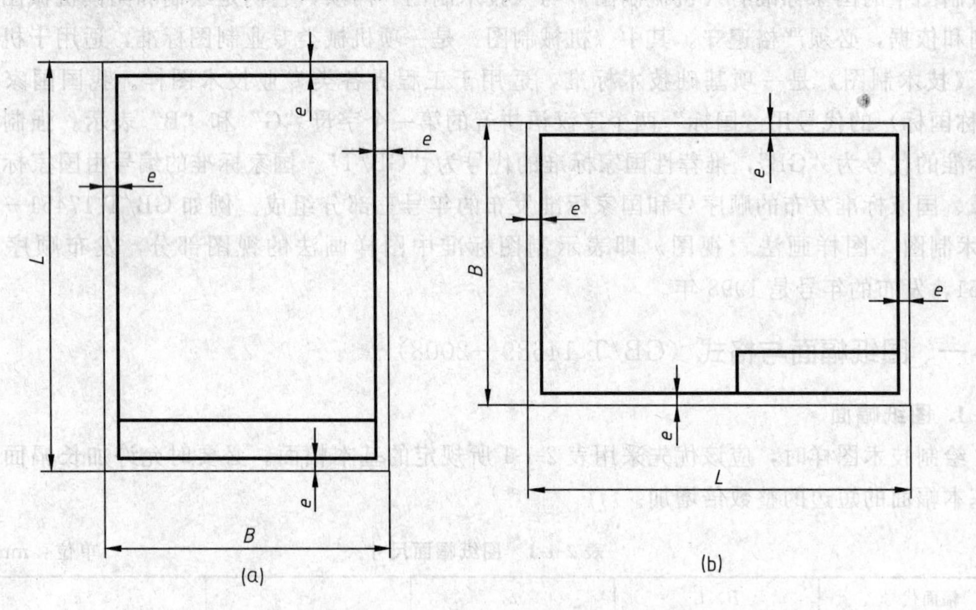

图 2-1-2　不留装订边的图框格式

3. 标题栏

每张图纸必须画出标题栏，标题栏的格式和尺寸在国家标准 GB/T 10609.1—2008《技术制图　标题栏》中有详细规定，学生作业用标题栏格式如图 2-1-3 所示，标题栏通常位于图纸右下角。

标题栏按图纸分为：X 型如图 2-1-1（b）、图 2-1-2（b）所示；Y 型如图 2-1-1（a）、图 2-1-2（a）所示，看图的正方向与标题栏一致。

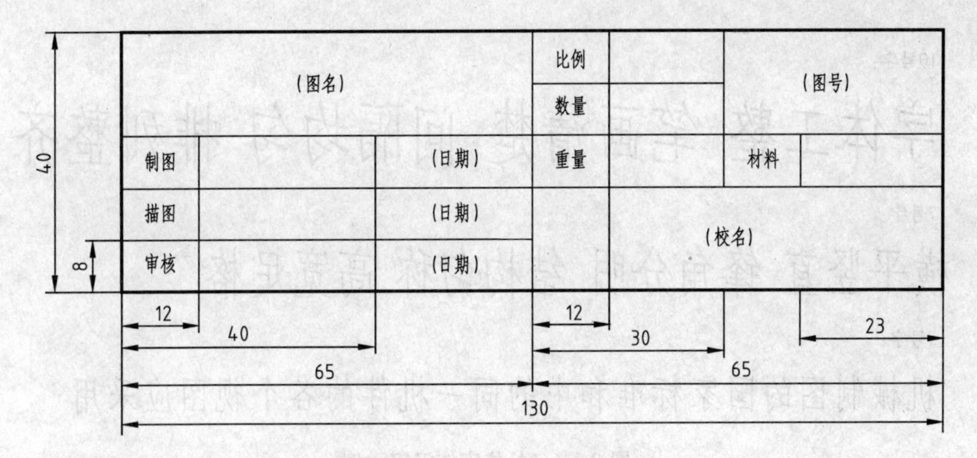

图 2-1-3　学生作业用标题栏

二、比例（GB/T 14690—1993）

比例是指图中图形与其实物相应要素的线性尺寸之比，比例可以按表 2-1-2 所示选用。

表 2-1-2　比例选用

种　类	比　例		
原值比例		1∶1	
放大比例	5∶1 5×10^n∶1	2∶1 2×10^n∶1	 1×10^n∶1
缩小比例	1∶2 1∶(2×10^n)	1∶5 1∶(5×10^n)	1∶10 1∶(10×10^n)

在同一张图纸上绘制同一机件的各个视图应采用相同的比例（局部情况另外），并填写在标题栏中，例如 1∶2。

通常，在图纸允许的情况下，尽量采用 1∶1 的比例，因为可以从图样中得到实物大小的真实概念，也可以采用放大或缩小比例。

无论采用什么比例，图纸上标注的尺寸必须按零件的实际（尺寸）大小标注。

三、字体（GB/T 14691—1993）

技术文件和图样中所书写的字体必须做到：字体工整、笔画清楚、间隔均匀、排列整齐。字体高度（用 h 表示）的公称尺寸系列为：1.8mm，2.5mm，3.5mm，5mm，7mm，10mm，14mm，20mm。字体高度仅表示字体的号数。

如果需要书写更大的字，其字体高度应按$\sqrt{2}$的比例递增。字体宽度约等于字体高度的 2/3。

1. 汉字

图样上的汉字应该写成长仿宋体，并应采用国家公布的简化字。汉字的高度不应小于 3.5mm，其字宽一般为 $h/\sqrt{2}$。

书写长仿宋示例如图 2-1-4 所示。

10号字:

字体工整 笔画清楚 间隔均匀 排列整齐

7号字:

横平竖直 锋角分明 结构匀称 高宽足格

5号字:

机械制图的国家标准和中的同一机件的各个视图应采用

图 2-1-4 长仿宋体汉字示例

书写要领：横平竖直、锋角分明、结构匀称、高宽足格。

在格子中书写示例如图 2-1-5 所示。

图 2-1-5 长仿宋体字宽和字高的比例

2. 字母和数字

字母和数字分 A 型和 B 型，A 型字体的笔画宽度（d）为字高（h）的 1/14，B 型字体的笔画宽度（d）为字高（h）的 1/10。在同一张图纸上只允许选用一种形式的字体。字母和数字可以写成斜体或直体。斜体字头向右倾斜成 75°。用作指数、分数、极限偏差注脚等的数字及字母一般应该采用小一号的字体。

四、图线（GB/T 17450—1998、GB/T 4457.4—2002）

机件的图样是用各种不同粗细和形式的图线画成的。不同的线型有不同的用途。

1. 图线形式及应用

绘图时应该采用表 2-1-3 中规定的图线，各种图线的名称、形式、宽度及应用如表 2-1-3 和图 2-1-6 所示。

表 2-1-3 图线的形式及应用

序号	图线名称	图线形式及代号	图线宽度	一般应用
1	粗实线		b （约 0.1～2mm）	A1 可见轮廓线 A2 可见过渡线
2	细实线		$b/2$	B1 尺寸线及尺寸界线 B2 剖面线 B3 重合剖面的轮廓线 B4 螺纹的牙底及齿轮的齿根线 B5 引出线

续表

序号	图线名称	图线形式及代号	图线宽度	一般应用
3	波浪线		$b/2$	C1 断裂处的界限 C2 视图和剖视的分界线
4	双折线		$b/2$	D1 断裂处的边界线
5	虚线		$b/2$	E1 不可见轮廓线 E2 不可见过渡线
6	细点画线		$b/2$	F1 轴线 F2 对称中心线 F3 轨迹线 F3 节圆及节线
7	粗点画线		b	G1 有特殊要求的线或表面的表示线
8	双点画线		$b/2$	H1 相邻辅助零件的轮廓线 H2 极限位置的轮廓线 H3 坯料的轮廓线或毛坯图中制成品的轮廓线 H4 假想投影轮廓线 H5 试验或工艺结构(成品上不存在)的轮廓线 H6 中断线

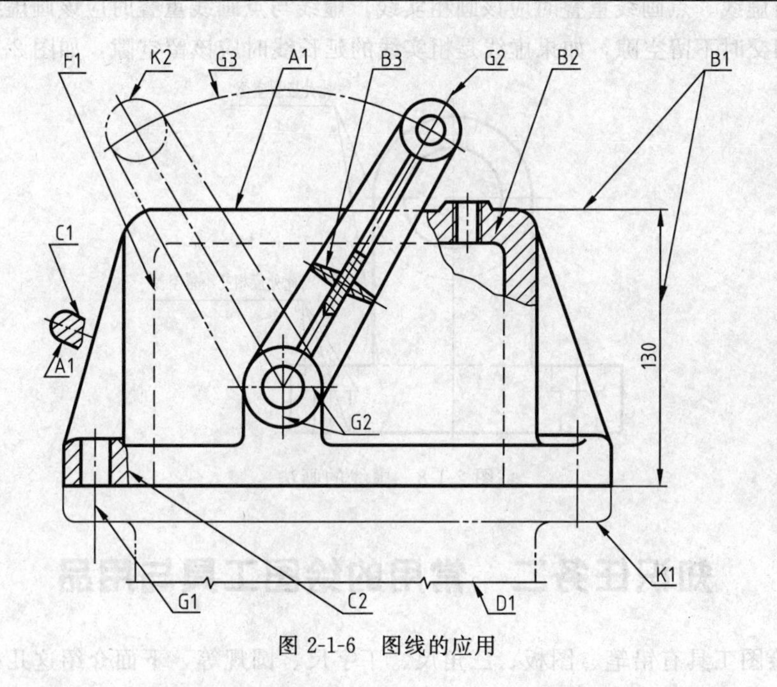

图 2-1-6 图线的应用

从表 2-1-3 中可知，图线分粗细两种，粗线的宽度按图形大小和复杂程度而定，在 0.5～2mm 之间选择，细实线的宽度均为 $b/2$。

2. 图线的画法

① 同一图样中，同类图线的宽度应该基本一致。虚线、点画线和双点画线段长度和间隔应各自大致相等。

② 点画线和双点画线的点不是小圆点，而是长约 1mm 的短画。这些线的首末两端应该是线段不是短画，在图中应该以长画线段与其他图线相交。绘制图的对称中心线时，圆心应该是两线段的交点，点画线通常超出图形 5mm。图形小时应画成细实线，如图 2-1-7 所示。

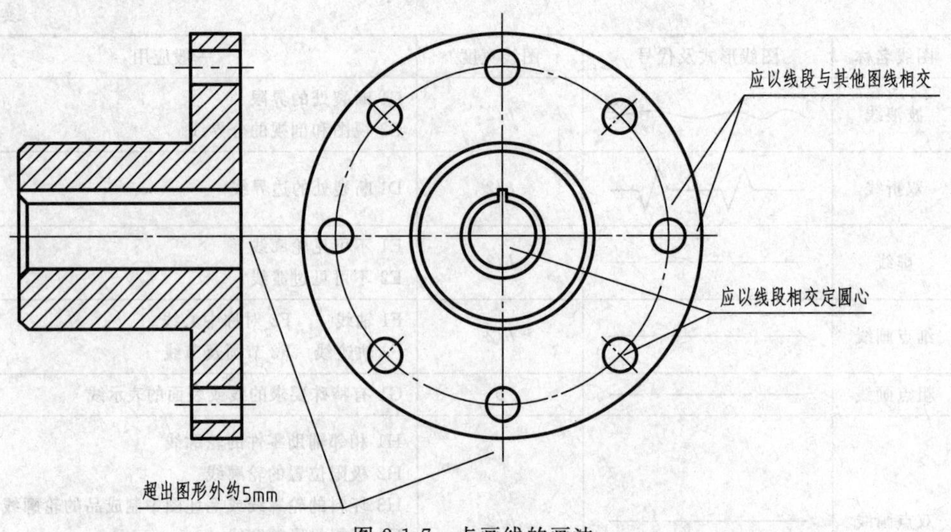

图 2-1-7　点画线的画法

3. 粗实线与虚线以及点画线重叠时的画法

粗实线与虚线、点画线重叠时应该画粗实线，虚线与点画线重叠时应该画虚线，虚线与粗实线或虚线相交时不留空隙，如果虚线是粗实线的延长线时应该留空隙，如图 2-1-8 所示。

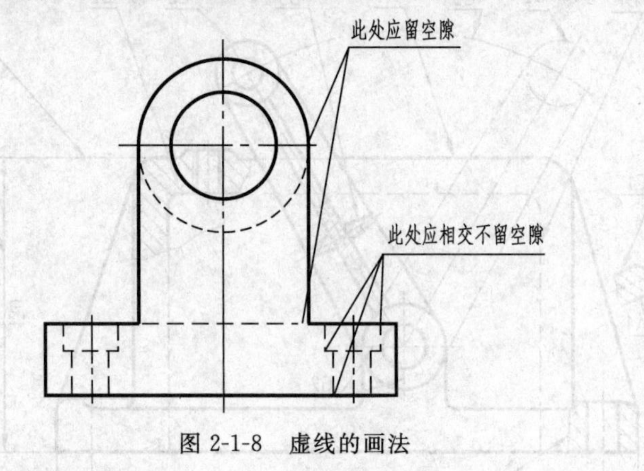

图 2-1-8　虚线的画法

知识任务二　常用的绘图工具与用品

常用的绘图工具有铅笔、图板、三角尺、丁字尺、圆规等，下面介绍这几种常用绘图工具的使用要点。

一、铅笔

铅笔的铅芯硬度由标号 H 和 B 来识别：6H 最硬，颜色最浅；6B 最软，颜色最浓；HB 是中等硬度。

通常用 2H 铅笔或 H 铅笔画底稿，用 H 或者 HB 铅笔画细实线、虚线、点画线、写字和画箭头，用 H 或者 B 铅笔画粗实线。

铅笔从没有标记的一端开始使用，以便识别标记。绘图时应该保持铅笔杆前后方向与纸面垂直，运笔方向与纸面成60°夹角为宜，笔尖紧靠尺边，用力均匀，使画出的线条粗细一致。

二、图板

图板是表面平坦光滑，具有一定规格的矩形木板，左边为导边，且导边必须平直。常用的图板有 A0、A1、A2 三种型号。

三、丁字尺

丁字尺是用来画水平线的长尺，丁字尺由尺头和长尺组成。

画图时，先将图纸固定在图版上，丁字尺尺头与图板导边靠紧，铅笔靠紧丁字尺的工作边画出粗细一致的直线，如图 2-2-1 所示。

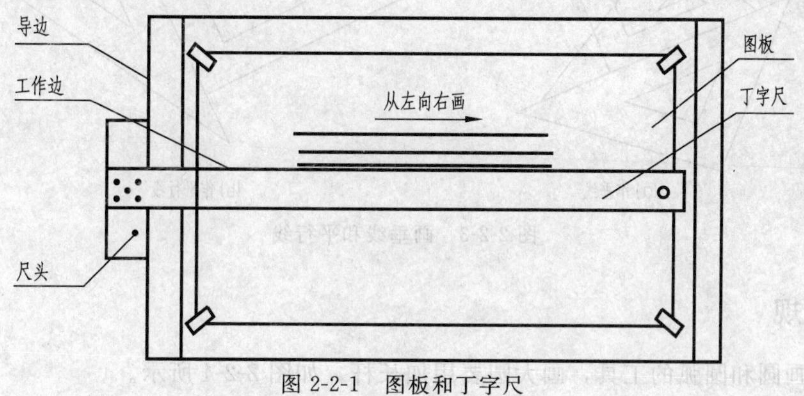

图 2-2-1　图板和丁字尺

四、三角尺

三角尺通常由两块组成，一块的三个角是 30°、60°、90°，另一块的三个角是 45°、45°、90°。

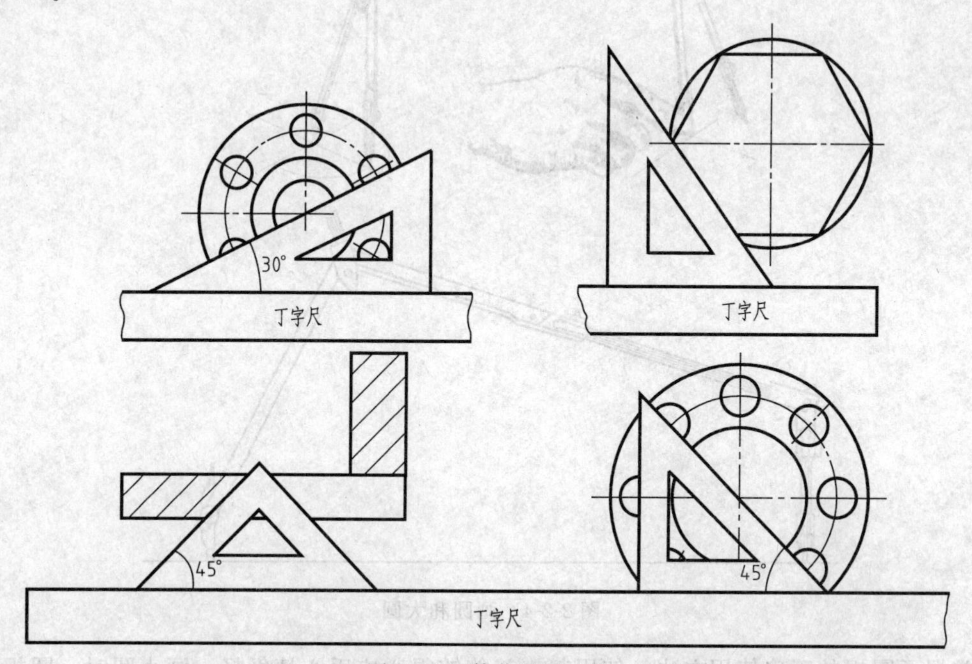

图 2-2-2　等分圆周画法

丁字尺与三角尺的配对使用，可以画出 90°的直线和 15°、30°、45°、60°、75°的斜线。还可以等分圆周，如图 2-2-2 所示。

画垂线和平行线如图 2-2-3 所示。

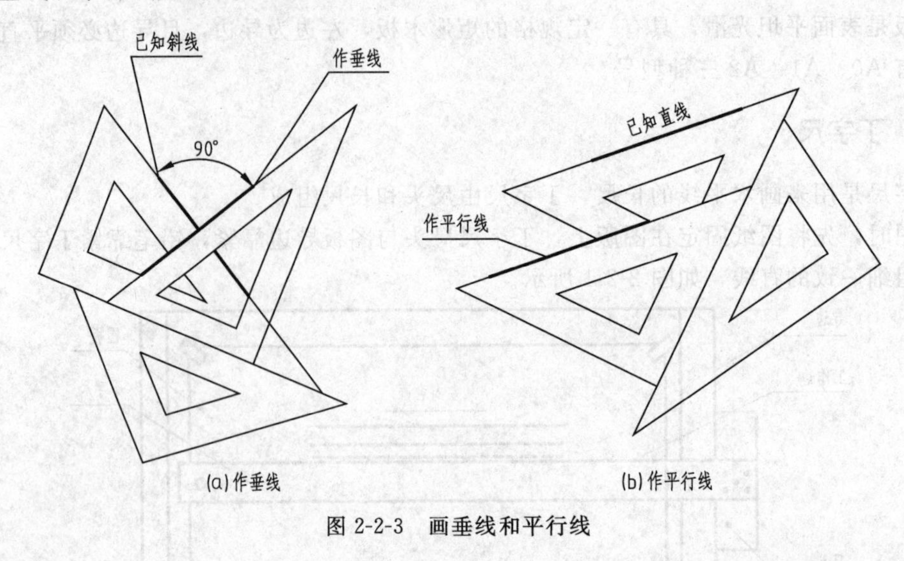

图 2-2-3 画垂线和平行线

五、圆规

圆规是画圆和圆弧的工具，画大圆要用加长杆，如图 2-2-4 所示。

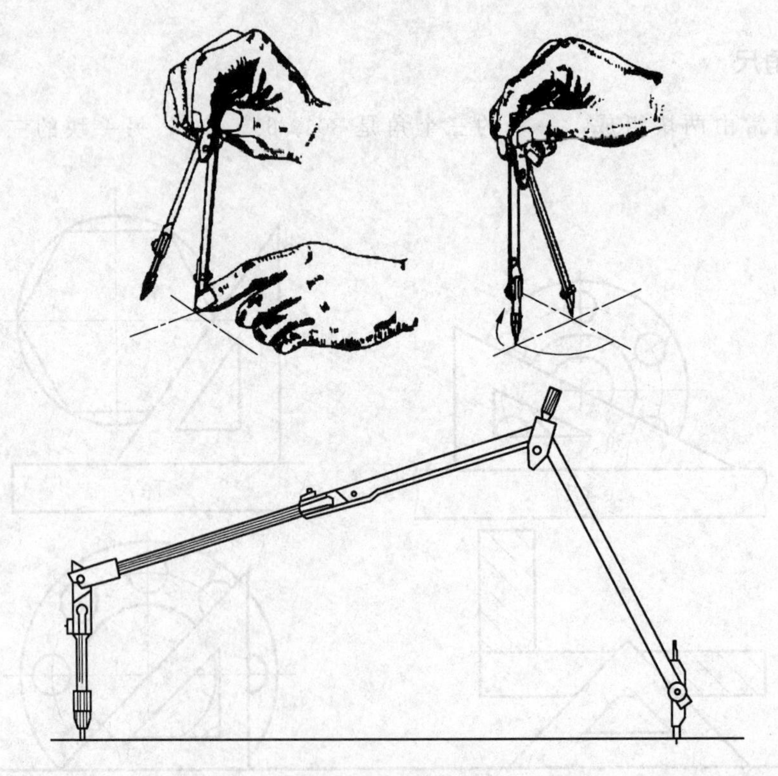

图 2-2-4 画圆和大圆

掌握了圆规的正确使用方法，使用起来就能够得心应手心情舒畅，画小圆时，圆规的针尖应略长于铅芯，如图 2-2-5 所示，且铅芯应该磨成凿形，加深时应该换铅芯。如果将铅笔插腿换成直线笔插腿，可以上墨，进行描图。如果将铅笔插腿换成针尖插腿，可以作分规用。

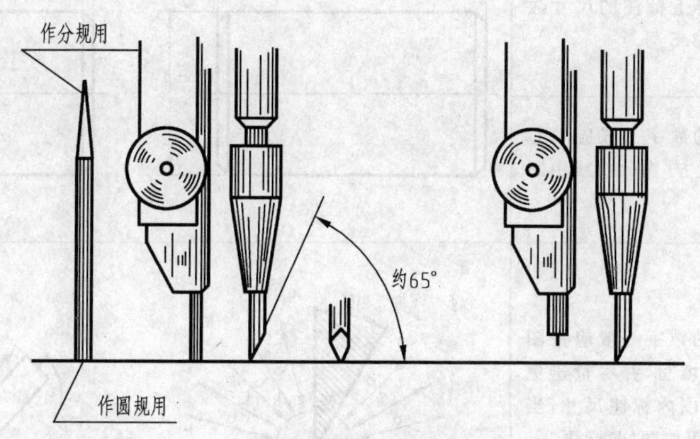

图 2-2-5 圆规针尖应略长于铅芯及作分规用

使用中圆规的调整方法，用右手的食指和中指夹住圆规的一条腿，用无名指和小指夹住另一条腿，拇指在另一边护着，就可以使圆规的两条腿张开和并拢，量取半径后右手拿着圆规，左手食指将针尖送到圆心位置，轻轻插进圆心，用右手拇指和食指捏住圆规手柄顺时针转动圆规作图。

知识任务三 尺寸标注 (GB/T 4458.4—2003、GB/T 16675.2—1996)

图样上的图形主要表示零件的结构与形状，而零件的大小则以图上标注的尺寸数字为依据，因此，应该按照国家标准认真标注尺寸。本节主要介绍尺寸标注的基本知识。

一、尺寸标注的基本规则

① 机件的真实大小应该以图样上所标注的尺寸数字为依据，与图样的大小以及绘图的准确度无关。

② 图样中的尺寸以及技术要求或者有关说明中的尺寸，以毫米为单位时不注计量单位的符号或名称，否则，必须注明计量单位的符号或名称。

③ 图样中所标注的尺寸，为该图样所示机件的最后完工尺寸，否则，应该另加说明。

④ 机件的每一尺寸一般只标注一次，应该标注在反映机件结构最清晰的图样上。

二、尺寸的组成及标注

一个完整的尺寸一般由尺寸数字、尺寸线、尺寸界线和箭头组成，如图 2-3-1 所示。

对于尺寸各组成部分的要求和尺寸标注的方法国家标准做了规定，其基本内容摘要如表 2-3-1 所示。

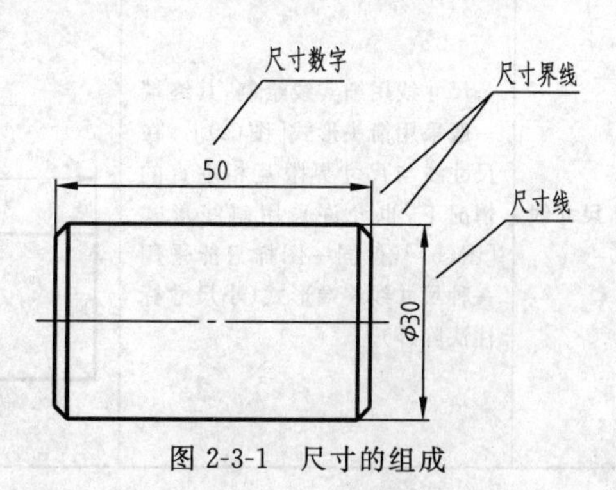

图 2-3-1 尺寸的组成

表 2-3-1 尺寸标注

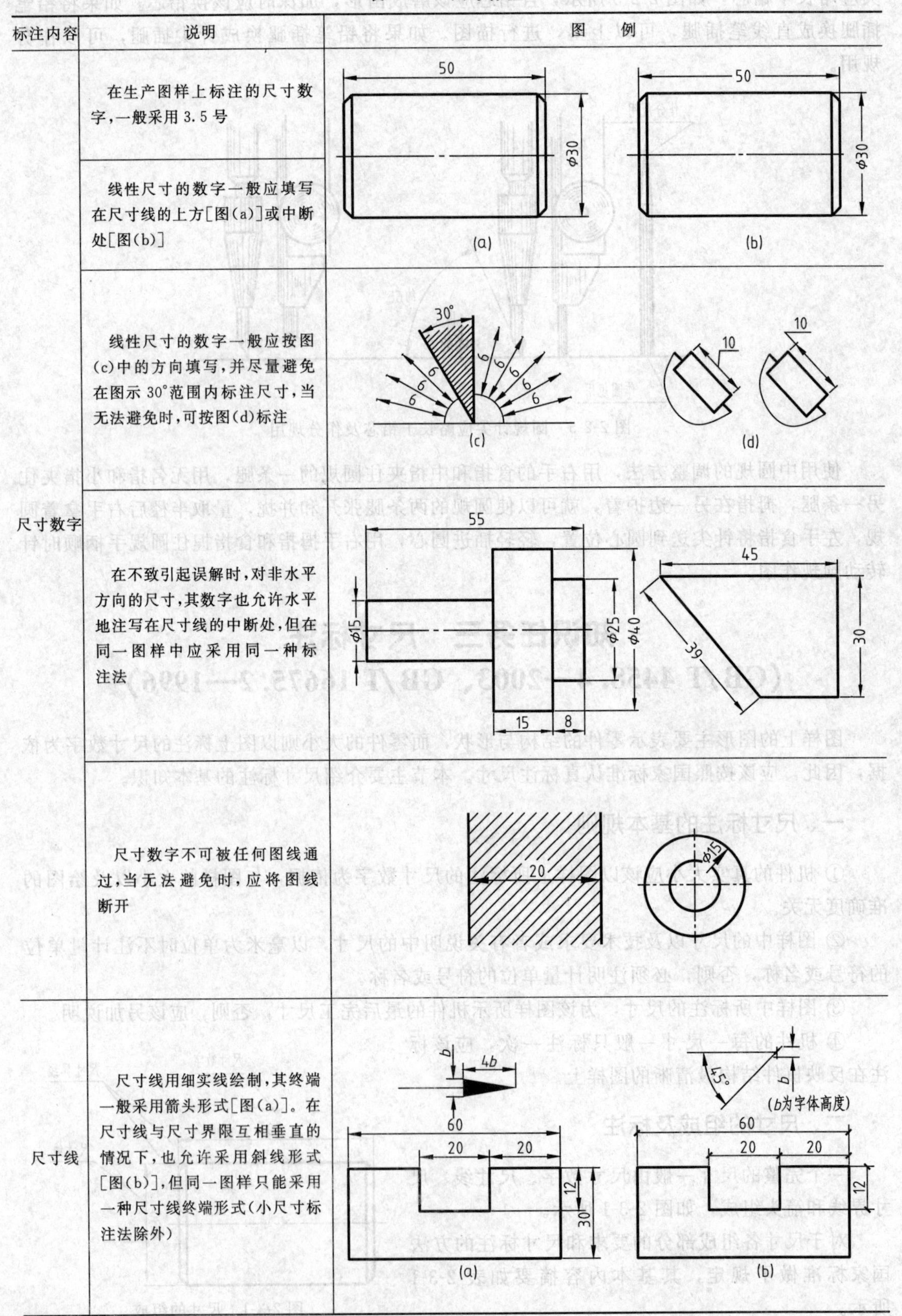

标注内容	说明	图例
尺寸数字	在生产图样上标注的尺寸数字，一般采用 3.5 号 线性尺寸的数字一般应填写在尺寸线的上方[图(a)]或中断处[图(b)]	(a) (b)
	线性尺寸的数字一般应按图(c)中的方向填写，并尽量避免在图示 30°范围内标注尺寸，当无法避免时，可按图(d)标注	(c) (d)
	在不致引起误解时，对非水平方向的尺寸，其数字也允许水平地注写在尺寸线的中断处，但在同一图样中应采用同一种标注法	
	尺寸数字不可被任何图线通过，当无法避免时，应将图线断开	
尺寸线	尺寸线用细实线绘制，其终端一般采用箭头形式[图(a)]。在尺寸线与尺寸界限互相垂直的情况下，也允许采用斜线形式[图(b)]，但同一图样只能采用一种尺寸线终端形式(小尺寸标注法除外)	(b为字体高度) (a) (b)

续表

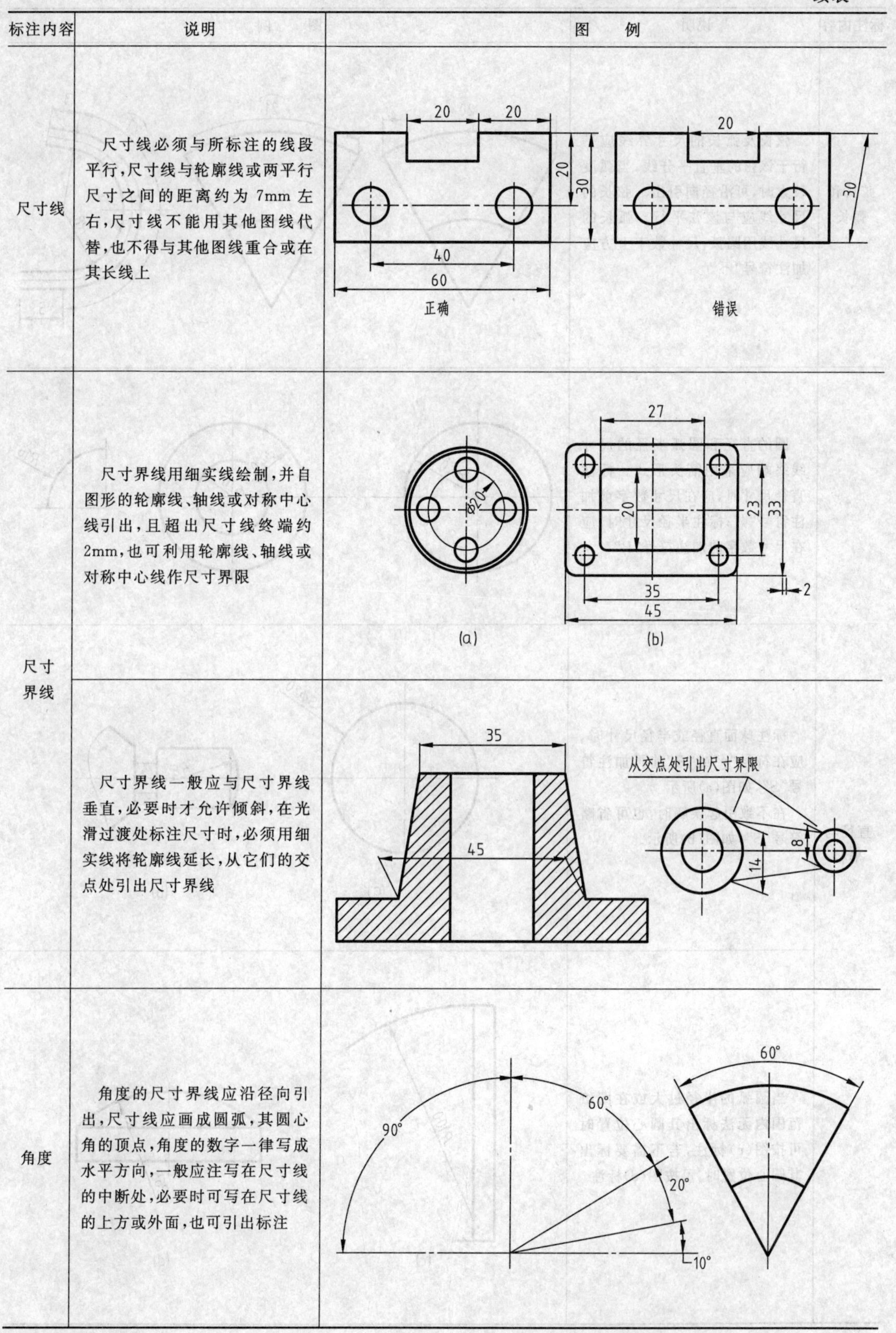

标注内容	说明	图例
尺寸线	尺寸线必须与所标注的线段平行，尺寸线与轮廓线或两平行尺寸之间的距离约为 7mm 左右，尺寸线不能用其他图线代替，也不得与其他图线重合或在其长线上	正确　错误
尺寸界线	尺寸界线用细实线绘制，并自图形的轮廓线、轴线或对称中心线引出，且超出尺寸线终端约 2mm，也可利用轮廓线、轴线或对称中心线作尺寸界限	(a)　(b)
	尺寸界线一般应与尺寸界线垂直，必要时才允许倾斜，在光滑过渡处标注尺寸时，必须用细实线将轮廓线延长，从它们的交点处引出尺寸界线	
角度	角度的尺寸界线应沿径向引出，尺寸线应画成圆弧，其圆心角的顶点，角度的数字一律写成水平方向，一般应注写在尺寸线的中断处，必要时可写在尺寸线的上方或外面，也可引出标注	

续表

标注内容	说明	图例
弦长和弧长	弦长及弧长的尺寸界线应平行于该弦的垂直平分线，当弧度较大时，可沿径向引出。弦长的尺寸线应与该弦平行。弧长的尺寸线用圆弧，尺寸数字上方应加注符号“⌒”	20　21　27　3　R8　5
直径与半径	圆的直径和圆弧半径的尺寸线终端应采用箭头形式。标注直径尺寸时，应在尺寸数字前加注符号“ϕ”；标注半径尺寸时，应在尺寸数字前加注符号“R”	ϕ40　ϕ40　ϕ20　R16
	标注球面直径或半径尺寸时，应在符号“ϕ”或“R”前再加注符号“S”，如图(a)所示 在不致引起误解时，也可省略符号“S”，如图(b)所示	Sϕ20　R8 (a)　(b)
	当圆弧的半径过大或在图纸范围内无法标出其圆心位置时可按图(c)标注，若不需要标出其圆心位置时，可按图(d)标注	R100　R65 (c)　(d)

续表

标注内容	说　明	图　例
小尺寸	在没有足够的位置画箭头或斜字时，可按右图形式标注	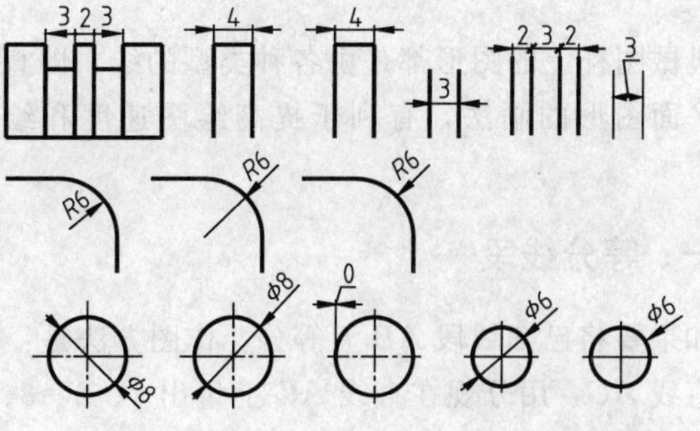
薄板厚度	标注薄板零件的厚度尺寸时，可在尺寸数字前加注符号“δ”	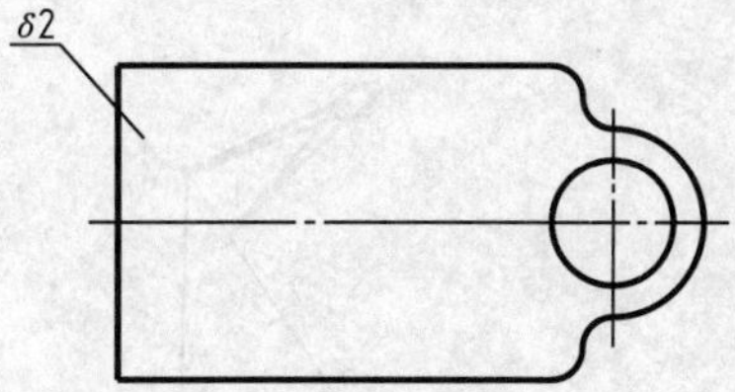
正方形结构	标注剖面为正方形结构的尺寸时，可在正方形边长尺寸数字前加注符号“□”，或用“B×B”代替（B为正方形的边长）	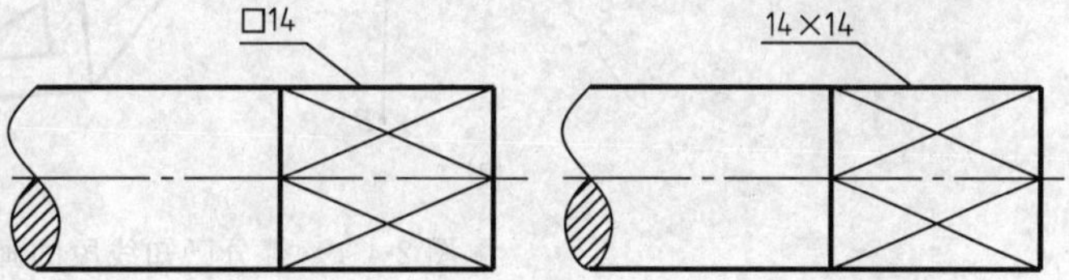
对称图形	当图形具有对称中心线时，分布在对称中心线两边的相同结构，可仅标注其中一边的尺寸[图(a)] 当对称图形只画出一半或略大于一半时，尺寸线应略超过对称中心线或断裂出的边界线，并且只在有尺寸界线的一端画出箭头[图(b)]	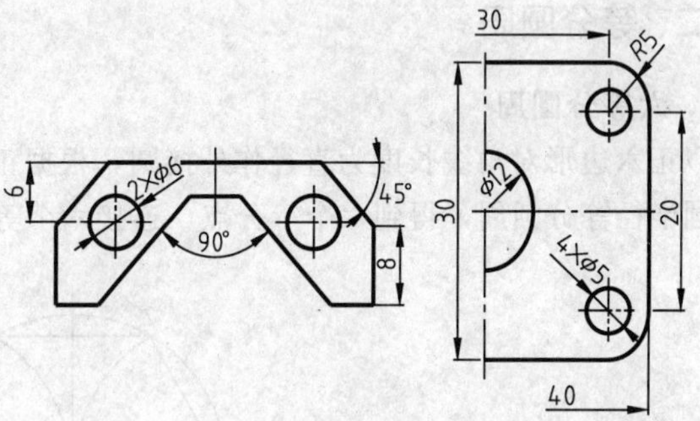 (a)　(b)
均布孔的尺寸	均布分布的相同要素（如孔）的尺寸可按右图标注。当孔的定位和分布情况在图形中已明确时，可省略其定位尺寸和“均布”两字，均布用符号表示为EQS	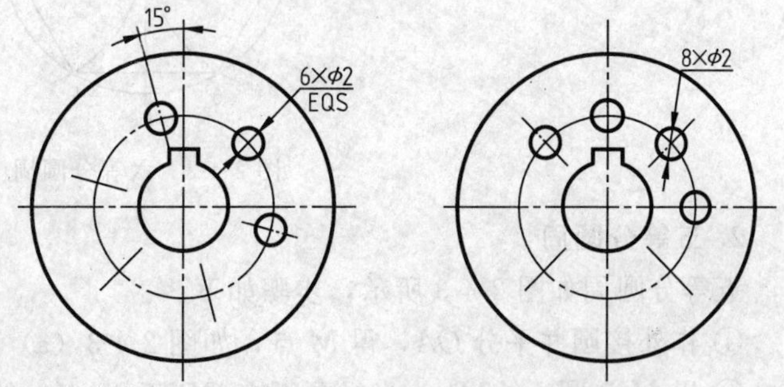

知识任务四　常用几何图形的画法

机械图样上的图形都是由各种类型的线，即直线、圆弧或曲线组成的平面图形，熟练掌握了平面图形的画法，有利于提高绘图速度和绘图质量，下面介绍几种常用平面图形的画法。

一、等分线段

如果要将已知线段 AB 五等分，作图方法是：过已知直线 AB 的任一端（如 A 端）任作一条直线 AC，用分规在直线 AC 上量出 1、2、3、4、5 各等分点，如图 2-4-1 所示，然后连接 5 和 B，并过各等分点作 $5B$ 线段的平行线，即得到线端 AB 上的各个等分点。

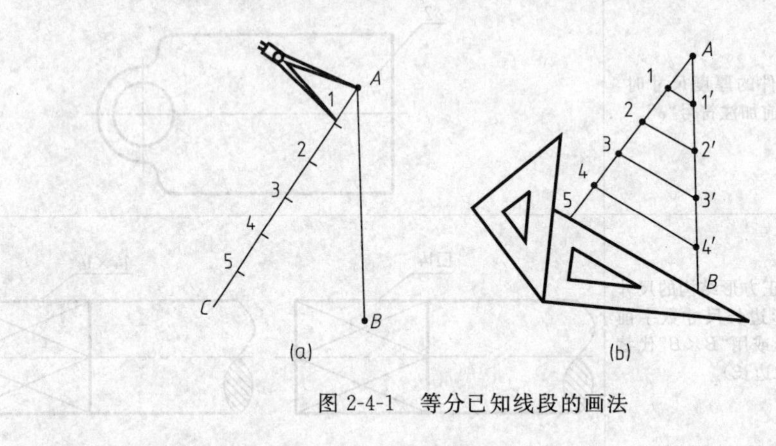

图 2-4-1　等分已知线段的画法

二、等分圆周

1. 六等分圆周

以正六边形对角线长度为直径作外接圆，根据正六边形边长与外接圆半径相等的特性，用外接圆半径等分圆周，得到六个等分点，连接六个等分点即得正六边形，如图 2-4-2 所示。

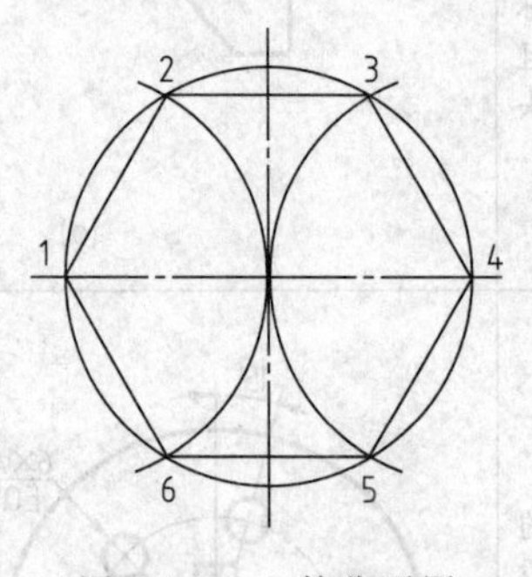

图 2-4-2　六等分圆周

2. 五等分圆周

五等分圆周如图 2-4-3 所示，步骤如下。

① 作外接圆并平分 OA，得 M 点，如图 2-4-3（a）所示。

② 以 M 为圆心，$M1$ 为半径画弧交 OB 于 N 点，线段 $1N$ 既为正五边形的边长，如图

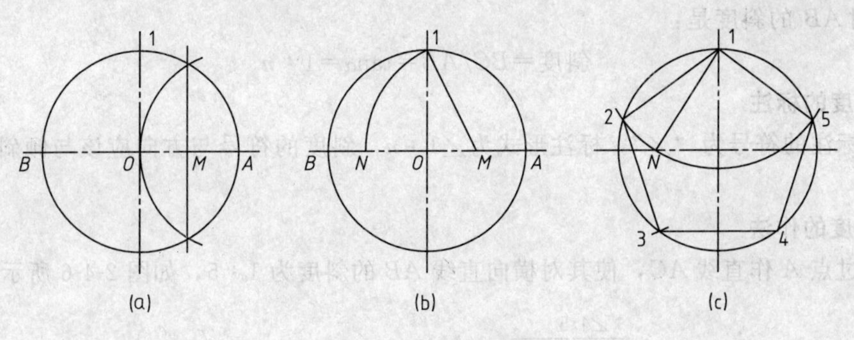

图 2-4-3　五等分圆周

2-4-3（b）所示。

③ 以 1*N* 为边长，自 1 点始等分圆周并顺次连接成五边形，如图 2-4-3（c）所示。

3. 任意等分圆周

作图方法如图 2-4-4 所示。

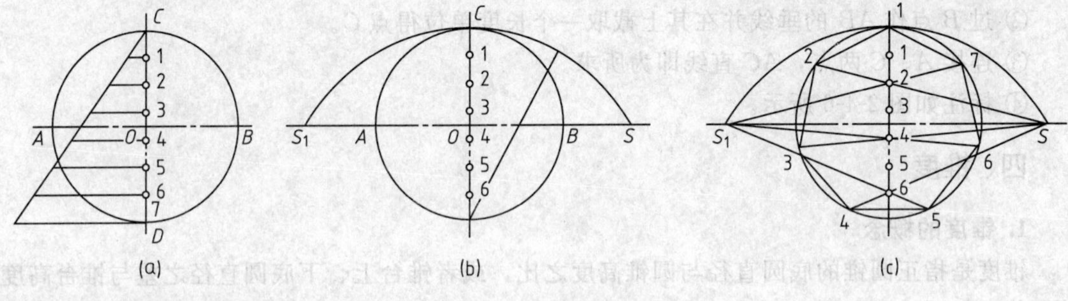

图 2-4-4　任意等分圆周

① 过圆心 *O* 作水平直线 *AB* 和垂直线 *CD*，等分直线 *CD* 如图 2-4-4（a）所示（作 *n* 边形 *n* 等分，本例是七等分）。

② 以 *D* 为圆心，*DC* 为半径作圆弧交 *AB* 的延长线于 *S* 和 S_1 点，如图 2-4-4（b）所示。

③ 将 *S*、S_1 点与 *CD* 上的奇数点或偶数点（如 2、4、6 等点）连接，并延长与圆相交得各等分点，依次连接各点即为所求正多边形，如图 2-4-4（c）所示。

三、斜度

1. 斜度的概念

斜度是指一直线或者平面相对另一直线或者平面的倾斜程度，斜度以两直线（或者平面）夹角的正切函数来表示，如图 2-4-5 所示。

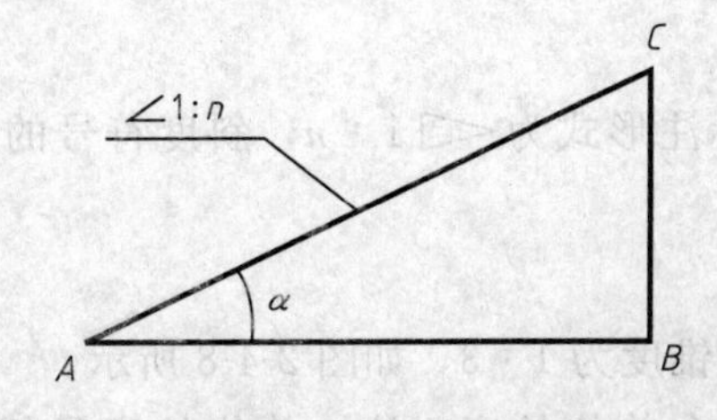

图 2-4-5　斜度的概念

BC 对 AB 的斜度是：

$$斜度=BC/AB=\tan\alpha=1:n$$

2. 斜度的标注

斜度标注的符号为“∠”，标注形式为∠1∶n，斜度的符号与方向应该与倾斜线的方向一致。

3. 斜度的作法

要求过点 A 作直线 AC，使其对横向直线 AB 的斜度为 1∶5，如图 2-4-6 所示。

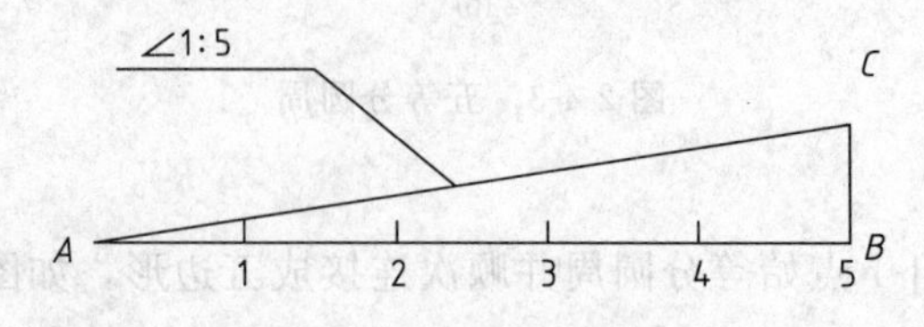

图 2-4-6 斜度的作法与标注

① 以任意长度为长度单位，自 A 点在水平线上任取 5 等份，得到 B 点。

② 过 B 点作 AB 的垂线并在其上截取一个长度单位得点 C。

③ 连接 A、C 两点，AC 直线即为所求。

④ 标注如图 2-4-6 所示。

四、锥度

1. 锥度的概念

锥度是指正圆锥的底圆直径与圆锥高度之比，或者锥台上、下底圆直径之差与锥台高度的比值，如图 2-4-7 所示。

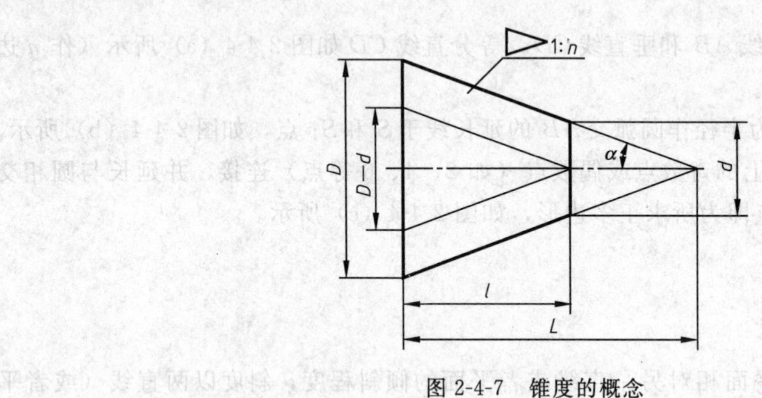

图 2-4-7 锥度的概念

$$锥度=D/L=(D-d)/l=2\tan\alpha=1:n$$

2. 锥度的标注

锥度的符号为“◁”，标注形式为◁1∶n，斜度符号的方向应该与圆锥或者锥台方向一致。

3. 锥度的作法

要求作一横向直线 AB 的锥度为 1∶3，如图 2-4-8 所示。

① 在横向直线上截取 3 个单位长度（注：单位长度是任意的，但是太短不好作图）得 AB。

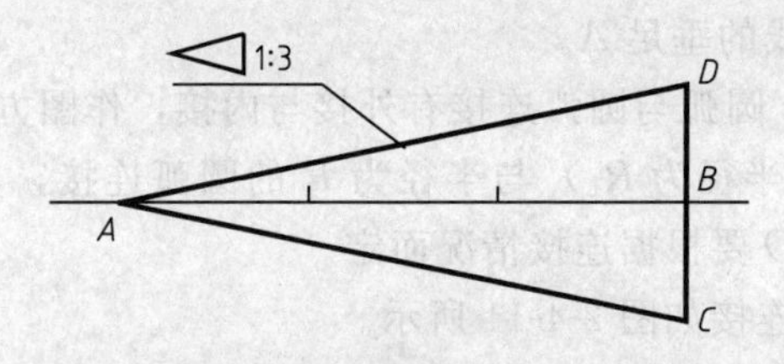

图 2-4-8 锥度的作法

② 作 B 点的垂线，在垂足的上、下分别截取 1/2 个单位长度，得 D、C 两点。

③ 分别连接 AC 和 AD 即得 1∶3 的锥度。

④ 标注如图 2-4-8 所示。

五、圆弧连接

1. 圆弧连接的概念与实例

在机械零件中，常常遇到一条曲线（直线或者圆弧）圆滑地过渡到另一条曲线的情况，这种过渡称为圆弧连接。

支座是一个使用十分普遍的零件，如图 2-4-9 所示。

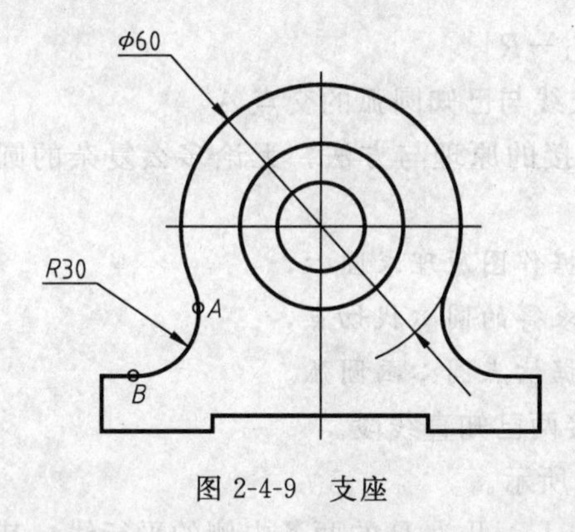

图 2-4-9 支座

支座上 $\phi60$ 的圆弧与 $R30$ 的圆弧及 $R30$ 的圆弧与底面的连接都是圆弧连接。

圆弧连接实质上就是作圆弧与直线相切，或者圆弧与圆弧相切。圆弧连接的关键是找出连接弧的圆心和连接点即切点。

2. 圆弧连接的作图原理

(1) 圆弧与已知直线连接　图 2-4-10 所示即为圆弧与已知直线连接。从图中可知，半径为 R 的圆弧其圆心轨迹是一条与已知直线平行且距离为 R 的直线，连接点即切点就是从

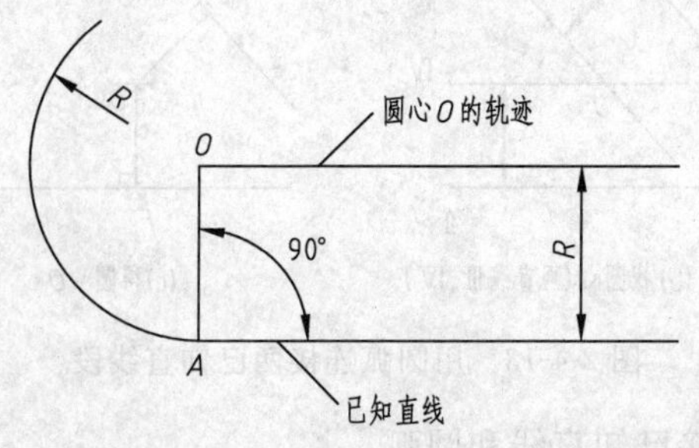

图 2-4-10 圆弧与直线连接

圆心 O 向已知直线所作直线的垂足 A。

（2）圆弧与圆弧连接　圆弧与圆弧连接有外接与内接，作图方法有所不同。

已知圆弧（圆心为 O_1 半径为 R_1）与半径为 R 的圆弧连接，其圆心轨迹为已知圆弧的同心圆，该圆弧的半径 O_1O 要根据连接情况而定。

① 圆弧与圆弧外接，连接如图 2-4-11 所示。

从图中可知：$O_1O=R_1+R$

切点是 O_1O 的连线与已知圆弧的交点 A。

② 圆弧与圆弧内接，连接如图 2-4-12 所示。

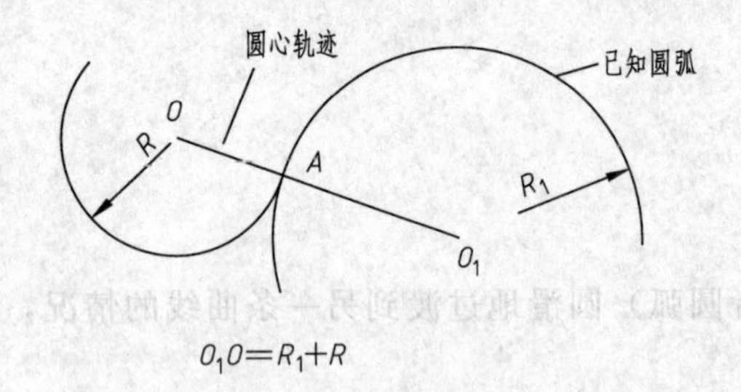

图 2-4-11　圆弧与圆弧外接

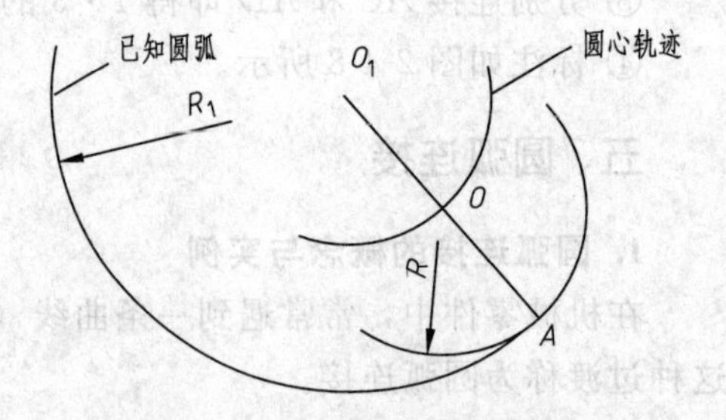

图 2-4-12　圆弧与圆弧内接

从图中可知：$O_1O=|R_1-R|$

切点是 O_1O 连线的延长线与已知圆弧的交点 A。

以上是圆弧的外切、内接的原理与方法，无论多么复杂的圆弧连接只要把握了这一规律，就可以逐步作出来了。

圆弧连接方法小结：根据作图原理求圆心，

从求得的圆心找切点，

依据切点圆心画圆弧。

【例 2-4-1】 用圆弧连接两已知直线段。

作图方法：如图 2-4-13 所示。

① 找圆心，画距离直线Ⅰ、Ⅱ为 R 的两条内侧的平行线，其交点即为圆心 O。

② 找切点，过交点 O 作直线Ⅰ、Ⅱ的垂线，其垂足 E、F 即为切点。

③ 画圆弧，以 O 点为圆心，R 为半径画圆弧连接到两直线Ⅰ、Ⅱ上的 E、F 点。

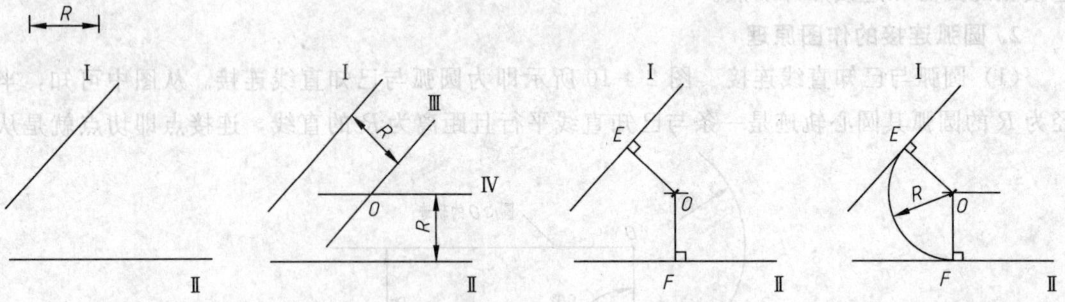

(a) 两已知直线　(b) 找圆心（画直线Ⅲ、Ⅳ）　(c) 得圆心 O　(d) 画圆弧

图 2-4-13　用圆弧连接两已知直线段

【例 2-4-2】 用圆弧连接已知直线和圆弧。

作图方法：如图 2-4-14 所示。

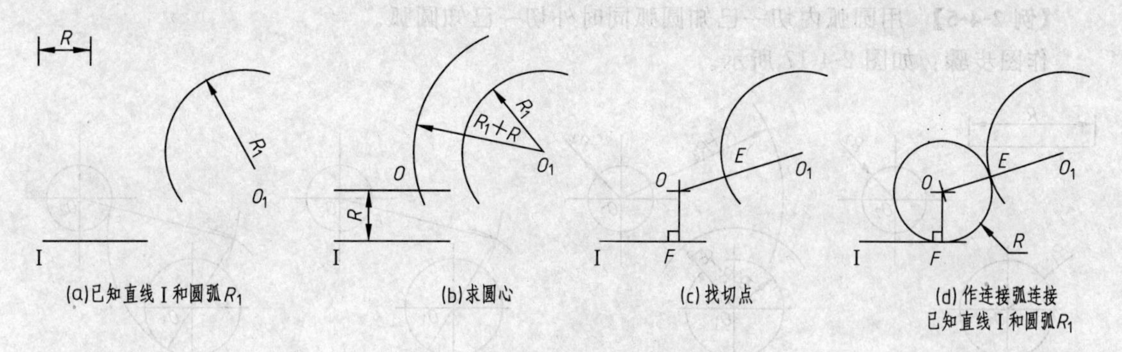

图 2-4-14　用圆弧连接已知直线和圆弧

① 求圆心。

② 找切点。

③ 用半径为 R 的圆弧连接已知直线Ⅰ和圆弧 R_1。

【例 2-4-3】 用圆弧外切两已知圆弧。

作图步骤：如图 2-4-15 所示。

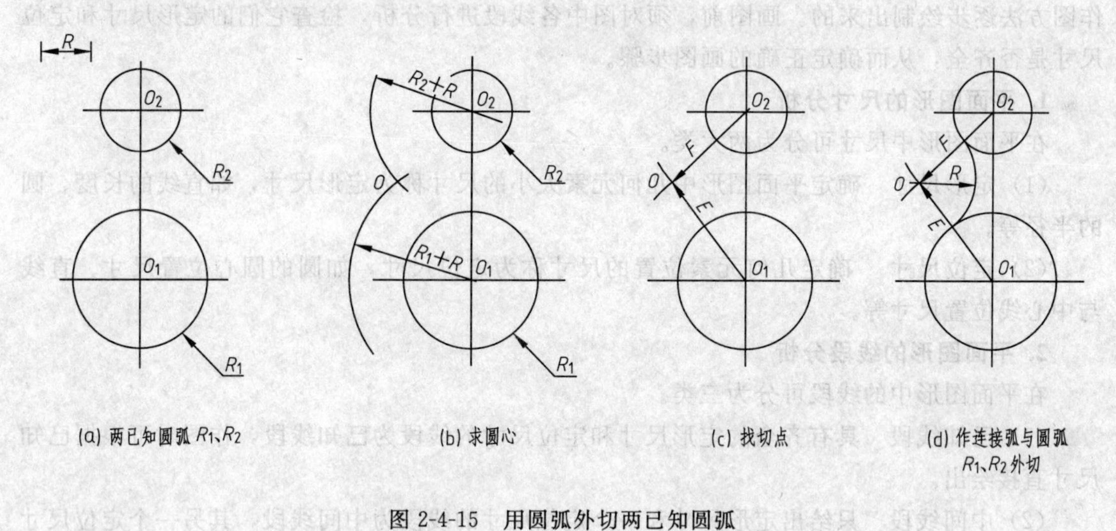

图 2-4-15　用圆弧外切两已知圆弧

【例 2-4-4】 用圆弧内切两已知圆弧。

作图步骤：如图 2-4-16 所示。

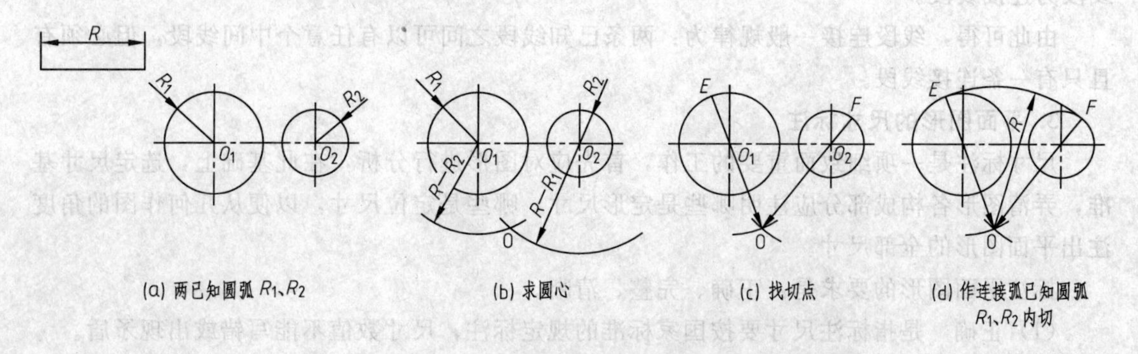

图 2-4-16　用圆弧内切两已知圆弧

【例 2-4-5】 用圆弧内切一已知圆弧同时外切一已知圆弧。

作图步骤：如图 2-4-17 所示。

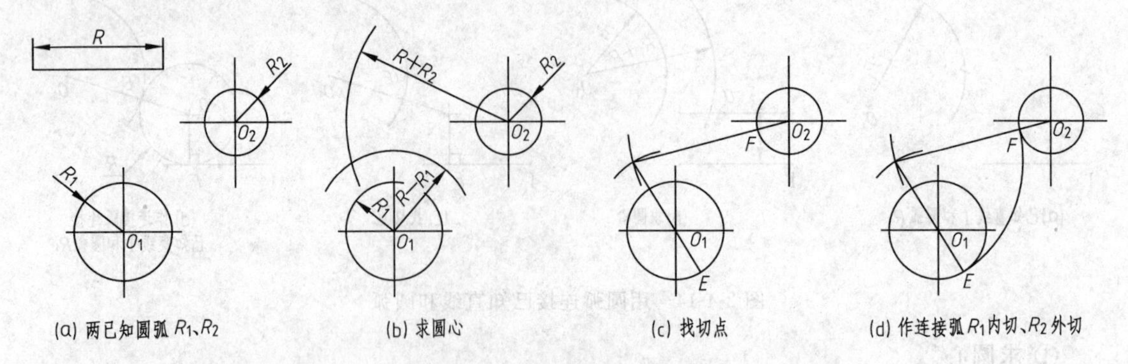

图 2-4-17 用圆弧内切一已知圆弧同时外切一已知圆弧

六、平面图形的画法

平面图形是根据组成图形的各个直线线段或曲线线段（多为圆弧、圆）的尺寸，按几何作图方法逐步绘制出来的。画图前，须对图中各线段进行分析，检查它们的定形尺寸和定位尺寸是否齐全，从而确定正确的画图步骤。

1. 平面图形的尺寸分析

在平面图形中尺寸可分为两大类。

(1) 定形尺寸 确定平面图形中几何元素大小的尺寸称为定形尺寸，如直线的长度、圆的半径等。

(2) 定位尺寸 确定几何元素位置的尺寸称为定位尺寸，如圆的圆心位置尺寸、直线与中心线位置尺寸等。

2. 平面图形的线段分析

在平面图形中的线段可分为三类。

(1) 已知线段 具有齐全的定形尺寸和定位尺寸的线段为已知线段，作图时可根据已知尺寸直接绘出。

(2) 中间线段 只给出定形尺寸和一个定位尺寸的线段为中间线段，其另一个定位尺寸可依靠与相邻已知线段的几何关系求出。

(3) 连接线段 只给出线段的定形尺寸，定位尺寸可依靠其两端相邻的已知线段求出的线段为连接线段。

由此可得，线段连接一般规律为：两条已知线段之间可以有任意个中间线段，但必须有且只有一条连接线段。

3. 平面图形的尺寸标注

尺寸标注是一项细致而重要的工作，首先应对图形进行分析，在此基础上，选定尺寸基准，弄清图形各构成部分应注明哪些是定形尺寸，哪些是定位尺寸，以便从几何作图的角度注出平面图形的全部尺寸。

标注平面图形的要求是：正确、完整、清晰。

(1) 正确 是指标注尺寸要按国家标准的规定标注，尺寸数值不能写错或出现矛盾。

(2) 完整 是指平面图形的尺寸要注写齐全。

（3）清晰　是指尺寸的位置要安排在图形的明显处，标注清晰、布局整齐、便于看图。

4. 平面图形的作图方法和步骤

在绘制平面图形时，首先应画出已知线段，其次画出中间线段，最后画出连接线段。画图步骤如下。

（1）画作图基准线　如对称中心线、圆的中心线等。

（2）画已知线段　根据已知的定形尺寸和定位尺寸，画出各已知线段。

（3）画中间线段　按连接关系，依次画出中间线段。

（4）画连接线段。

（5）描深　检查无误后，加深图线。

技能任务五　绘制手柄平面图形

手柄的平面图形如图 2-5-1 所示。

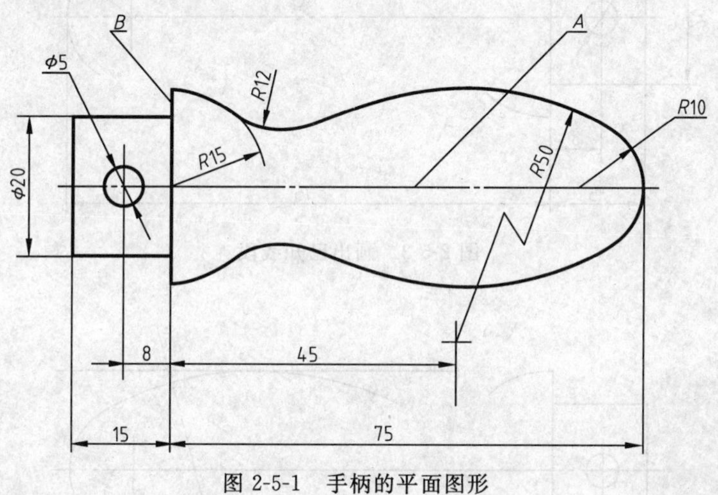

图 2-5-1　手柄的平面图形

实例分析

1. 尺寸分析

（1）定形尺寸　15、ϕ20、ϕ5、R15、R12、R10、R50 等。

（2）定位尺寸　8（确定了 ϕ5 的圆心位置）、45（确定了 R50 圆心在水平方向的位置）；尺寸 75 既是决定手柄长度的定形尺寸，又是 R10 的定位尺寸（间接地确定了 R10 的圆心位置）。

2. 圆弧分析

（1）已知圆弧　ϕ5、R15、R10。

（2）中间圆弧　R50。

（3）连接圆弧　R12。

3. 基准分析

A 为垂直方向尺寸基准，B 为水平方向尺寸基准。

任务实施

步骤一：画出基准线，如图 2-5-2 所示。

步骤二：画出已知线段，如图 2-5-3 所示。

步骤三：画出中间线段，如图 2-5-4 所示。

步骤四：画出连接线段，如图 2-5-5 所示。

步骤五：将图线加粗加深。

步骤六 ：标注尺寸，如图 2-5-6 所示。

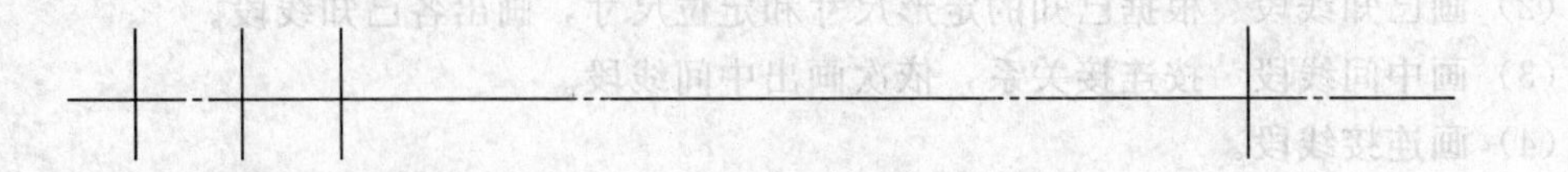

图 2-5-2　画出基准线

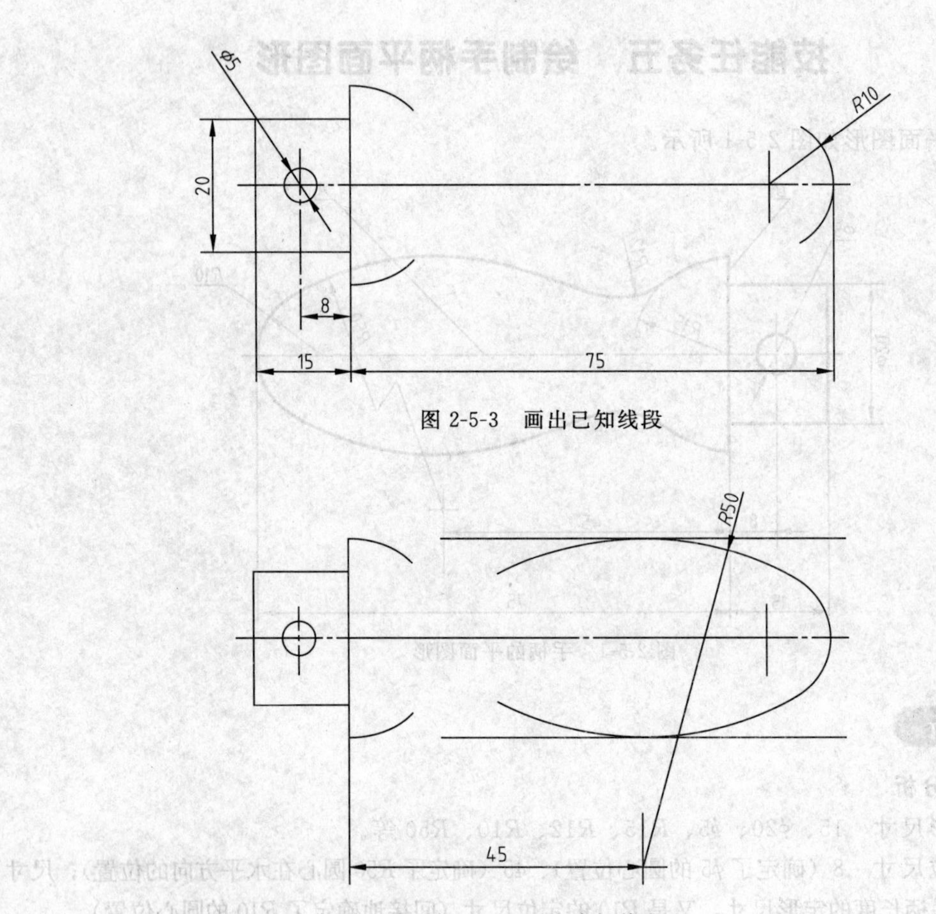

图 2-5-3　画出已知线段

图 2-5-4　画出中间线段

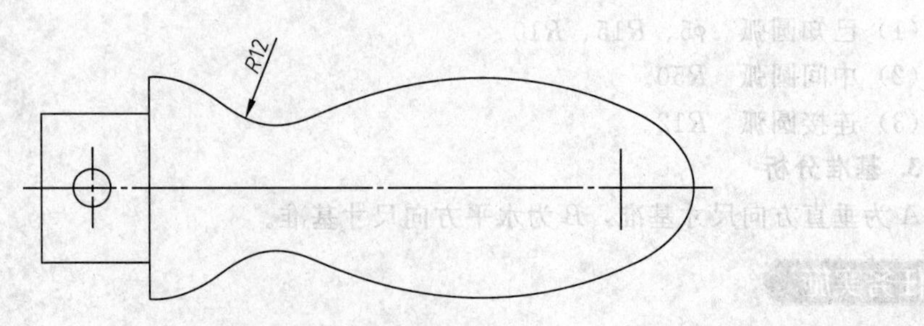

图 2-5-5　画出连接线段

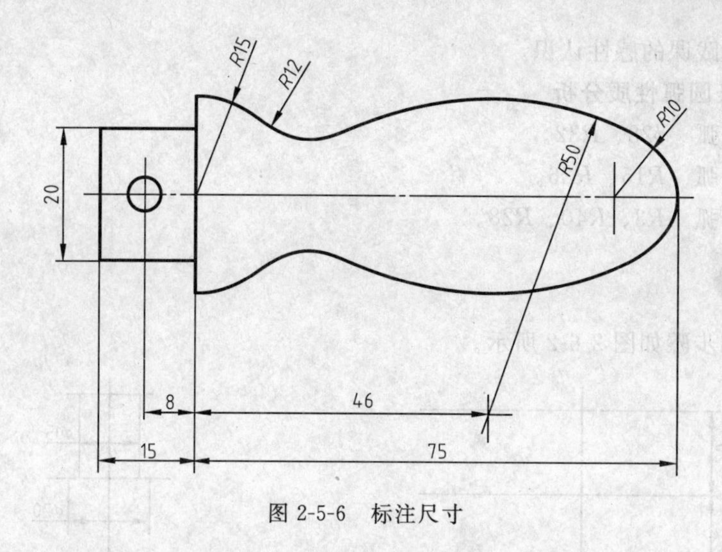

图 2-5-6　标注尺寸

技能任务六　绘制吊钩平面图形

吊钩的平面图形如图 2-6-1 所示。

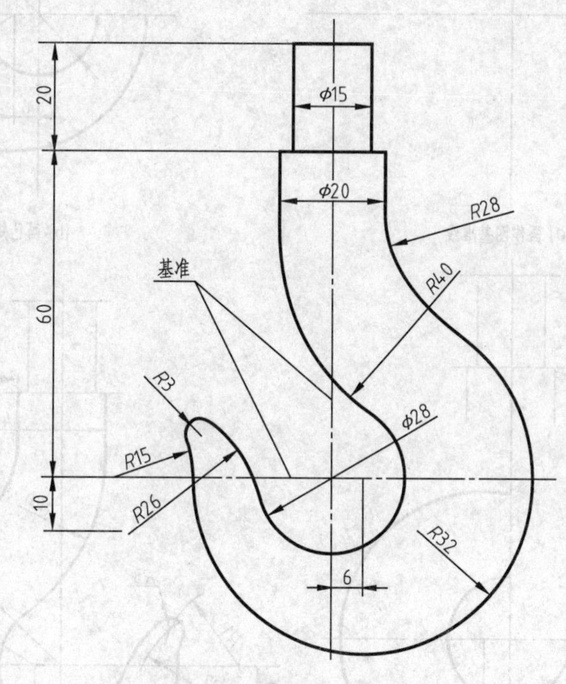

图 2-6-1　吊钩的平面图形

● 实例分析

1. 图形整体分析

这是对本章所学知识的综合运用。通过抄画吊钩的平面图形，可以达到以下目的：①熟悉有关图幅、图线、字体的制图标准；②进一步熟练掌握绘图仪器及工具的正确使用；③学习平面图形的尺寸和线段分析；④掌握圆弧连接的作图方法；⑤贯彻“GB”规定的尺寸注法；⑥增加对实践课的感性认识。

2. 图中各条圆弧性质分析

（1）已知圆弧　$\phi28$、$R32$。

（2）中间圆弧　$R15$、$R26$。

（3）连接圆弧　$R3$、$R40$、$R28$。

任务实施

绘图方法和步骤如图 2-6-2 所示。

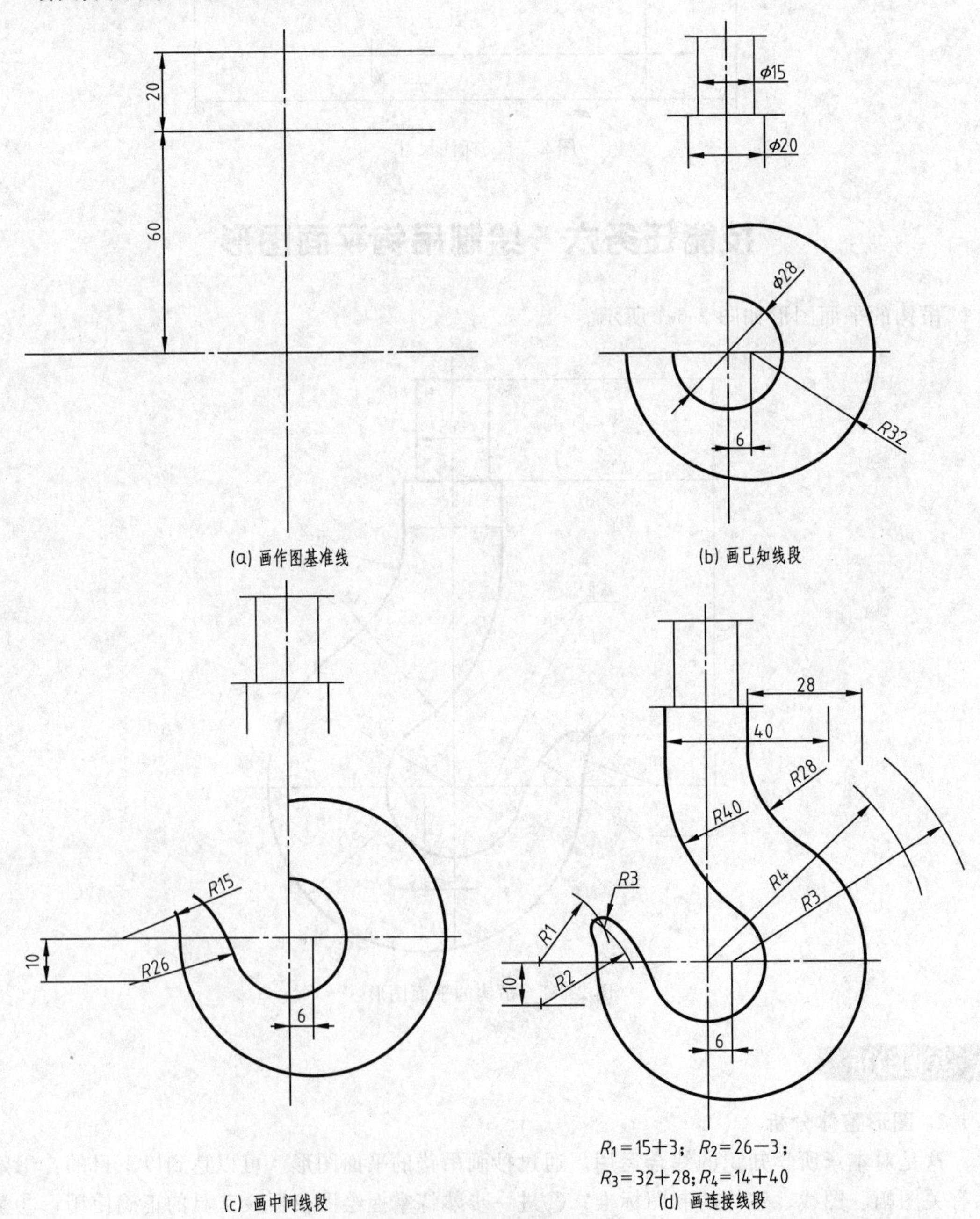

(a) 画作图基准线　(b) 画已知线段　(c) 画中间线段　(d) 画连接线段

图 2-6-2　吊钩的绘图步骤

1. 准备工作

① 准备好所需的绘图仪器与工具。

② 确定比例，选取图幅，固定图纸。

③ 分析图形的尺寸和线段，拟定具体的作图顺序。

2. 绘制底稿

(1) 绘制底稿的步骤

① 画出框线、标题栏。

② 画图形。先画作图基准线，确定图形位置，再依次画已知线段、中间线段、连接线段。

③ 画尺寸界线、尺寸线及其他图形符号等。

④ 全面检查底稿，修正错误，擦去多余图线。

(2) 画底稿时的注意事项

① 画底稿用 2H 铅笔，笔芯应经常修磨以保持尖锐。

② 画底稿时，各种线型均暂不分粗细，并要画得很轻很细，作图力求准确。

③ 画错的地方，在不影响画图的情况下，可先做标记，待底稿完成后一齐擦掉。

3. 铅笔描深底稿

在铅笔描深以前，必须检查底稿，擦掉画错的线条及作图辅助线。描深后的图纸应整洁、无误，线型层次清晰，线条粗细、浓淡均匀。

(1) 描深步骤

① 先粗后细。先描深全部粗实线，再描深全部细虚线、细点画线及细实线等。这样既可提高作图效率，又可保证同一线型粗细一致，不同线型比例准确。

② 先曲后直。同一线型应先描深曲线后描深直线，以保证连接圆滑。

③ 先水平后倾斜。先从上而下画水平线，再从左到右画垂直线，最后画倾斜线。

④ 画箭头，填写尺寸数字、标题栏等。

(2) 提示

① 采用校用作业标题栏。

② 切记标注尺寸时箭头不要过大。

立体表面交线

知识任务一　截交线的概念与性质

一、截交线、截平面的概念

平面与立体相交在立体表面产生交线称为截交线，该平面称为截平面。截交线是截平面和立体表面的共有线，截交线上的点是截平面与立体表面上的共有点，它既在截平面上又在立体表面上。由于任何立体都有一定的空间范围，所以截交线一定是封闭的线条，通常是一条平面曲线或者是由曲线和直线组成的平面图形或多边形，如图 3-1-1 所示。

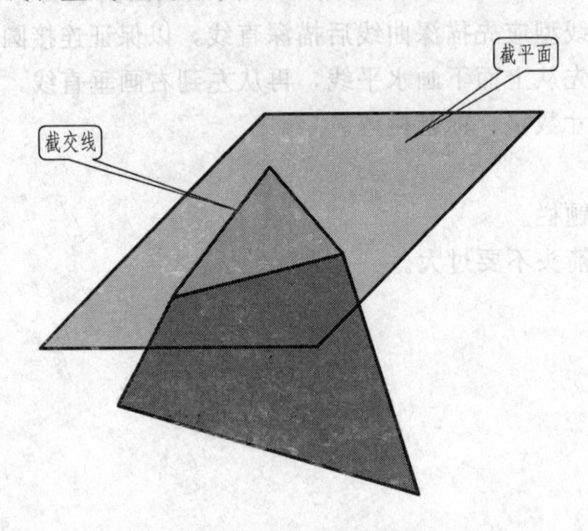

图 3-1-1　截交线、截平面的概念

二、截交线的性质

1. 共有性

截交线是截平面与立体表面的共有线，截交线上的点也都是它们的共有点。

2. 封闭性

由于立体都有一定的范围，所以任何基本体的截交线都是一个封闭的平面图形（平面折线、平面曲线或两者的组合）。

由以上性质可以看出，求截交线的实质就是求截平面与基本体表面的一系列共有点的问题。求截交线，就是求出截平面与立体表面的一系列共有点，然后依次连接即可。

三、求截交线的步骤

求截交线的方法，既可利用投影的积聚性直接作图，也可通过作辅助线的方法求出。

1. 空间及投影分析

① 假想出未切之前基本体形状。

② 分析截平面的名称。

③ 分析截交线的形状。

2. 画出截交线的投影

① 补画物体未切之前基本体的投影，这是前提。

② 利用交点法画截交线：先在截交线具有积聚性的投影上取点，注意点的数量及位置。再根据点在直线上，点的投影在直线的同名投影上，找出交点的另外两外投影。最后将同名投影依次连接。

③ 判断投影的可见性，注意不可见部分的投影。

知识任务二　平面立体的截交线

一、平面立体的截交线

最基本的单一几何形体称为基本体。任何复杂的立体都可以看成是由形状简单的立体经过叠加或挖切后组合而成。基本体可分为平面立体和曲面立体两大类。

平面立体上两平面之间的交线称为立体的棱线，各个棱线的交点称为顶点。平面立体的表示方法主要是画出平面立体棱线或各顶点的投影图。平面立体的各个表面都是平面，所以截平面与平面立体相交所得的截交线必是封闭的平面多边形。多边形的各边就是截平面与平面立体表面的交线，多边形的顶点就是截平面与平面立体有关棱线的交点。因此，求平面立体的截交线就是求截平面与立体有关棱线的交点，然后依次连接即可得到截交线。

二、绘制五棱柱的截交线

如图 3-2-1 所示，为一个正五棱柱被一侧平面和一正垂面相截，求作截切后正五棱柱的侧面投影。

1. 分析

平面与平面立体相交的截交线是平面多边形。平面多边形的每条边是截平面与立体各棱面的交线，而多边形的顶点是截平面与各棱线的交点。因此，平面立体上截交线的投影作图，可视为求棱线与截平面的交点，或求棱面与截平面的交线。一般情况下，对于平面立体带切口的截交线问题，截平面通常都是一些特殊位置的平面，这时可以根据截平面相对于投影面的位置来求截交线。

如果截平面是投影面平行面，则它有两个积聚性的投影，此时要根据具体情况判断出截断面（平面多边形）的实形，作出其投影。例如，如图 3-2-1 所示的位置为侧平面的截平

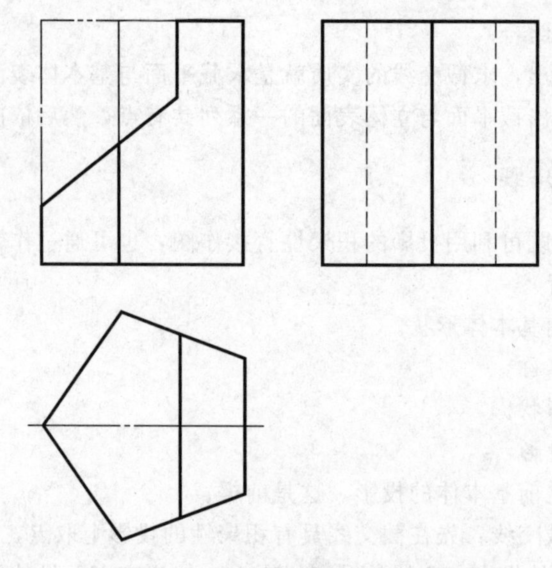

图 3-2-1　正垂面和侧平面截切五棱柱

面，已知的是两个有积聚性的投影（正面投影和水平投影为直线），求作的侧面投影应该反映该截断面的实形。由于该截平面与正五棱柱的两个棱面相交，与顶面和另一位置为正垂面的截平面相交，因而可以判断出实形应该是一个矩形。

如果截平面是投影面垂直面，则它有一个投影积聚为直线，另两个投影应为类似形线框。此时可根据投影面垂直面投影的类似性原理，判断出该截平面在空间和另一个投影的特性，根据该投影特性作图。如图 3-2-1 所示的位置为正垂面的截平面，已知投影为正面投影（积聚为直线）和水平投影（五边形），因此，求作的另一个投影即侧面投影也应该为一个类似形线框（五边形），如图 3-2-2 所示。

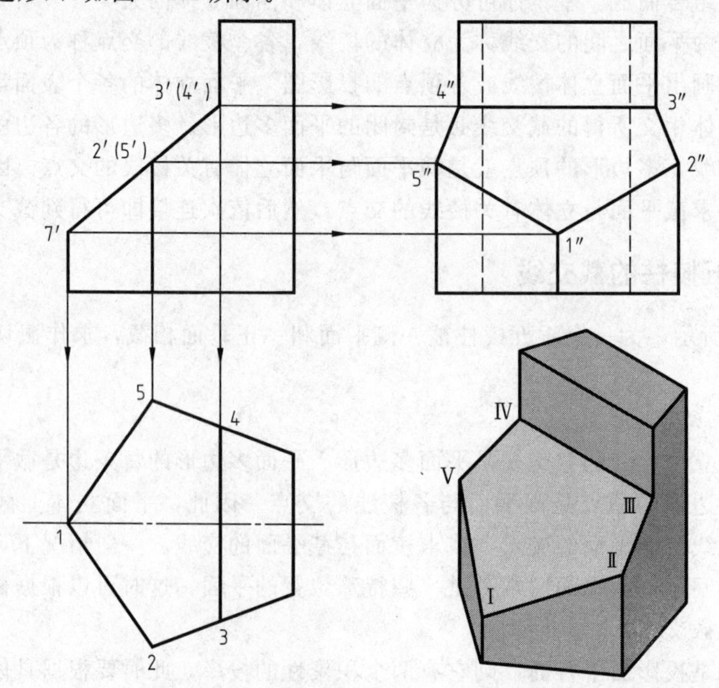

图 3-2-2　正垂面和侧平面截切五棱柱图解

2. 作图

在作图过程中，还应该注意整理轮廓线（五棱柱的最前和最后两个棱线被正垂面截去），以及求出两截平面之间的交线（正垂线）。

三、绘制三棱锥的截交线

如图 3-2-3 所示，为一正垂面与三棱锥相截，求棱锥的水平投影和侧面投影。

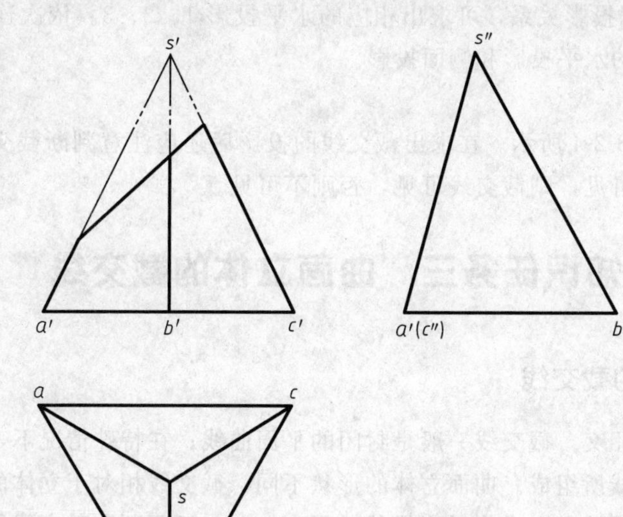

图 3-2-3　正垂面截切三棱锥

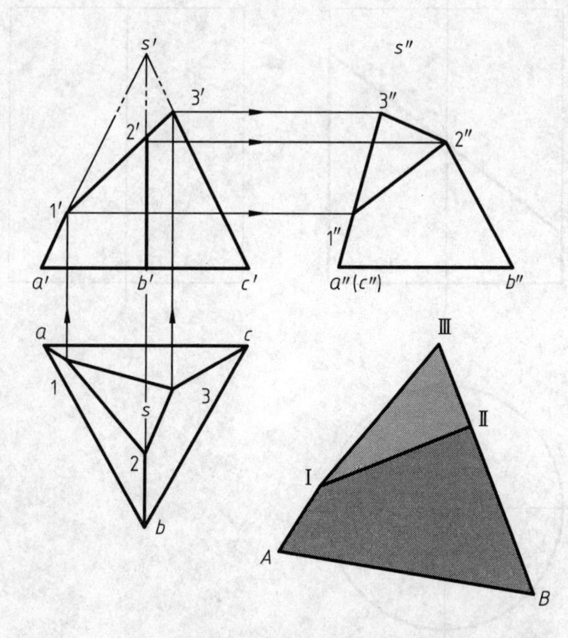

图 3-2-4　正垂面截切三棱锥图解

1. 分析

如果立体的形状确定，截平面与立体的相对位置也确定，则在两者相交后，截交线的形状便会自然产生，而不是由人工刻意要求的。因此，在求作截交线投影时，必须首先根据相交立体的形状和截平面相对于立体的位置来分析截交线的性质和形状，然后再根据几何作图原理和投影三等定理找到截交线的投影。由于截平面为特殊位置平面（正垂面），根据直线与平面求交点的方法，可以直接求出棱线 SA、SB、SC 与截平面的交点Ⅰ、Ⅱ、Ⅲ的正面投影 $1'$、$2'$、$3'$。根据投影关系，可求出相应的水平投影 1、2、3。依次连接各点的同面投影，即可得到截交线的水平投影和侧面投影。

2. 作图

其作图过程如图 3-2-4 所示。在求出截交线的投影后还应注意判断截交线的可见性，如果截交线所在的平面可见，则截交线可见，否则不可见。

知识任务三　曲面立体的截交线

一、曲面立体的截交线

平面与曲面立体相交，截交线一般是封闭的平面曲线；在特殊情况下，截交线可能由直线和曲线或完全由曲线所组成。曲面立体的形状不同，截交线相对于立体的位置不同，截交线的形状也不相同。因此，在求作截交线的过程中，首先要判断出截交线段是何种性质的曲线，再根据实际情况使用相应的方法如曲面立体表面上取点的方法来作图。

二、绘制圆柱的截交线

如图 3-3-1 所示，为一圆柱体被一正垂面相截，要求画出截切后圆柱的侧面投影。

图 3-3-1　正垂面截切圆柱

1. 分析

求作曲面立体截交线投影的步骤一般有以下 3 个过程。

(1) 求特殊点　特殊点包括两类点：①相交曲线上的特征点，如圆的一对垂直相交的、分别平行于相应投影轴的直径与该圆的四个交点，椭圆长、短轴上的端点，抛物线和双曲线上的顶点和两个对称的最低点等；②相交曲线上的最高、最低、最左、最右、最前和最后点以及回转体转向轮廓线（即特殊素线）上的点，这些点往往围成了截交线的大致范围。要注意的是，上述这些特殊点并不是截然分开的，有时一个特殊点同时兼有几种性质。

(2) 求中间点　在特殊点求出后，往往还不能确定截交线的形状，因此应根据需要在特殊点之间插入一些中间点，以便完成曲线的光滑连接。

(3) 判别可见性，光滑连接。

2. 作图

在本例中，由于截平面倾斜于圆柱的轴线，因此截交线为一椭圆。由图 3-3-1 可以看出，截交线的水平投影和正面投影均具有积聚性，作图步骤如下。

(1) 求特殊点　如图 3-3-2 所示，Ⅰ和Ⅳ点为最左和最右轮廓线上的点，也是最低点和最高点，同时也是空间椭圆长轴上的点。Ⅱ点和Ⅲ点为最前和最后轮廓线上的点，同时也是空间椭圆短轴上的点。

(2) 求中间点　Ⅴ、Ⅵ、Ⅶ、Ⅷ点为作图需要的中间点。可根据圆柱面水平投影具有积聚性，利用点的投影规律作图。

(3) 判别可见性，光滑连接　在求出这些点的侧面投影后，可以看出这些点的侧面投影均可见，光滑连接后，如图 3-3-2 所示。

(4) 整理轮廓线　可以看到，自Ⅱ点和Ⅲ点向上，圆柱最前和最后轮廓线被切去。

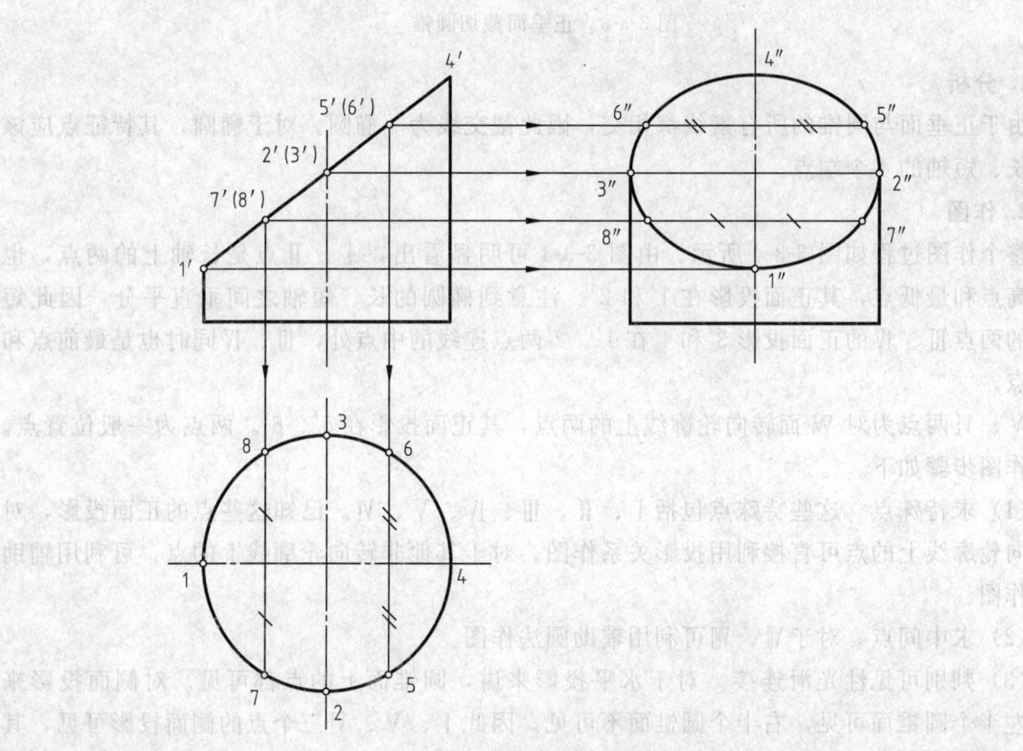

图 3-3-2　正垂面截切圆柱图解

三、绘制圆锥的截交线

图 3-3-3 为圆锥被正垂面所截，求作截切后圆锥的水平投影和侧面投影。

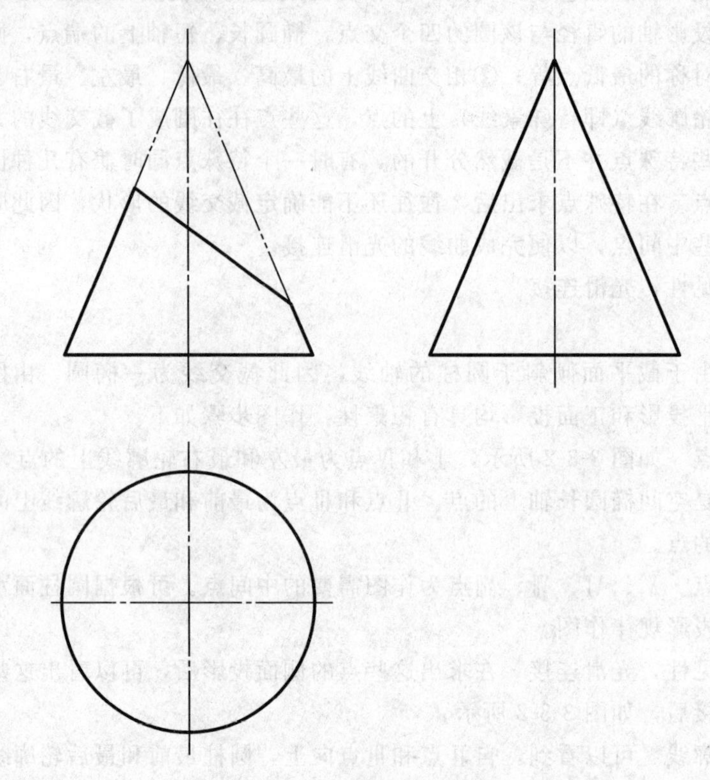

图 3-3-3 正垂面截切圆锥

1. 分析

由于正垂面与圆锥的所有素线都相交，因此截交线为一椭圆。对于椭圆，其特征点应该是其长、短轴的 4 个端点。

2. 作图

整个作图过程如图 3-3-4 所示。由图 3-3-4 可明显看出，Ⅰ、Ⅱ点是长轴上的两点，也是最高点和最低点，其正面投影在 1′和 2′。注意到椭圆的长、短轴之间垂直平分，因此短轴上的两点Ⅲ、Ⅳ的正面投影 3′和 4′在 1′、2′两点连线的中点处，Ⅲ、Ⅳ同时也是最前点和最后点。

Ⅴ、Ⅵ两点为对 W 面转向轮廓线上的两点，其正面投影在 5′、6′。两点为一般位置点。整个作图步骤如下。

(1) 求特殊点 这些特殊点包括Ⅰ、Ⅱ、Ⅲ、Ⅳ、Ⅴ、Ⅵ。已知这些点的正面投影，对于转向轮廓线上的点可直接利用投影关系作图。对于其他非转向轮廓线上的点，可利用辅助圆法作图。

(2) 求中间点 对于Ⅶ、Ⅷ可利用辅助圆法作图。

(3) 判别可见性光滑连接 对于水平投影来讲，圆锥面上的点都可见。对侧面投影来讲，左半个圆锥面可见，右半个圆锥面不可见。因此Ⅰ、Ⅴ、Ⅵ三个点的侧面投影可见，其他点的侧面投影不可见。

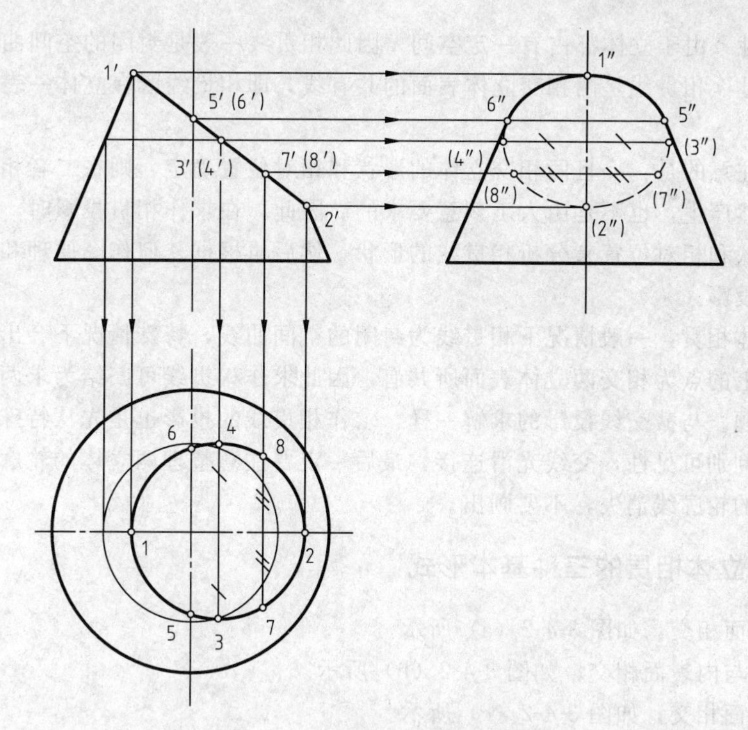

图 3-3-4　正垂面截切圆锥图解

（4）整理轮廓线　对于侧面投影来说，从Ⅴ、Ⅵ两点往上，圆锥的最前和最后轮廓线被截去。

知识任务四　相贯线的概念与性质

一、相贯线的概念

两立体相交称为相贯，其表面产生的交线称为相贯线，如图 3-4-1 所示。

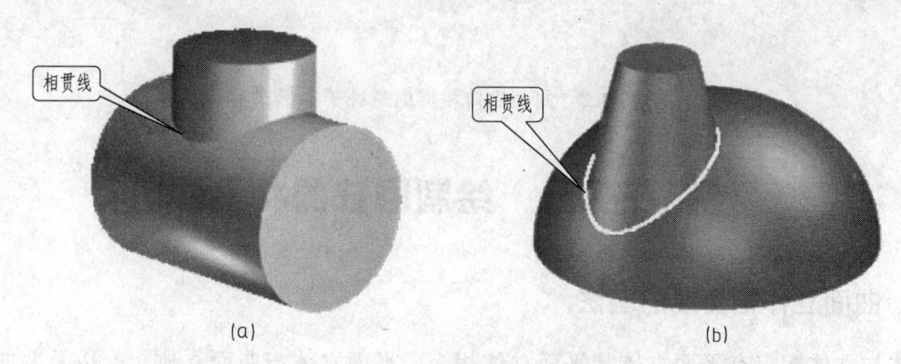

图 3-4-1　相贯线

本节主要讨论常用两回转体相交时其表面相贯线的投影特性及画法。

二、相贯线的主要性质

由于立体的形状、大小及其相对位置不同，相贯线的形状也各不相同。但任何形状的相贯线都具有以下两个基本性质。

（1）封闭性　由于立体都占有一定空间，因此相贯线一般是封闭的空间曲线。

（2）共有性　相贯线是两相交立体表面的共有线，即相贯线既在立体一表面上，又在立体二表面上。

同样值得注意的是：一旦两相交立体的形状和相对位置确定，则在二者相交后，相贯线的形状便会自然产生，也不是由人工刻意要求的。因此，在求作相贯投影时，必须首先根据相交立体的形状和相对位置来分析相贯线的形状，然后再根据几何作图原理和投影三等定理找到相贯线的投影。

两曲面立体相贯，一般情况下相贯线为封闭的空间曲线，特殊情况下会出现平面曲线或直线。相贯线上的点为相交两立体表面所共有，因此求作相贯线可归结为求两立体表面一系列共有点的问题。与截交线投影的求解一样，求作相贯线的投影也是先从特殊点出发，然后求出中间点，判别可见性，交线光滑连接，最后一定要注意整理两立体的轮廓线，两立体相交后合为一体的轮廓线消失，不要画出。

三、曲面立体相贯的三种基本形式

① 两外表面相交，如图 3-4-2（a）所示。

② 外表面与内表面相交，如图 3-4-2（b）所示。

③ 两内表面相交，如图 3-4-2（c）所示。

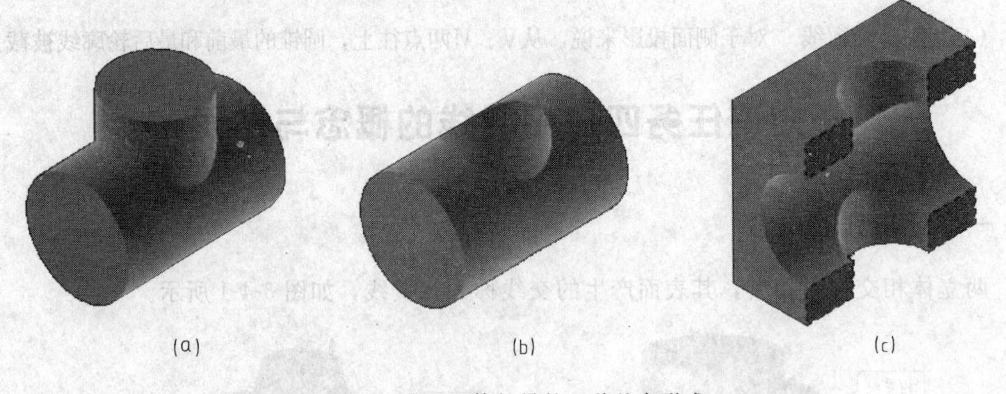

图 3-4-2　曲面立体相贯的三种基本形式

技能任务五　绘制圆柱的相贯线

一、曲面立体相贯线的画法

立体与立体相交有平面立体与平面立体相交、平面立体与曲面立体相交以及两曲面立体相交三种情况。本节主要讨论常用两回转体相交时其表面相贯线的投影特性及画法。

求解相贯线投影一般采用表面取点法或辅助平面法。表面取点法实际上就是使用前述在基本体表面取点的方法，在两立体共有点的几何条件下，求作相贯线的投影。

辅助平面法的基本原理是三面共点原理，即三面相交必共点。作一个辅助平面与两个立体都相交，设辅助平面与立体Ⅰ产生的截交线为 L，辅助平面与立体Ⅱ产生的截交线为 S，那么 L 与 S 的交点既在立体Ⅰ上，又在立体Ⅱ上，因此该交点一定是两立体相贯线上的点。

在使用辅助平面法求相贯线时，一个重要的原则就是所取的辅助平面一定是特殊位置平面，且截切立体所产生截交线的投影形式最为简单，即是直线或圆。

二、绘制圆柱的相贯线

如图 3-5-1 所示，求作轴线正交的两圆柱的相贯线。

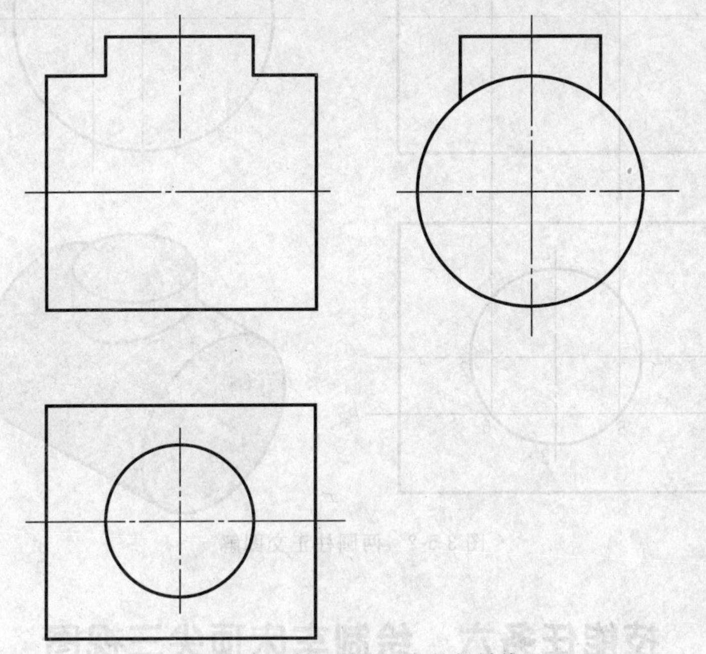

图 3-5-1　求两圆柱正交的相贯线

1. 分析

本例中，两圆柱正交，相贯线为前后、左右均对称的空间曲线。其水平投影重影于直立圆柱的水平投影，侧面投影重影于水平圆柱的侧面投影，所以只需求作相贯线的正面投影。也就是说，该问题的求解属于已知相贯线的两个投影求作第三投影的问题。其正面投影相当于空间曲线的 Y 坐标为零时由 XZ 确定的平面曲线。

2. 作图

(1) 求特殊点　由于两曲面立体相交的相贯线在一般情况下是一条封闭的空间曲线，因此特殊点的确定，就只能根据两相交立体特殊素线（圆）上的点来分析相贯线上最高、最低、最前、最后、最左、最右的点。在本例中，两圆柱的 V 面轮廓线的交点Ⅰ（1、1′ 和 1″）和Ⅱ（2、2′ 和 2″）为相贯线的最左点、最右点，同时也是最高点。从侧面投影中可以直接得到最低点Ⅲ（3、3′ 和 3″）和Ⅳ（4、4′ 和 4″），同时也是最前点和最后点。

(2) 用辅助平面法求作中间点　由于两圆柱轴线垂直相交平行于 V 面，这里选择正平面作为辅助平面（也可选择水平面或侧平面为辅助平面，这几种辅助平面与两圆柱截交线的投影均为直线或圆）。作辅助面 P，其投影为 P_H 和 P_W。求得点Ⅴ（5、5′ 和 5″）和Ⅵ（6、6′和 6″）。

(3) 判别可见性，光滑连接　相贯线正面投影的可见部分与不可见部分重合，因此画成粗实线，结果如图 3-5-2 所示。

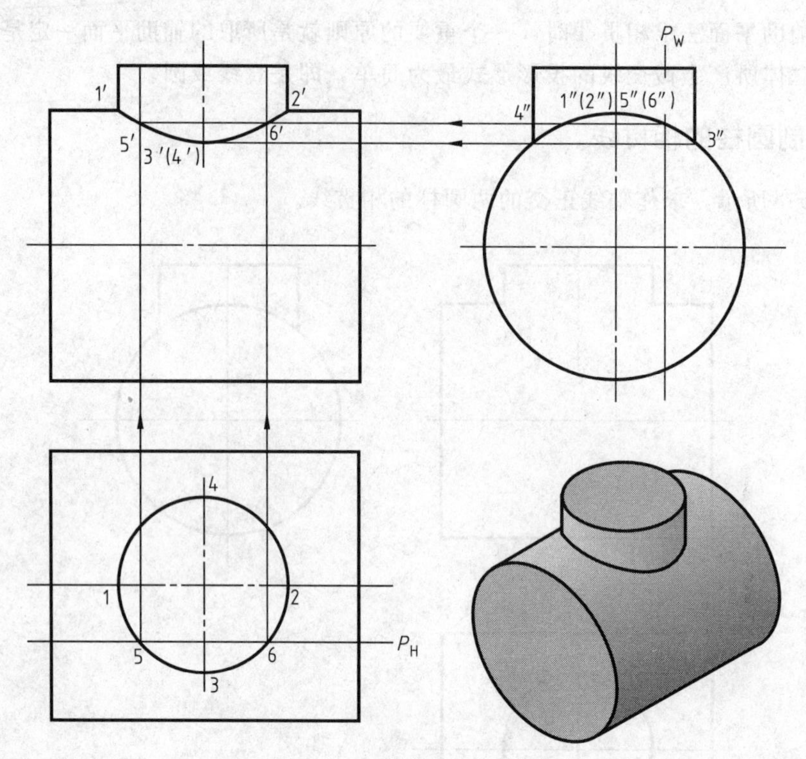

图 3-5-2 两圆柱正交图解

技能任务六 绘制车床顶尖三视图

在学习本模块的时候必须熟练掌握各种回转基本体表面找点的方法。平面与回转体相交，截交线一般是封闭的平面曲线或由平面曲线与直线组成。截交线的形状取决于回转体表面的形状及截平面与回转体轴线的相对位置。因此求平面与回转体的截交线只要分别求出截平面与回转体表面的共有点即可。

实例分析

如图 3-6-1 所示为车床顶尖实物图，其几何形状为圆柱体和圆锥体。如图 3-6-2 所示为车床顶尖被一个正垂面 P 和一个水平面 Q 截切，圆柱体和圆锥体被平面切割后产生了截交

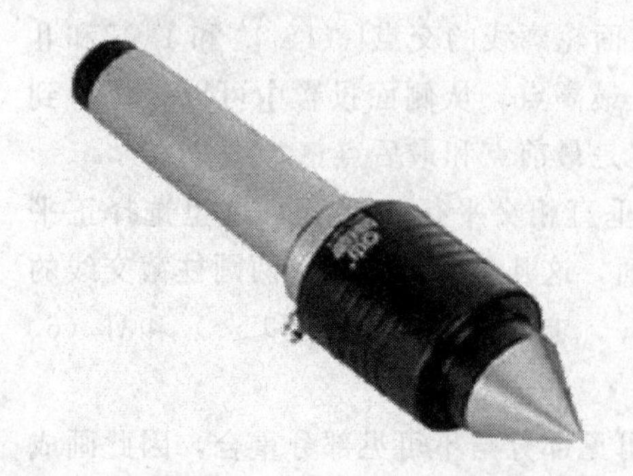

图 3-6-1 车床顶尖实物图

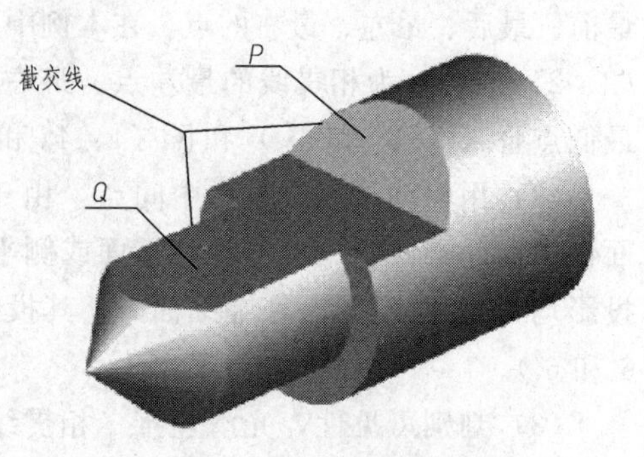

图 3-6-2 车床顶尖被平面截切

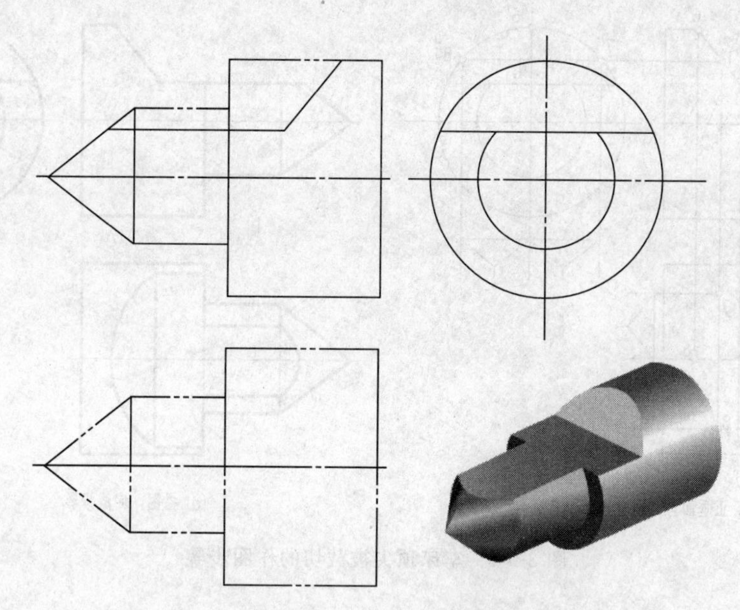

图 3-6-3　识读和绘制顶尖被截切的水平投影

线。本实例要求画出车床顶尖被截切后其表面交线的水平投影，如图 3-6-3 所示。

任务实施

车床顶尖的作图步骤如图 3-6-4 所示。

步骤一：作水平面与圆锥表面截交线的投影。

步骤二：作水平面与小圆柱、大圆柱截交线的投影。

步骤三：作正垂面与大圆柱表面截交线。

步骤四：擦去多余的作图线，加深需要的图线，补全不可见部分的轮廓线，使其符合国家标准。

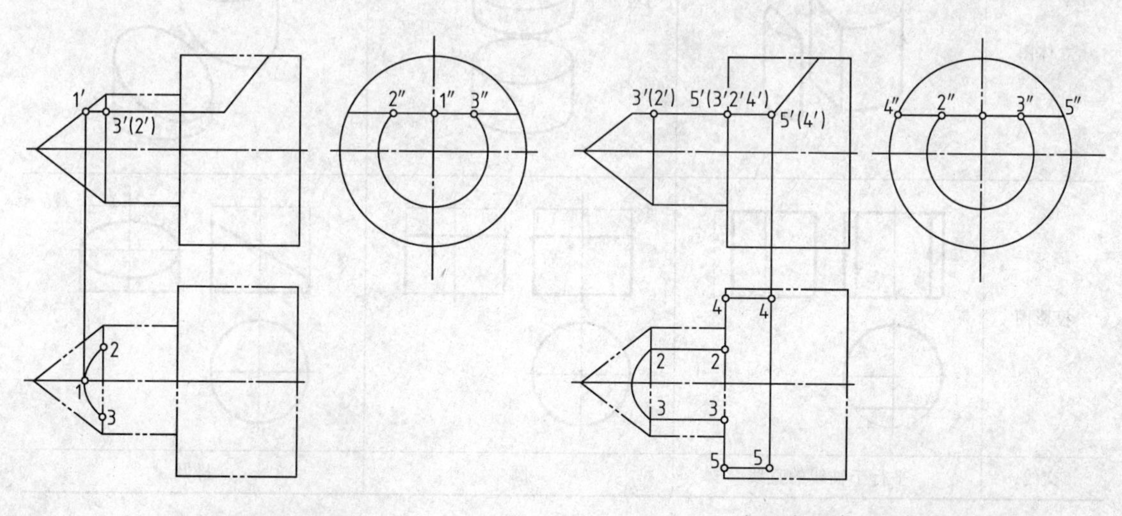

(a) 水平面与圆锥表面截交线　　(b) 水平面与小圆柱、大圆柱截交线

图 3-6-4

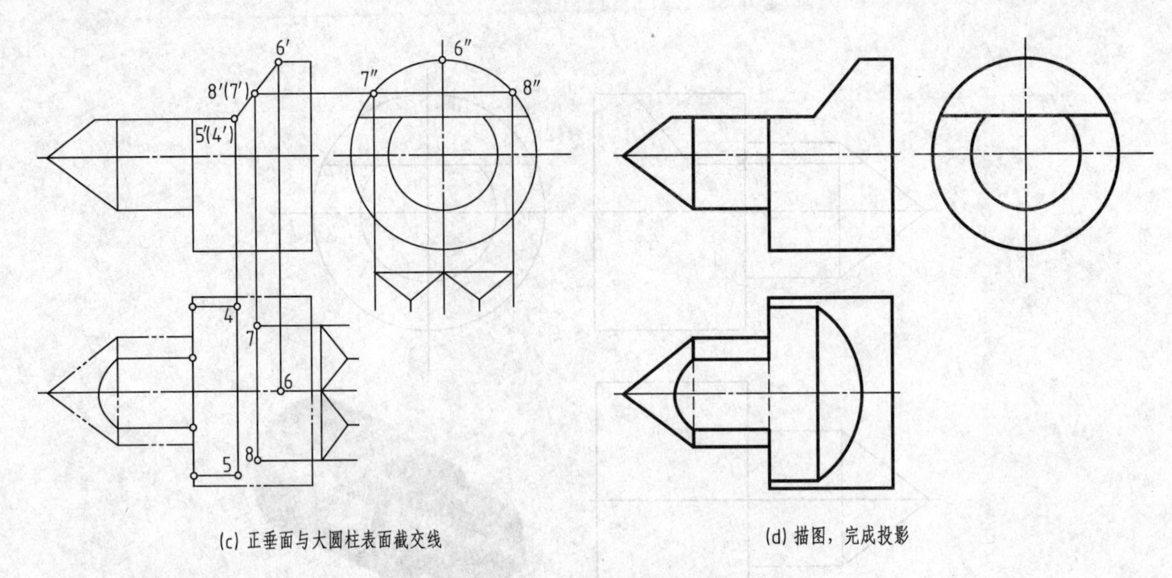

(c) 正垂面与大圆柱表面截交线　　(d) 描图，完成投影

图 3-6-4　车床顶尖被截切的作图步骤

知识拓展

一、常见平面立体的截交线

1. 平面与圆柱相交

圆柱被截后截交线的形状，取决于截平面与圆柱轴线的相对位置，如表 3-6-1 所示。

表 3-6-1　与圆柱面相交截交线的形状

截平面位置	与轴线平行	与轴线垂直	与轴线倾斜
立体图			
投影图			
交线	平行于轴线的直线	圆	椭圆

2. 平面与圆锥相交

圆锥被截后截交线的形状，取决于截平面与圆柱轴线的相对位置，如表 3-6-2 所示。

表 3-6-2　与圆锥面相交截交线的形状

截平面位置	垂直于轴线	倾斜于轴线且（$\alpha>\varphi$）	倾斜于轴线且（$\alpha=\varphi$）	倾斜于轴线（$\alpha<\varphi$）平行于轴线（$\alpha=0$）	通过锥顶
投影图					
立体图					
交线	圆	椭圆	抛物线	双曲线	两条相交直线

3. 平面与圆球相交

平面与球面的交线总是圆，如图 3-6-5 所示。

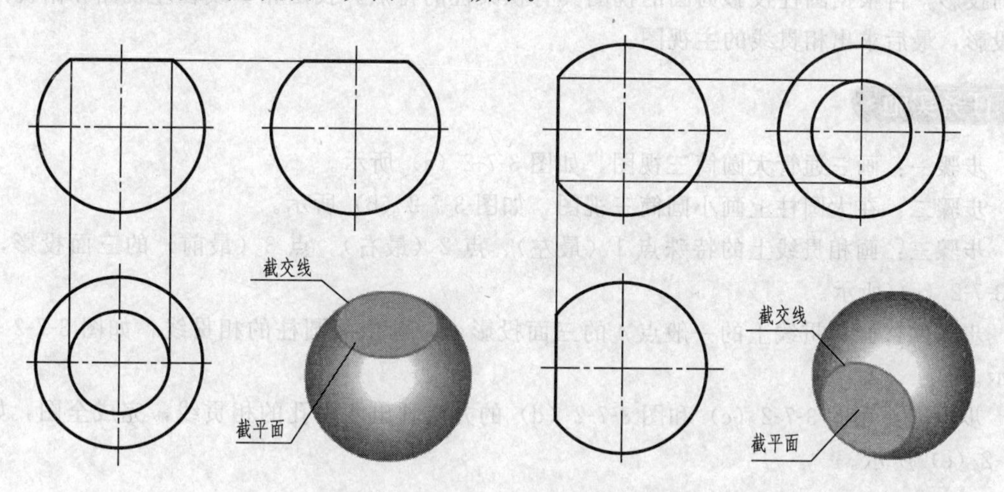

图 3-6-5　与圆球面相交截交线的形状

技能任务七　绘制三通管三视图

本实例主要介绍两回转体相贯线的性质及画法。两圆柱垂直相交，其交线一般为空间曲线（相贯线）。在一般情况下，两曲面立体的相贯线是封闭的空间曲线；在特殊情况下，可能是不封闭的，也可能是平面曲线或直线。

● 实例分析

在生产中经常使用三通管，如图 3-7-1 所示。该类零件均属于回转体相贯零件，其特点为多个回转体零件的组合或切割。该类零件常用 2～3 个基本视图来表达，其中有一个视图

图 3-7-1　三通管示意图

表达零件的叠加或切割形体特征。

该三通管接头部分为大圆柱与小圆柱相贯。两圆柱轴线垂直相交时，表面交线——相贯线即为两圆柱表面的共有线，且为封闭的空间曲线，绕较小的圆柱一圈。作图时应先画基本体的投影，再根据圆柱投影为圆的视图具有积聚性的特点，找出相贯线在左视图和俯视图上的投影，最后求出相贯线的主视图。

任务实施

步骤一：画三通管大圆筒三视图，如图 3-7-2（a）所示。

步骤二：在大圆柱上画小圆筒三视图，如图 3-7-2（b）所示。

步骤三：画相贯线上的特殊点 1（最左）、点 2（最右）、点 3（最前）的三面投影，如图 3-7-2（c）所示。

步骤四：画相贯线上的一般点 4 的三面投影，并画出两圆柱的相贯线，如图 3-7-2（d）所示。

步骤五：用图 3-7-2（c）和图 3-7-2（d）的方法画出两内孔的相贯线，完成全图，如图 3-7-2（e）所示。

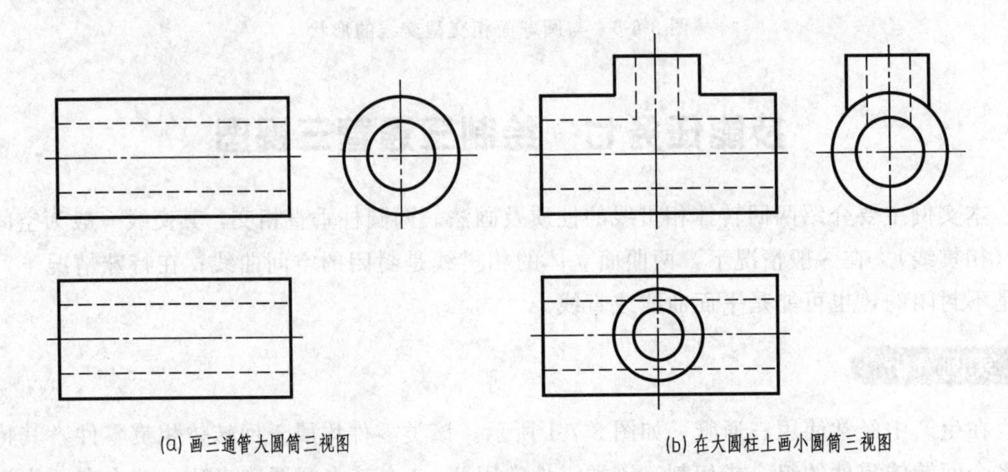

(a) 画三通管大圆筒三视图　　(b) 在大圆柱上画小圆筒三视图

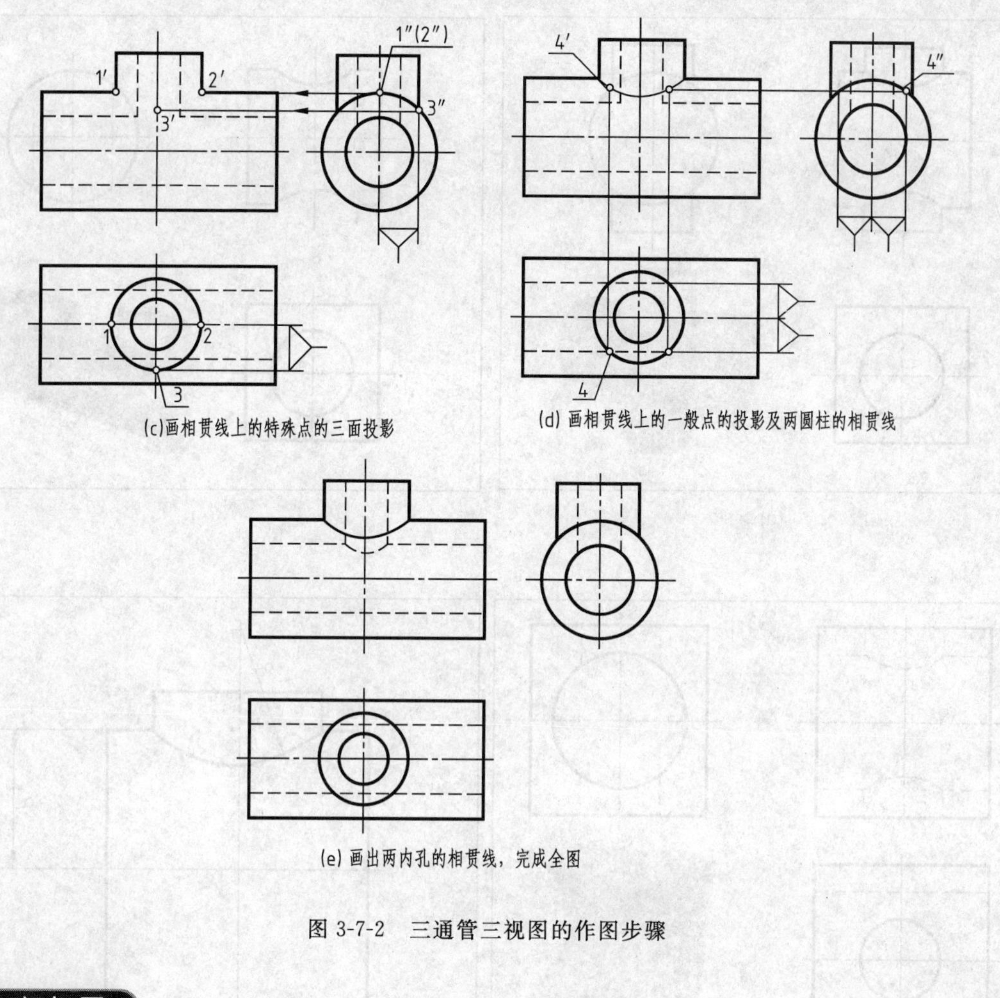

(c)画相贯线上的特殊点的三面投影

(d) 画相贯线上的一般点的投影及两圆柱的相贯线

(e) 画出两内孔的相贯线，完成全图

图 3-7-2　三通管三视图的作图步骤

知识拓展

一、正交圆柱的相贯线

两个圆柱的两轴线垂直相交，又称为相互正交，它们的相贯线一般有三种形式。

(1) 两实心圆柱相交　小的实心圆柱全部贯穿大的实心圆柱，相贯线是上下对称的两条封闭的空间曲线，如图 3-7-3 (a) 所示。

(2) 圆柱孔与实圆柱相交　圆柱孔全部贯穿实心圆柱，相贯线也是上下对称的两条封闭的空间曲线，就是圆柱孔的上下孔口曲线，如图 3-7-3 (b) 所示。

(3) 两圆柱孔相交　两圆柱孔相交的相贯线，是长方体内部两个孔的圆柱面的交线，同样是上下对称的两条封闭的空间曲线，如图 3-7-3 (c) 所示。在投影图右下方所附的是这个具有圆柱孔的长方体被切割掉前面一半后的立体图。

以上三个投影图中所示的相贯线，具有同样的形状，其作图方法也是相同的。为了简化作图，可用圆弧近似代替这段非圆曲线，圆弧半径为大圆柱半径。必须注意根据相贯线的性质，其圆弧弯曲方向应向大圆柱轴线方向凸起，如图 3-7-3 (d) 所示。

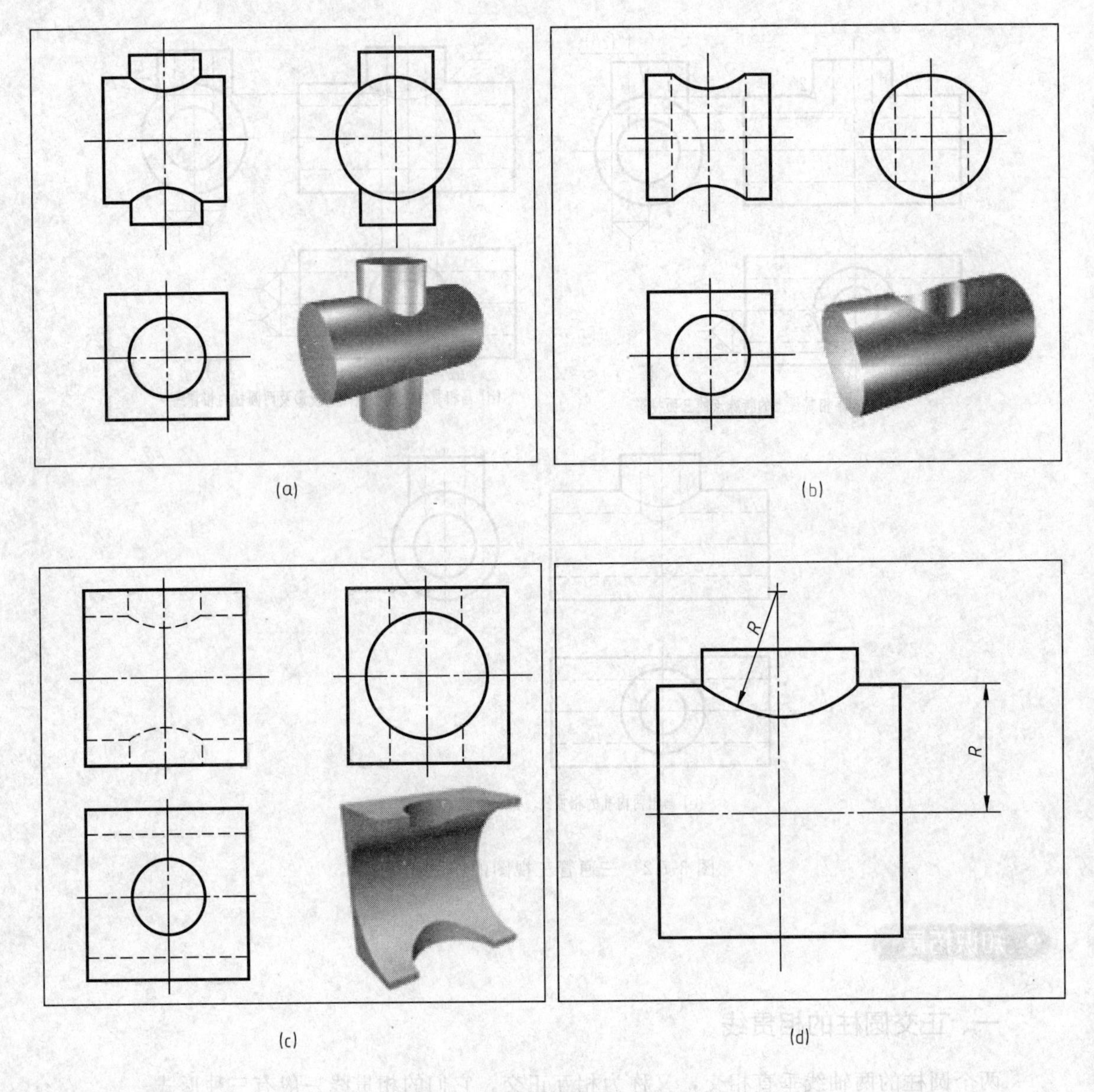

图 3-7-3 相贯线的形式及简化画法

二、圆柱相贯线的变化趋势

如图 3-7-4 所示，圆柱正交的相贯线随着两圆柱直径大小的相对变化，其相贯线的形状、弯曲方向随之改变。当两圆柱的直径不等时，相贯线在正面投影中总是朝向大圆柱的轴线弯曲；当两圆柱的直径相等时，相贯线则变成两个平面曲线（椭圆），从前往后看，是投影成两条相交直线。相贯线的水平投影则重影在圆周上。

三、相贯线的特殊情况

如图 3-7-5（a）所示，其相贯线为圆；如图 3-7-5（b）所示，其相贯线是直线。

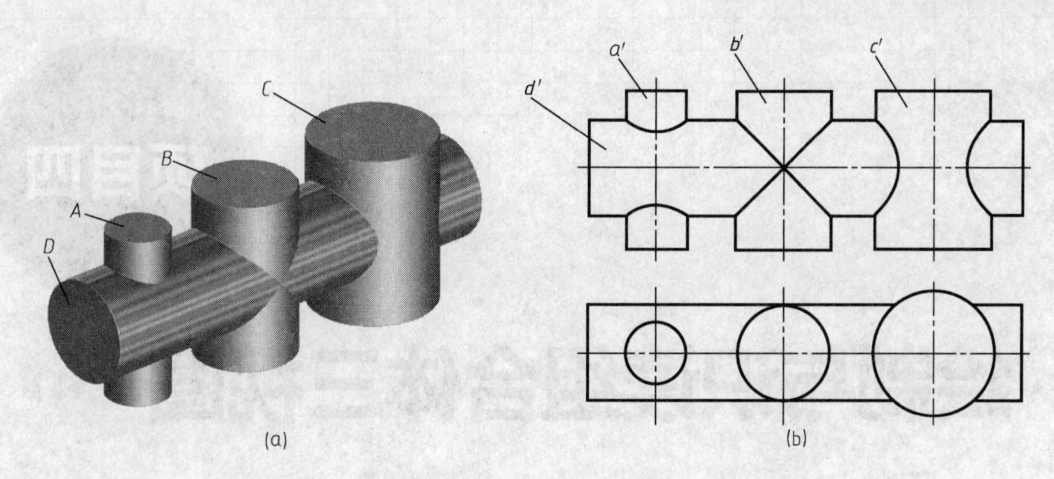

图 3-7-4　相贯线的变化趋势

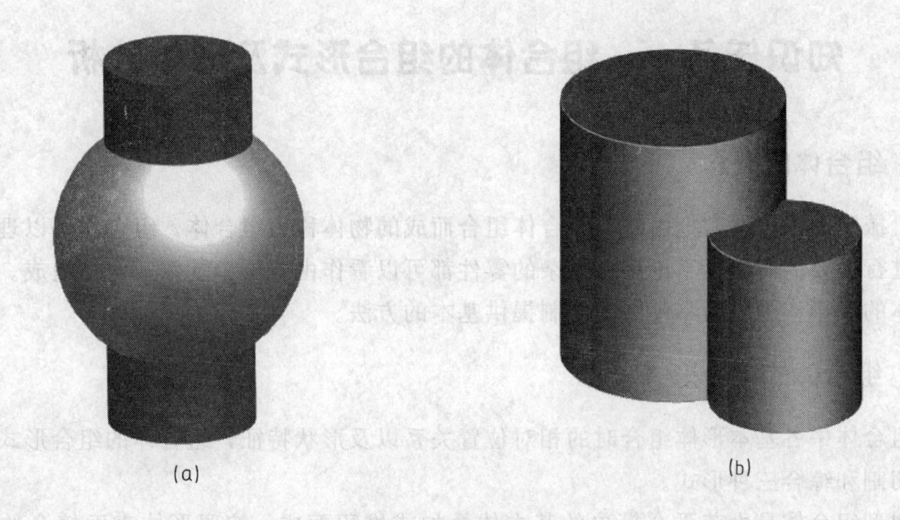

图 3-7-5　相贯线的特殊情况

绘制与识读组合体三视图

知识任务一　组合体的组合形式及形体分析

一、组合体的概念

在机械制图中，通常把由基本组合体组合而成的物体称为组合体。组合体可以理解为是把零件进行必要的简化，不论多么复杂的零件都可以看作由若干个基本几何体组成。所以学习组合体的投影作图将为零件图的绘制提供基本的方法。

二、组合体的组合形式

按组合体中各基本形体组合时的相对位置关系以及形状特征，组合体的组合形式可分为叠加、切割和综合三种形式。

叠加型组合体是由若干个简单的基本体叠加或堆积而成。按照形体表面接合的方式不同，叠加型又可分为堆积、相切和相交等类型。

切割组合体是将一个完整的基本体切割或者穿孔后形成的。

综合组合体是指组合体的构成既有叠加也有切割。

组成组合体的这些基本形体一般都是不完整的，它们被以各种方式叠加或切割以后，往往只是基本形体的一部分，由于这些不完整的基本体在三个投影面上形成了各种各样的投影。

三、组合体的表面连接关系——几何形体间表面的相对位置关系

1. 表面平齐：相邻两立体相关表面共面

当两基本体表面平齐时，结合处不画分界线。如图 4-1-1 所示的组合体，上、下两表面平齐，在主视图上不应画分界线。

2. 表面不平齐：相邻两立体表面错开

当两基本体表面不平齐时，结合处应画出分界线。

如图 4-1-2 所示的组合体，上、下两表面不平齐，在主视图上应画出分界线。

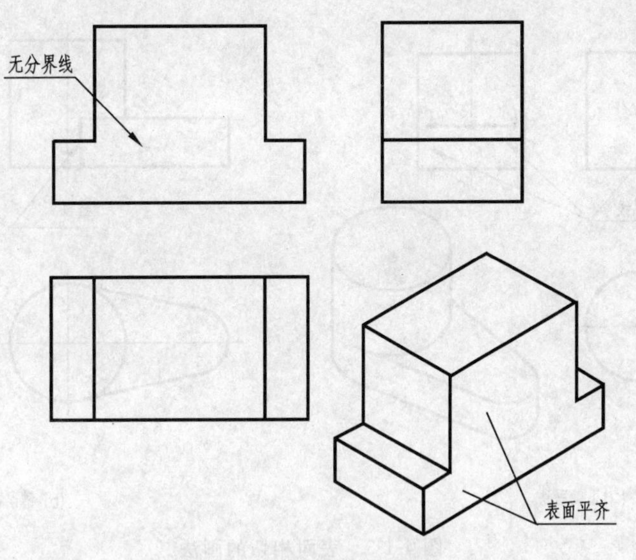

图 4-1-1　表面平齐的画法

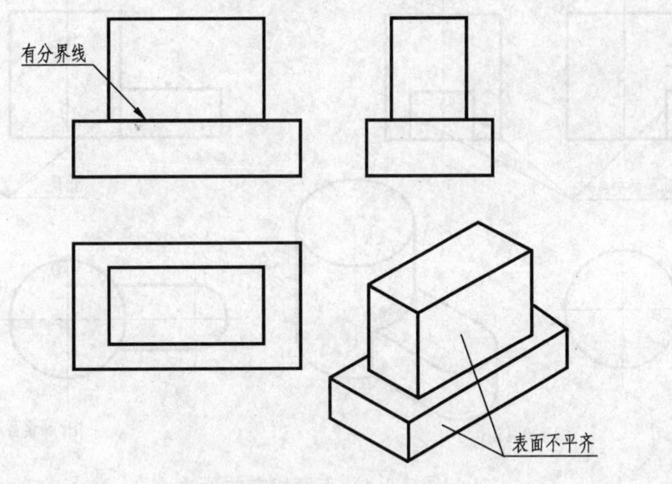

图 4-1-2　表面不平齐的画法

3. 相切：相邻立体的表面光滑连接

当两基本体表面相切时，在相切处不画分界线。

举例：如图 4-1-3（a）所示的组合体，它是由底板和圆柱体组成，底板的侧面与圆柱面相切，在相切处形成光滑的过渡，因此主视图和左视图中相切处不应画线，此时应注意两个切点 a、b 的正面投影 a'、b'和侧面投影 a''、b''的位置。图 4-1-3（b）是常见的错误画法。

4. 两形体相交：相邻立体的表面呈相交状

当两基本体表面相交时，在相交处应画出分界线。

举例：如图 4-1-4（a）所示的组合体，它也是由底板和圆柱体组成，但本例中底板的侧面与圆柱面是相交关系，故在主、左视图中相交处应画出交线。图 4-1-4（b）是常见的错误画法。要仔细体会图 4-1-3 和图 4-1-4 所示相切与相交两种画法的区别。

四、形体分析法

假想将一个复杂的组合体按照其组成方式分解成若干个基本形体，分析这些基本形体的

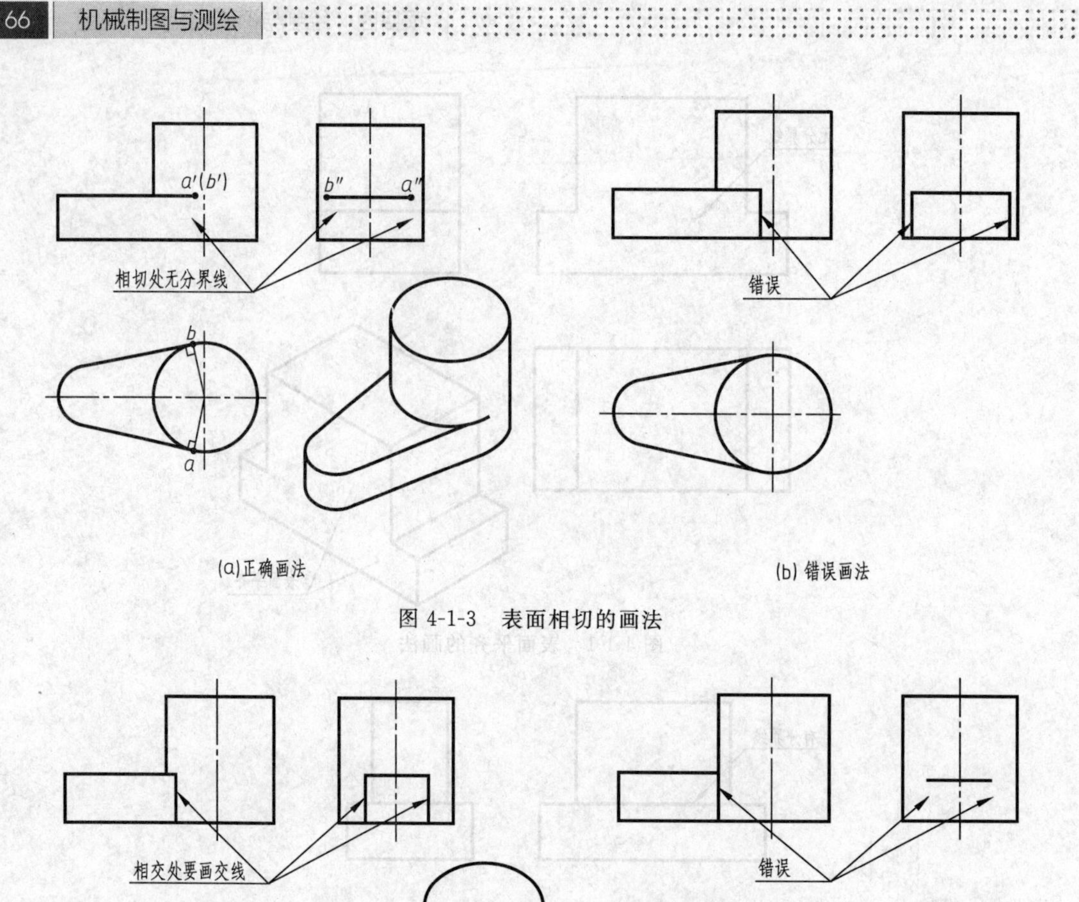

(a)正确画法　(b) 错误画法

图 4-1-3　表面相切的画法

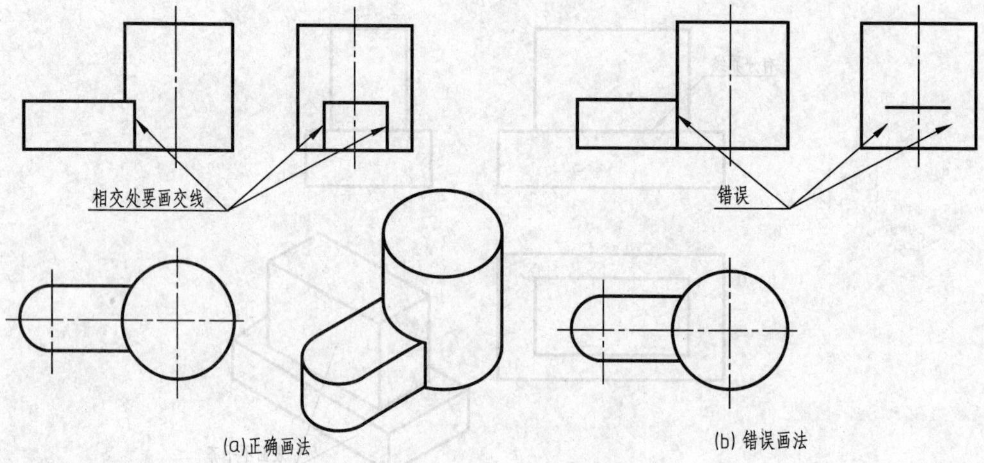

相交处要画交线　错误

(a)正确画法　(b) 错误画法

图 4-1-4　表面相交的画法

形状、大小、相对位置、组合形式以及表面间的相互关系，以便于进行画图、读图和标注尺寸，这种分析组合体的方法称为形体分析法。

过程：组合体→基本体→分析基本体形状→组合形式及相对位置。

归纳：抓住特征分部分→逐个分析想形状→组合起来想整体。

特别提示：形体分析法是解决组合体问题的基本方法。在画图、读图和标注尺寸的过程中，常要运用形体分析法。

知识任务二　组合体的尺寸标注

一、尺寸标注基本要求

视图只能表达物体的形状，物体的大小必须由尺寸来确定。基本要求如下。

(1) 标注正确　即尺寸标注时应严格遵守相关国家标准的规定。同时尺寸的数值及单位也必须正确。

（2）尺寸完整　即要求标注出能完全确定形体各部分形状大小及相对位置的尺寸，不得遗漏，也不得重复。

（3）布置清晰　即尺寸应标注在最能反映物体特征的位置上，且排布整齐、便于读图和理解。

（4）标注合理　尺寸标注应既能保证设计要求，又符合加工、装配、测量等要求。而对于组合体，尺寸标注的合理性主要体现在尺寸标注基准的选择及运用上。

二、基本形体的尺寸标注

基本形体的尺寸标注，一般要标注长、宽、高三个方向。

常见基本形体的尺寸标注法，如图 4-2-1 所示。

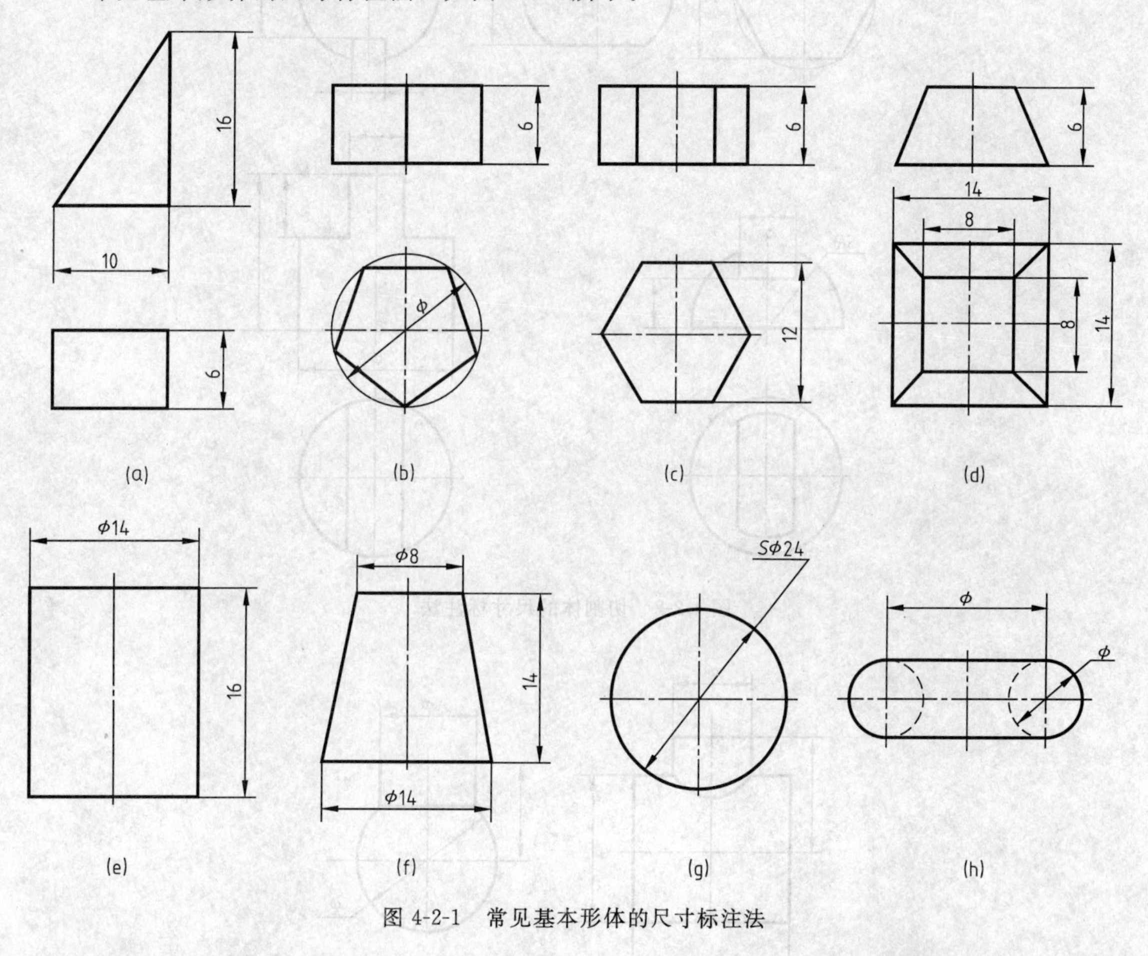

图 4-2-1　常见基本形体的尺寸标注法

说明：

① 三棱柱不标注三角形斜边长。

② 五棱柱的底面是圆内接正五边形，可标注出底面外接圆直径和高度尺寸。

③ 正六棱柱的正六边形不标注边长，而是标注对边距（或对角距）以及柱高。

④ 四棱台只标注上、下两个底面尺寸和高度尺寸。

⑤ 标注圆柱、圆台、圆环等回转体的直径尺寸时，应在数字前加注 ϕ，并且常标注在其

投影为非圆的视图上。

⑥ 球也只需画一个视图，可在直径或半经符号前加注“S”。

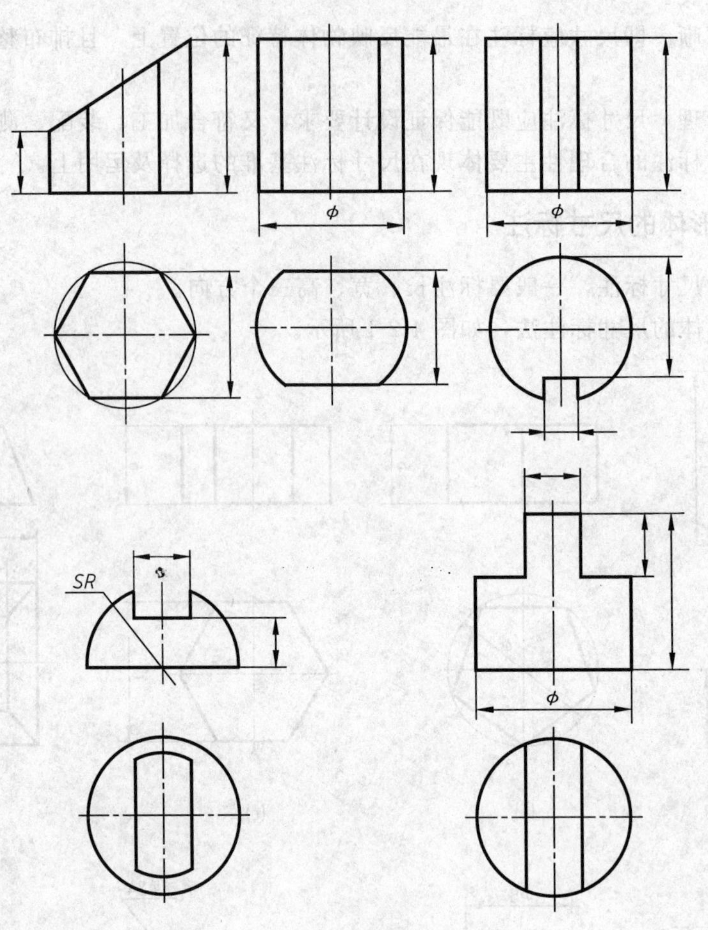

图 4-2-2 切割体的尺寸标注法

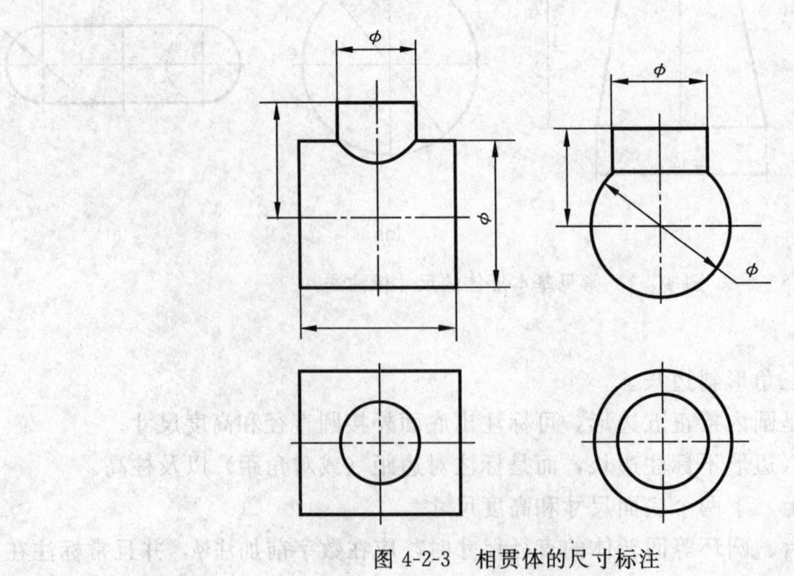

图 4-2-3 相贯体的尺寸标注

三、切割体和相贯体的尺寸标注

1. 切割体的尺寸标注

除了标注出基本体的尺寸外，一般只标注截切平面的定位尺寸和开槽或穿孔的定形尺寸，而不必标注截交线的尺寸。

截平面位置确定之后，立体表面的截交线通过几何作图可以确定，如图 4-2-2 所示。

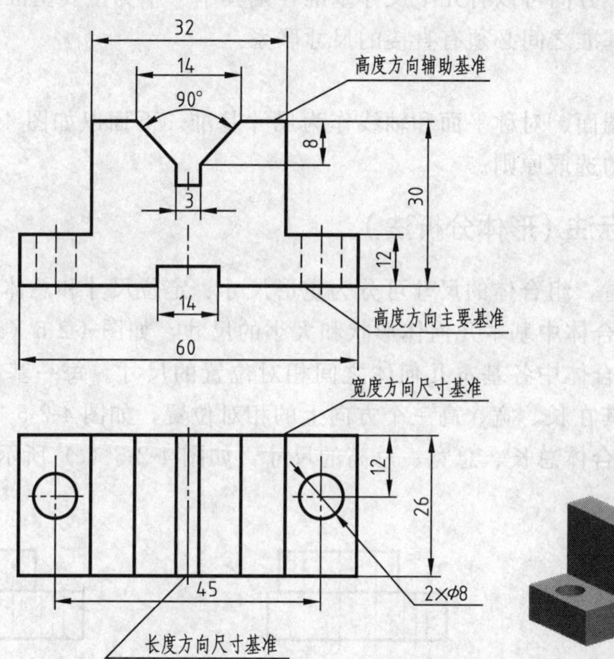

(a)一般零件的尺寸基准

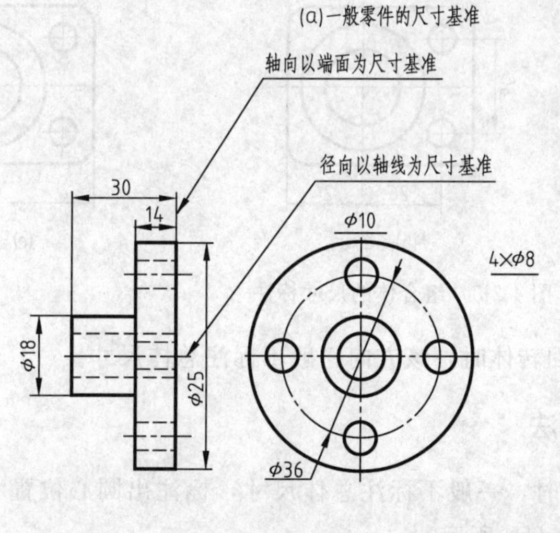

(b) 回转类零件的尺寸基准

图 4-2-4　尺寸基准的选取原则

2. 相贯体的尺寸标注

两基本形体相贯时，应标注两立体的定形尺寸和表示相对位置的定位尺寸，而不应标注相贯线的尺寸，如图 4-2-3 所示。

四、尺寸基准的选定

1. 尺寸基准——标注尺寸的起点

组合体是一个空间形体，有长、宽、高三个方向的尺寸，每个方向至少要有一个基准，为满足加工或测量需要同一方向可以有几个尺寸基准，则其中一个为主要基准，其余为辅助基准，但主要基准和辅助基准之间必须有直接的尺寸联系。

2. 基准的选取

通常以零件的底面、端面、对称平面和轴线作为尺寸基准。下面以如图 4-2-4 所示的组合体为例，分析尺寸基准的选取原则。

五、组合体的尺寸标注（形体分析法）

从形体分析的角度来看，组合体的尺寸可分为定形尺寸、定位尺寸和总体尺寸。

① 定形尺寸：确定组合体中基本几何体形状和大小的尺寸，如图 4-2-5（a）所示。

② 定位尺寸：确定组合体中各基本几何体之间相对位置的尺寸。每一基本体一般需要标注三个定位尺寸以确定其在长、宽、高三个方向上的相对位置，如图 4-2-5（b）所示。

③ 总体尺寸：确定组合体总长、总宽、总高的尺寸，如图 4-2-5（c）所示。

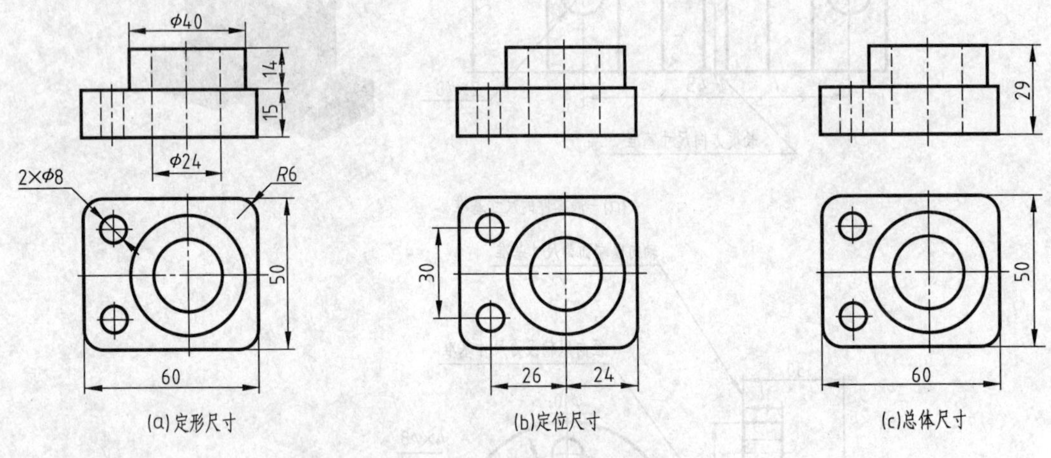

图 4-2-5　组合体的尺寸标注

特别提示：当组合体一端为回转体时，该方向一般不标注总体尺寸。

六、常见结构的尺寸标注法

① 投影图中以圆弧为轮廓线时，一般不标注总体尺寸，标注出圆心位置和圆弧半径或直径即可，如图 4-2-6（c）、（e）、（f）所示。

② 当圆弧只是作为圆角时，则既要标注出圆角半径，也要标注出总长、总宽等尺寸，如图 4-2-6（a）所示。

③ 形体上直径相同的圆孔，可在直径符号“φ”前注明孔数，如图 4-2-6（c）、（d）、（f）

中的 2×ϕ、4×ϕ。但在同一平面上半径相同的圆角，不必标注数目，如图 4-2-6（a）、（c）、（f）中的 R。

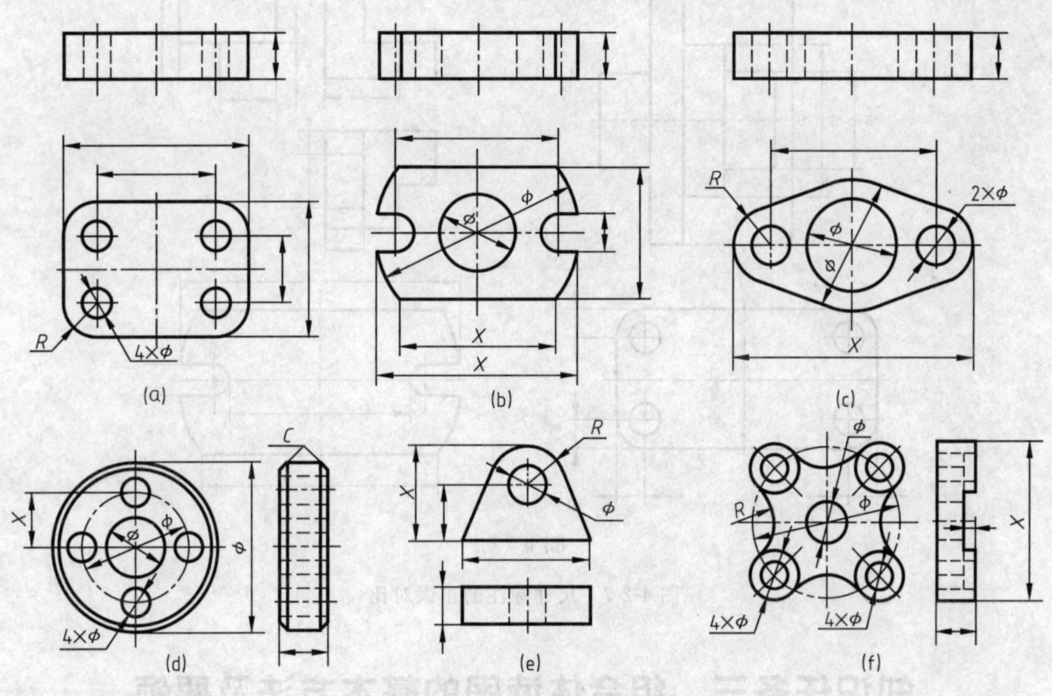

图 4-2-6　常见结构的尺寸标注法

七、尺寸标注的正误对比

如图 4-2-7 所示，图（a）均为正确、合理的标注方式，图（b）均为错误、不清晰的标注方式。

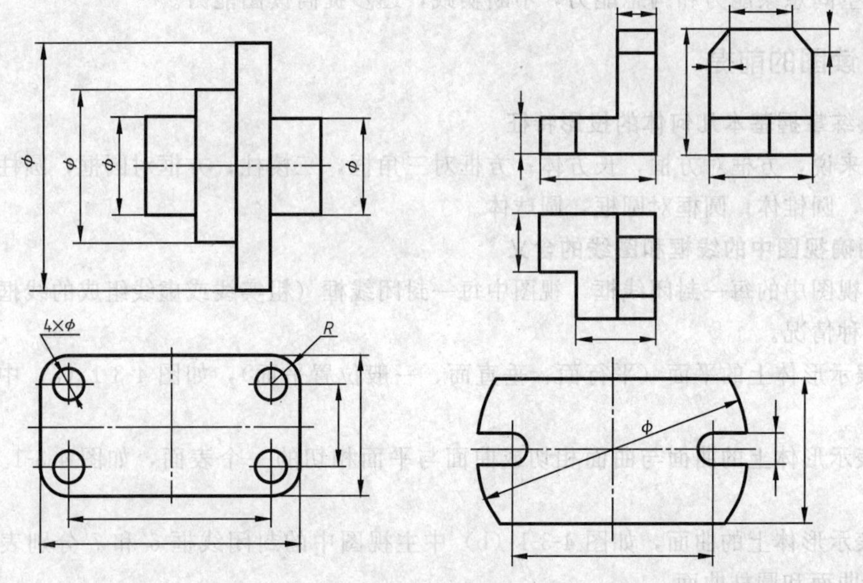

图 4-2-7

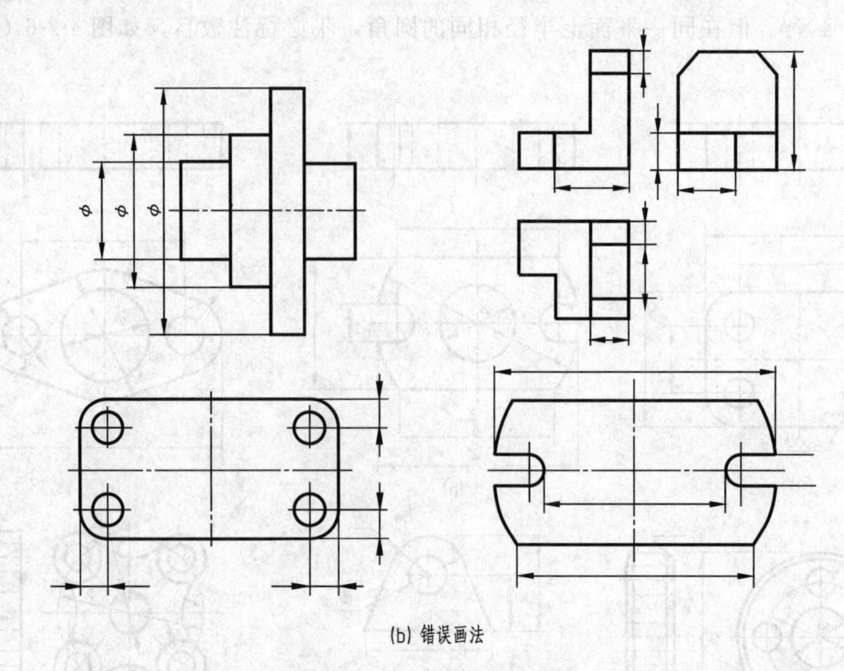

图 4-2-7 尺寸标注的正误对比

知识任务三 组合体读图的基本方法及要领

画图和读图是学习本课程的两个主要环节。画图是将空间形体按正投影方法表达在平面的图纸上；读图则是由视图根据点、线、面的投影特性以及多面正投影的投影规律想象空间形体的形状和结构。读图比画图要困难一些，因此，掌握读图的基本要领和基本方法很重要，培养空间想象能力和构思能力，不断实践，逐步提高读图能力。

一、读图的前提

1. 熟练掌握基本几何体的投影特征

一般来说，方框对方框，长方体；方框对三角框，三棱柱；方框对圆框，圆柱体；圆框对三角框，圆锥体；圆框对圆框，圆球体。

2. 明确视图中的线框和图线的含义

(1) 视图中的每一封闭线框 视图中每一封闭线框（粗实线或虚线组成的线框）可能表示下列四种情况。

① 表示形体上的平面（平行面、垂直面、一般位置平面），如图 4-3-1 (a) 中的 1′、2′等线框。

② 表示形体上的曲面与曲面相切或曲面与平面相切的一个表面，如图 4-3-1 (a) 中的线框 3′。

③ 表示形体上的曲面，如图 4-3-1 (b) 中主视图中的封闭线框 6′和 7′分别表示组合体的圆锥台曲面和圆柱曲面。

④ 表示形体上各侧面的积聚投影，如图 4-3-1 (a) 中的线框 4 和线框 5。

(2) 视图中任何相邻的封闭线框 视图中任何相邻的封闭线框，一般表示形体上不同位

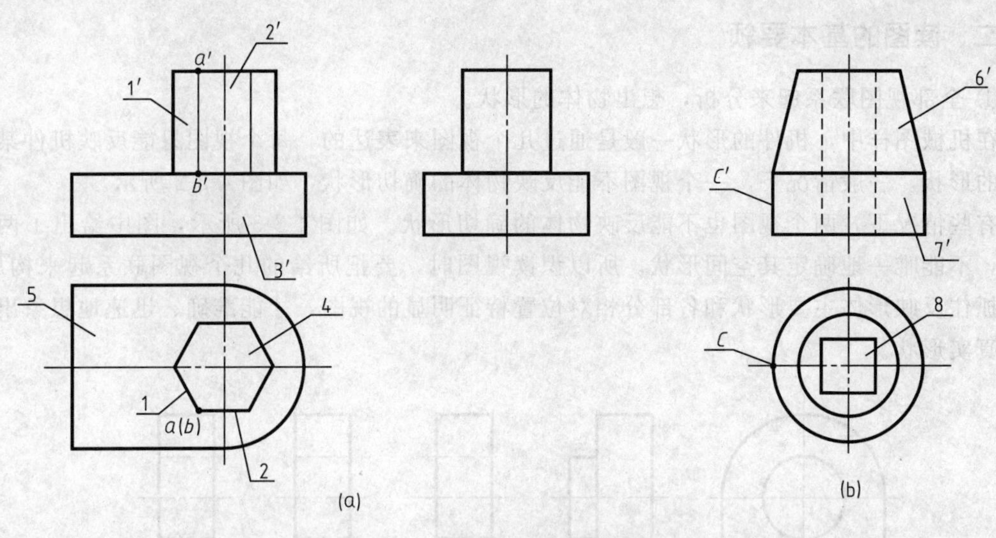

图 4-3-1 视图中线框和图线的含义

置的表面（一定是组合体上相交的两个面的投影；或两个不相交的面的投影）。

如图 4-3-1（a）主视图中 1′、2′线框，分别对应俯视图中的投影 1 和 2，从而可以表示相交的两个棱面Ⅰ和Ⅱ。

（3）视图中的大框包围小框 视图中大框包围小框可能表示凸面（叠加体）或凹面（切割体），也可能表示通孔。

如图 4-3-1（a）中俯视图的线框 4 和 5 表示两个平行面，4 面凸起，是个六棱柱体。如图 4-3-1（b）中俯视图的线框 8 是个凹面，是个通孔。

（4）视图中的每条图线 视图中的每条图线可能表示以下三种情况。

① 投影面垂直面（平面或曲面）的有积聚性的投影。如图 4-3-1（a）俯视中的图线 2，对正主视图中的线框 2′，因而 2 是六棱柱的平行于正面的前棱面 2 的有积聚性的投影。

② 两个面的交线的投影。而线框间的公共边则可能表示把形体两表面隔开的第三表面的积聚投影或表示形体两表面（平面与平面；曲面与曲面；平面与曲面）的交线的投影。如图 4-3-1（a）主视图中图线 $a'b'$ 是Ⅰ面与Ⅱ面两相交面的交线。

③ 曲面投影的转向轮廓线。如图 4-3-1（b）主视图中的图线 C'，对应俯视图中的大圆线框的最左点 C，因而 C' 是圆柱面的正面投影的转向轮廓线 C 的投影。

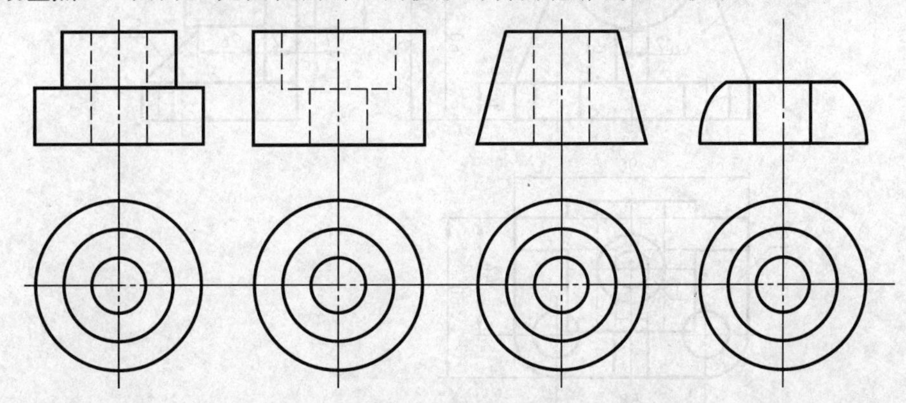

图 4-3-2 相同的俯视图对应不同的主视图

二、读图的基本要领

① 全部视图联系起来分析，想出物体的形状。

在机械图样中，机件的形状一般是通过几个视图来表达的，每个视图只能反映机件某一方面的形状。一般情况下，一个视图不能反映物体的确切形状，如图 4-3-2 所示。

有些情况下，两个视图也不能反映物体的确切形状。如图 4-3-3 所示，图中给出了两个视图，不能唯一地确定其空间形状。所以识读视图时，要把所给的几个视图联系起来构思，善于抓住反映形体主要形状和各部分相对位置特征明显的视图，才能准确、迅速地想象出物体的真实形状。

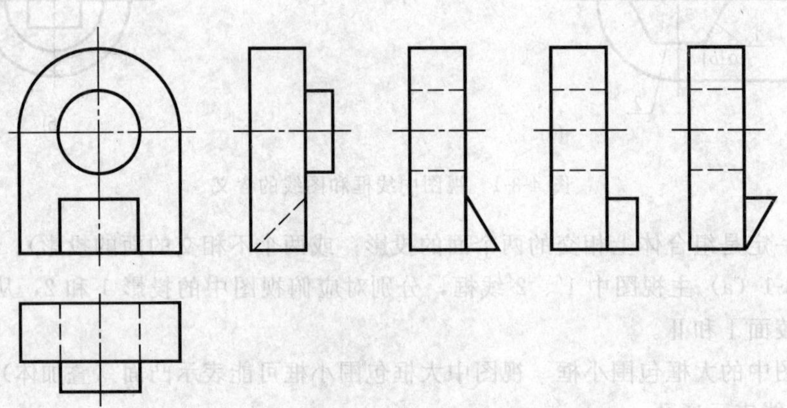

图 4-3-3 相同的主、俯视图对应不同的左视图

② 从主视图入手将几个视图联系起来分析。

③ 分析视图中每个封闭线框的含义。

④ 分析视图中虚线和实线的含义。

⑤ 善于构思物体的形状。

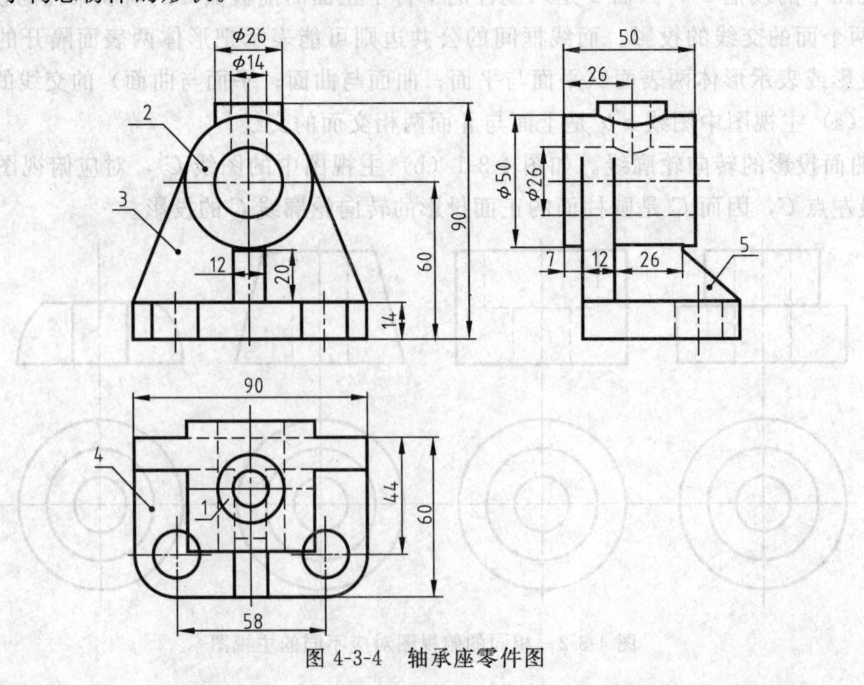

图 4-3-4 轴承座零件图

三、读图的基本方法

读图和画图的主要分析方法有“形体分析法”和“线面分析法”两种，以“形体分析法”为主、“线面分析法”为辅来培养空间想象能力。

1. 形体分析法

形体分析法是在反映形状特征比较明显的视图上按线框将组合体划分为几个部分，然后通过投影关系，找到各线框在其他视图中的投影，从而分析各部分的形状及它们之间的相互位置，最后综合起来，想象组合体的整体形状。现以轴承座零件图（图 4-3-4）说明读图方法与步骤。

（1）划线框（抓住特征图），分形体　将该组合体按线框划分为五部分，如图 4-3-4 所示。

（2）对投影，想形状（想形体），辨位置

① 从主视图开始，分别把每个基本体的特征图找出来，如图 4-3-5 所示。

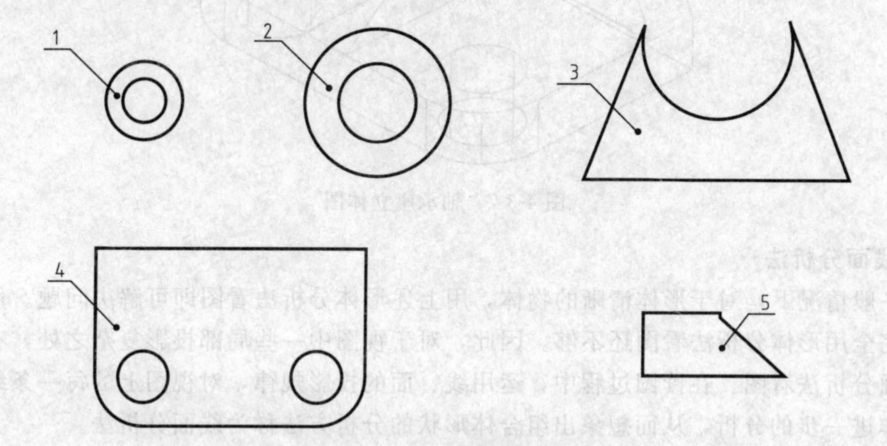

图 4-3-5　各基本体的特征图

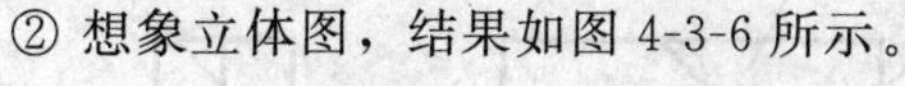

② 想象立体图，结果如图 4-3-6 所示。

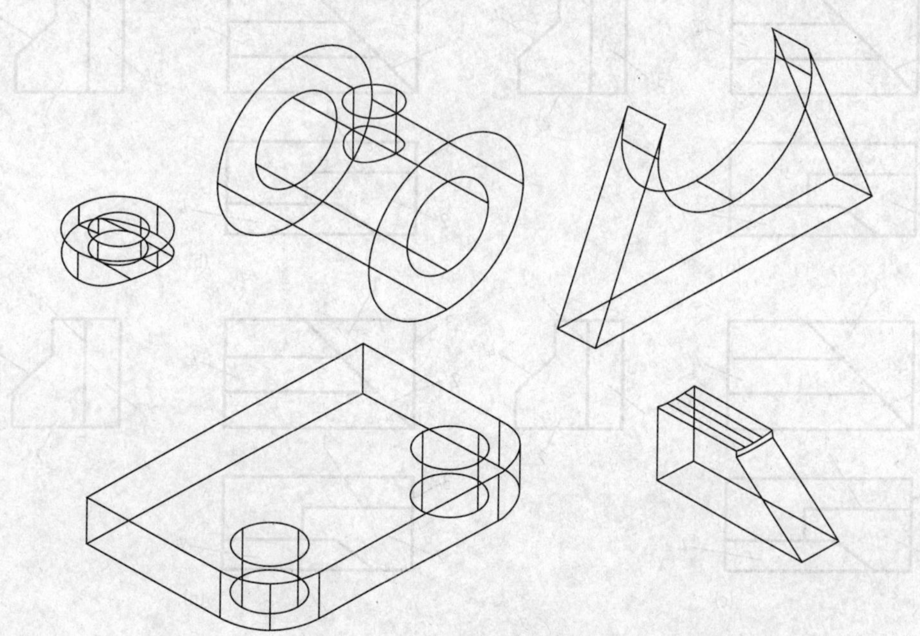

图 4-3-6　各基本体的立体图

（3）合起来，想整体　根据物体的三视图，进一步研究它们的相对位置和连接关系，综合想象而形成一个整体，结果如图 4-3-7 所示。

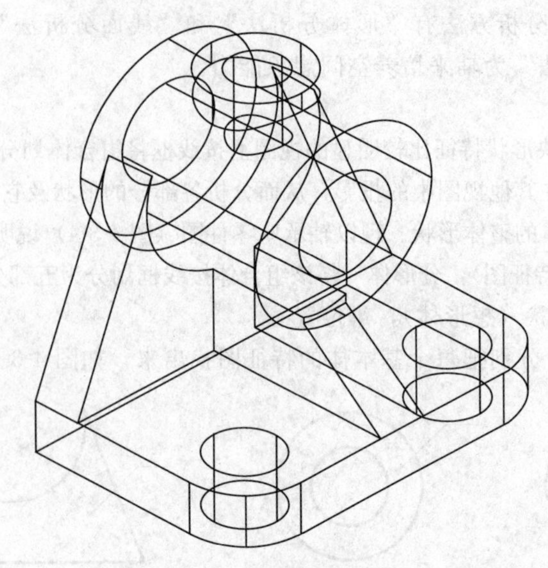

图 4-3-7　轴承座立体图

2. 线面分析法

在一般情况下，对于形体清晰的物体，用上述形体分析法看图即可解决问题。然而有些物体，完全用形体分析法看图还不够。因此，对于视图中一些局部投影复杂之处，有时就需要用线面分析法看图。在读图过程中，运用线、面的投影规律，对视图上的每一条线和每一个表面作进一步的分析，从而想象出组合体形状的分析方法称为线面分析法。

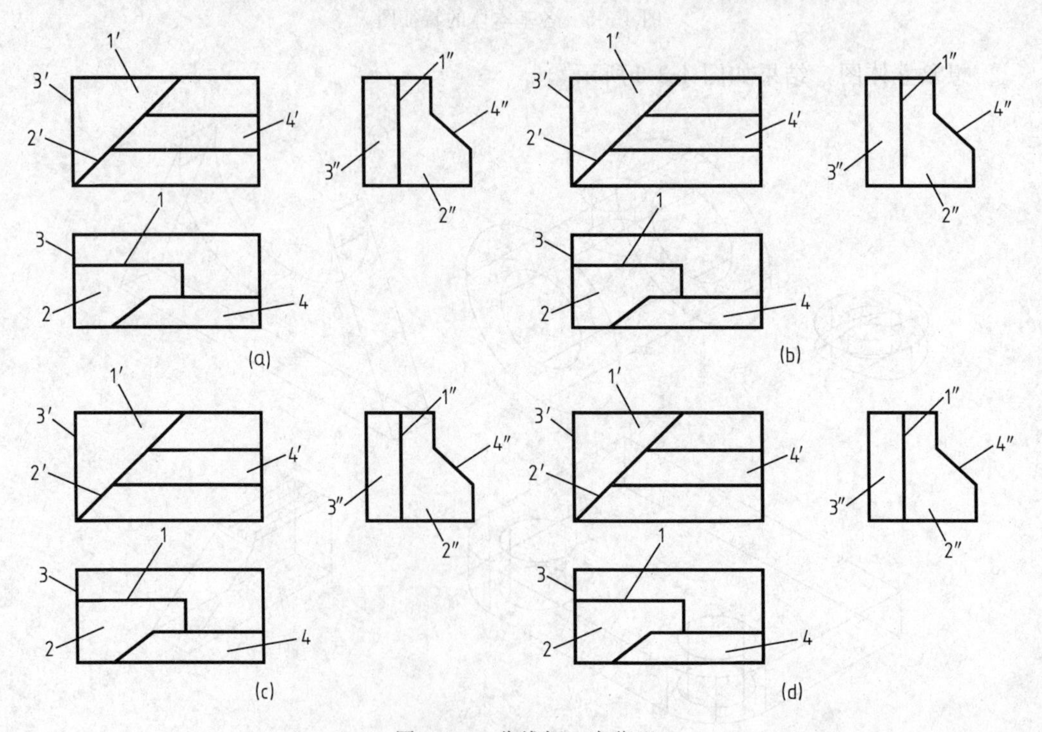

图 4-3-8　分线框、定位置

如图 4-3-8 所示形体的三视图，其读图步骤如下。

(1) 分线框、定位置　分线框可从平面图形入手，如三角形 1′，找出对应投影 1 和 1″（一框对两线，表示面Ⅰ为正平面），如图 4-3-8 (a) 所示；

也可从视图中较长的“斜线”入手，如 2′，找出 2 和 2″（一线对两框，表示面Ⅱ为正垂面），如图 4-3-8 (b) 所示；

如长方形 3″，找出 3 和 3′（表示侧平面），如图 4-3-8 (c) 所示；

如斜线 4″，找出 4 和 4′（表示侧垂面），如图 4-3-8 (d) 所示。

尤其应注意视图中的长斜线（特征明显），它们一般为投影面垂直面的投影，抓住其投影的积聚性和另两面投影均为平面原形类似形的特点，可很快地分出线框，判定出“面”的位置。

(2) 综合起来想整体　切割体往往是由基本形体经切割而成的，因此在想象整个物体的形状时，应以几何体的原形为基础，以视图为依据，再将各个表面按其相对位置综合起来，即可想象出整个物体的形状，如图 4-3-9 所示。

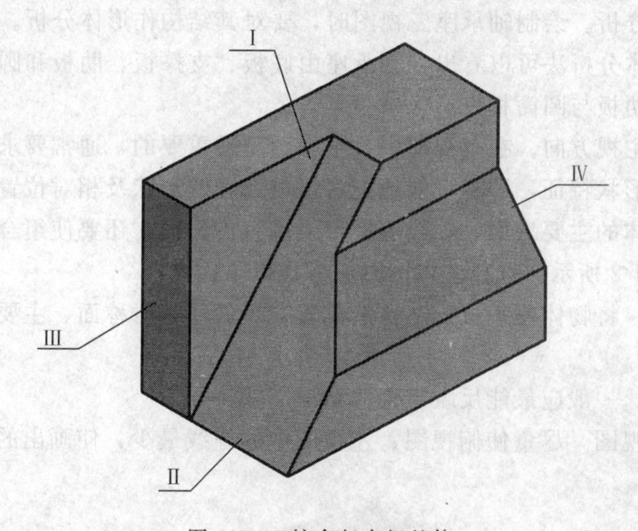

图 4-3-9　综合起来想整体

技能任务四　绘制与识读轴承座的三视图

本任务是对本模块所学知识的综合运用。通过绘制轴承座组合体的三视图，可以达到以下目的：①利用形体分析法和线面分析法绘制综合组合体的三视图；②培养基本的绘图和读图能力，通过绘图和读图练习增强空间想象能力；③充分借助形体分析法和线面分析法，正确理解物体的形状；④增加对实践课的感性认识。

● 实例分析

轴承座是由两个以上基本几何体组合而成的整体，即组合体。轴承座的识读和绘制能够将前面所学的知识有效地收拢并加以综合运用，同时将画图、识图、标注尺寸的方法加以总结、归纳，以便在以后学习绘制零件图时加以灵活运用。

如图 4-4-1 所示的轴承座立体图，画出轴承座组合体的三视图。

图 4-4-1　轴承座立体图

● 任务实施

步骤一：形体分析。绘制轴承座三视图时，要对其结构作形体分析。该轴承座的组合形式为综合型；用形体分析法可以看出，轴承座由底板、支撑板、肋板和圆筒组成。支撑板与圆筒外表面相切，肋板与圆筒相贯。

步骤二：选择主视方向。在三视图中，主视图是最重要的，通常要求主视图能够表达组合体的主要结构和形状特征，即尽可能地把各组成部分的形状及相对位置关系在主视图上显示出来，并使组合体的主要表面、轴线等平行或垂直投影面，还要使组合体视图中的细虚线越少越好，如图 4-4-2 所示。选择主视图时应考虑以下因素。

(1) 安放位置　将物体摆平放正（自然位置）尽量使其对称面、主要轴线或大的端面与投影面平行或垂直。

(2) 投射方向　一般应最能反映组合体结构形状特征。

(3) 兼顾其他视图　尽量使俯视图、左视图中的虚线最少，使画出的三视图长大于宽。

图 4-4-2　选择主视方向

步骤三：选择图纸幅面和比例。根据组合体的复杂程度和尺寸大小，选择国家标准规定的图幅和比例。

步骤四：画轴承座三视图。其作图过程如下。

(1) 布置视图，画作图基线

① 据组合体的总体尺寸通过简单计算将各视图均匀地布置在图框内。

② 确定各视图主要中心线或定位线，如组合体的底面、端面和对称中心线等，用细点画线或细实线画出作图基准线（一般为底面、对称面、重要端面、重要轴线）。

(2) 画出各组成部分的投影

① 布置三视图位置并画出定位线，如图 4-4-3 (a) 所示。

② 画底板三视图。先画底板三面投影，再画底板下的槽和底板上的两个小孔的三面投影。不可见的轮廓线画成细虚线，如图 4-4-3 (b) 所示。

③ 画圆筒三视图。先画主视图上的两个圆，再画左视图和俯视图上的投影，如图 4-4-3 (b) 所示。

④ 画支撑板和肋板三视图。圆筒外表面与支撑板的侧面相切，在俯视图、左视图上，相切处不画线。在俯视图上，圆筒与肋板相交时，在左视图上绘制截交线，如图 4-4-3 (c) 所示。

(3) 检查、描深（按照要求画粗实线、细虚线和细点画线），完成全图　全图如图 4-4-3 (d) 所示。

① 看各视图是否符合投影规律；表面相交、相切关系是否表达正确；清理图面等。

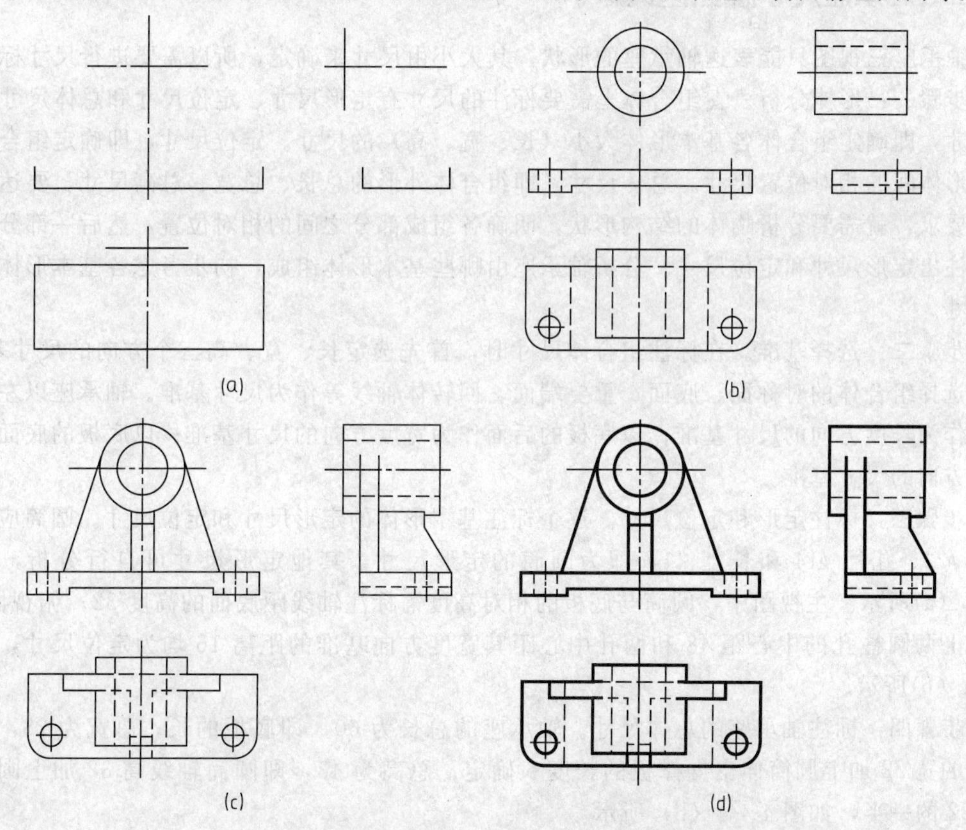

图 4-4-3　轴承座三视图的作图步骤

② 加深图线。加深步骤为：先曲后直、先上后下、先左后右、最后加深斜线。同类线型应一起加深。

提示：画图时应注意以下事项。

① 按投影规律逐个绘制每一个基本体的三视图。

② 先画截交线有积聚性的投影，再画其他投影。

③ 各形体之间的表面过渡关系，要表示正确。

例如支承板侧面与圆筒相切，其左视图中相切处无线，表示侧面的线画至相切处。

再如肋板侧面与圆筒相交，交线应与圆筒自身的侧面转向线区分开来。同时应考虑到实体内部无线，故该段圆筒外表面转向线投影不存在。

知识拓展

一、绘制组合体三视图的注意事项

① 根据形体分析，先画主要形体（大形体），后画次要形体（小形体）；先画各形体的主要部分，后画细部特征；先画可见部分，后画不可见部分。

② 各形体均应先画其基本轮廓，后完成局部细节。

③ 每一局部均应先画反映其形体特征的那个投影，后完成其他两投影。

④ 三个视图一起画。

二、轴承座尺寸标注的步骤

轴承座三视图只能表达轴承座的形状，其大小由尺寸来确定，所以需要进行尺寸标注。

步骤一：形体分析。在组合体上需要标注的尺寸有定形尺寸、定位尺寸和总体尺寸。定形尺寸，即确定组合体各基本形体大小（长、宽、高）的尺寸。定位尺寸，即确定组合体各基本形体间的相对位置尺寸。总体尺寸，即组合体外形的总长、总宽、总高尺寸。要达到完整的要求，就需要分析物体的结构形状，明确各组成部分之间的相对位置，然后一部分一部分地注出定形尺寸和定位尺寸。分析轴承座由哪些基本形体组成，初步考虑各基本形体的定形尺寸。

步骤二：选择基准。在标注组合体尺寸时，首先选定长、宽、高三个方向的尺寸基准，通常选择组合体的对称面、底面、重要端面、回转体轴线等作为尺寸基准。轴承座以左右对称面作为长度方向的尺寸基准；以底板的后面作为宽度方向的尺寸基准；以底板的底面作为高度方向的尺寸基准。

步骤三：标注定形和定位尺寸。逐个标注基本形体的定形尺寸和定位尺寸。圆筒应标注外径 ϕ22、孔径 ϕ14 和长度 24，即为圆筒的定形尺寸，其他定形尺寸可自行分析，如图 4-4-4 (a)所示。主视图中，圆筒与底板的相对高度需标注轴线距底面的高度 32；俯视图中，底板上两圆柱孔的中心距 48 和两孔中心距其宽度方向基准的距离 16 均为定位尺寸，如图 4-4-4 (b)所示。

步骤四：标注轴承座的总体尺寸。轴承座的总长为 60，即底板的长；总宽为 28，即由底板的宽 22 加上圆筒伸出支撑板的长度 6 确定；总高为 43，即圆筒轴线高 32 加上圆筒外径 ϕ22 的一半，如图 4-4-4 (b) 所示。

步骤五：检查、调整尺寸，完成尺寸标注。

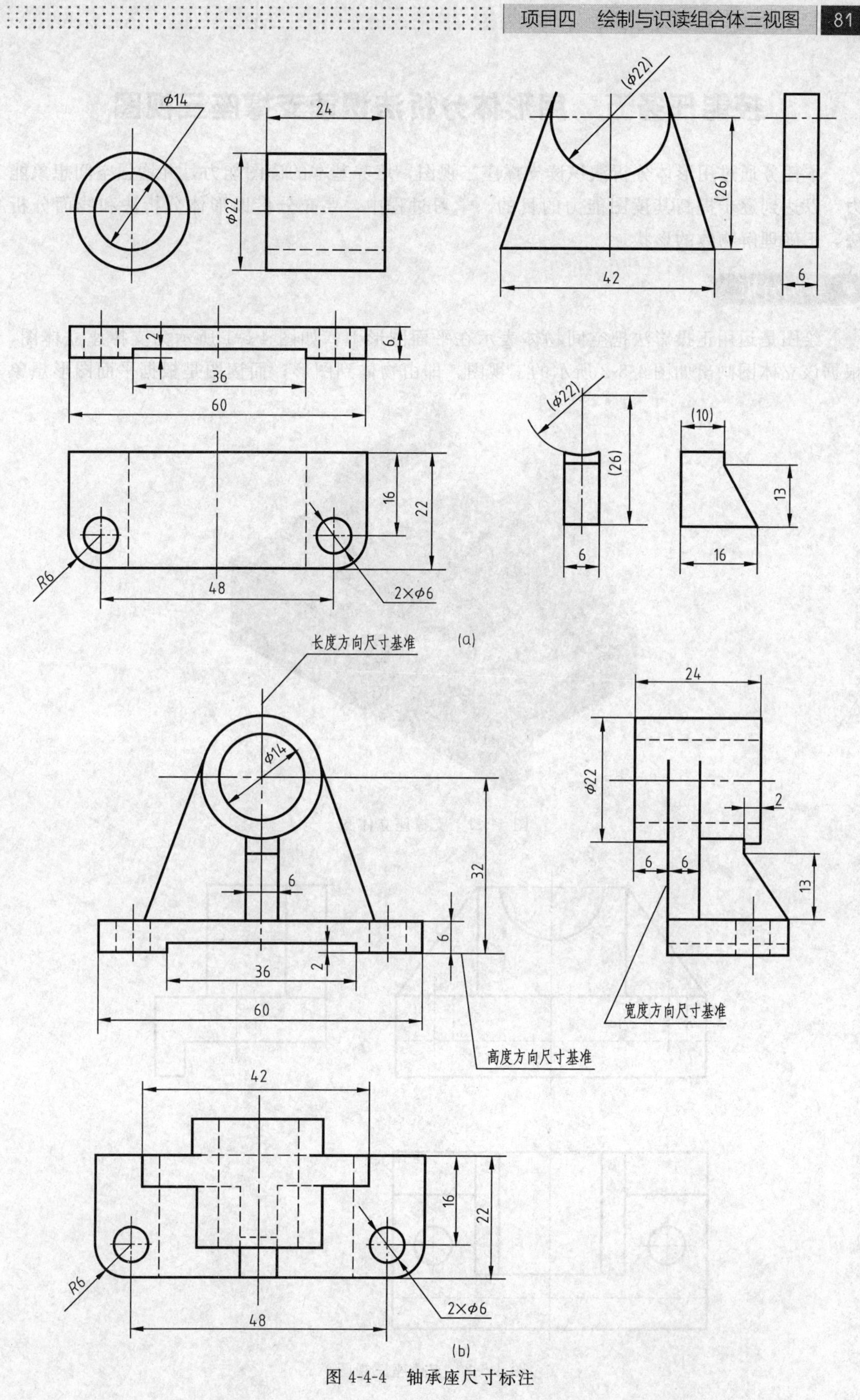

图 4-4-4　轴承座尺寸标注

技能任务五　用形体分析法识读支撑座三视图

本任务通过用形体分析法识读支撑座三视图，培养基本的读图能力，并增强空间想象能力，以达到逐步提高其读图能力的目的。学习过程中，要充分借助形体分析法和线面分析法，正确理解物体的形状。

实例分析

绘图是运用正投影法把空间物体表示在平面图形上，如图 4-5-1 所示为支撑座立体图，根据该立体图画出如图 4-5-2 所示的三视图，即由物体到图形；而读图是根据平面图形想象

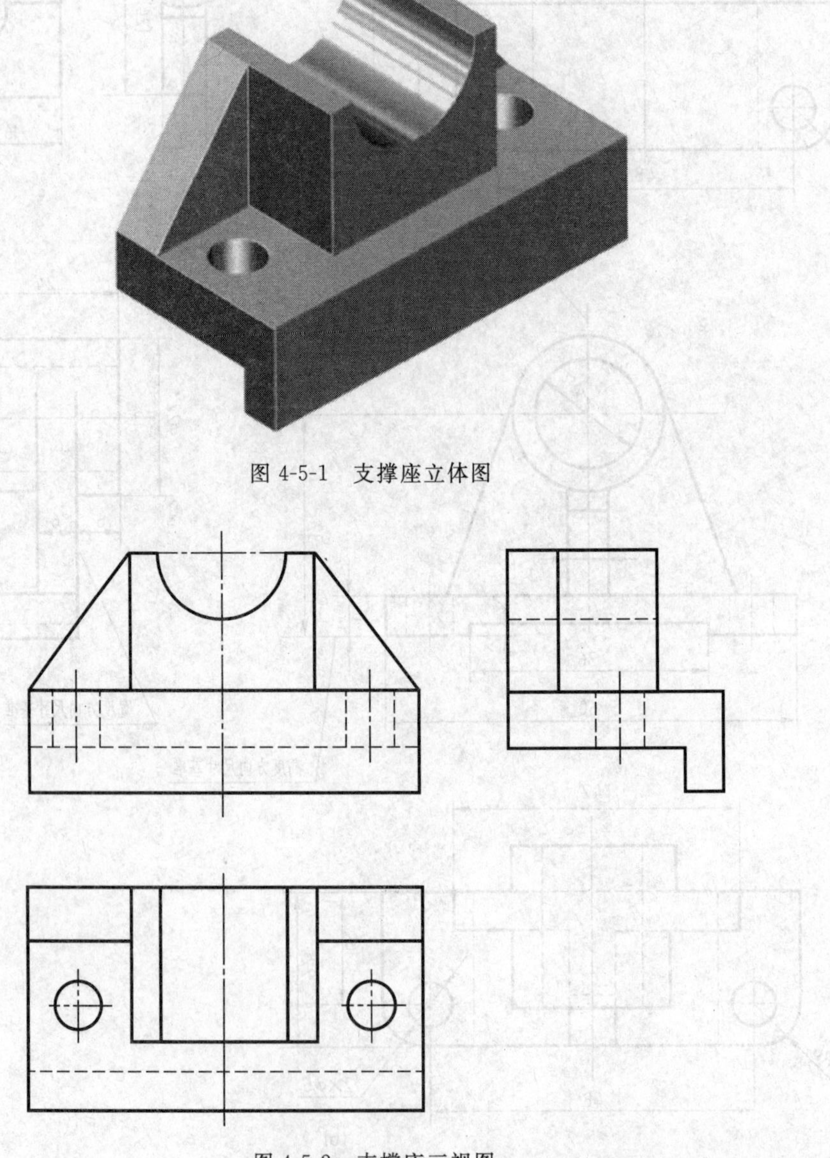

图 4-5-1　支撑座立体图

图 4-5-2　支撑座三视图

出空间组合体的结构和形状，即由图形到物体，所以读图是绘图的逆过程。

● 任务实施

步骤一：划线框，分形体。

通过分析可知，主视图较明显地反映出形体 1、2 的特征，而左视图则较明显地反映出形体 3 的特征。据此，该支撑座可大体分为三部分，如图 4-5-3 所示。

步骤二：对投影，想形状。

形体 1、2 从主视图出发，依据“三等”规律分别在其他视图上找出对应的投影，然后根据投影关系即可想象出各组成部分的形状，如图 4-5-4、图 4-5-5 所示。形体 3 从左视图出

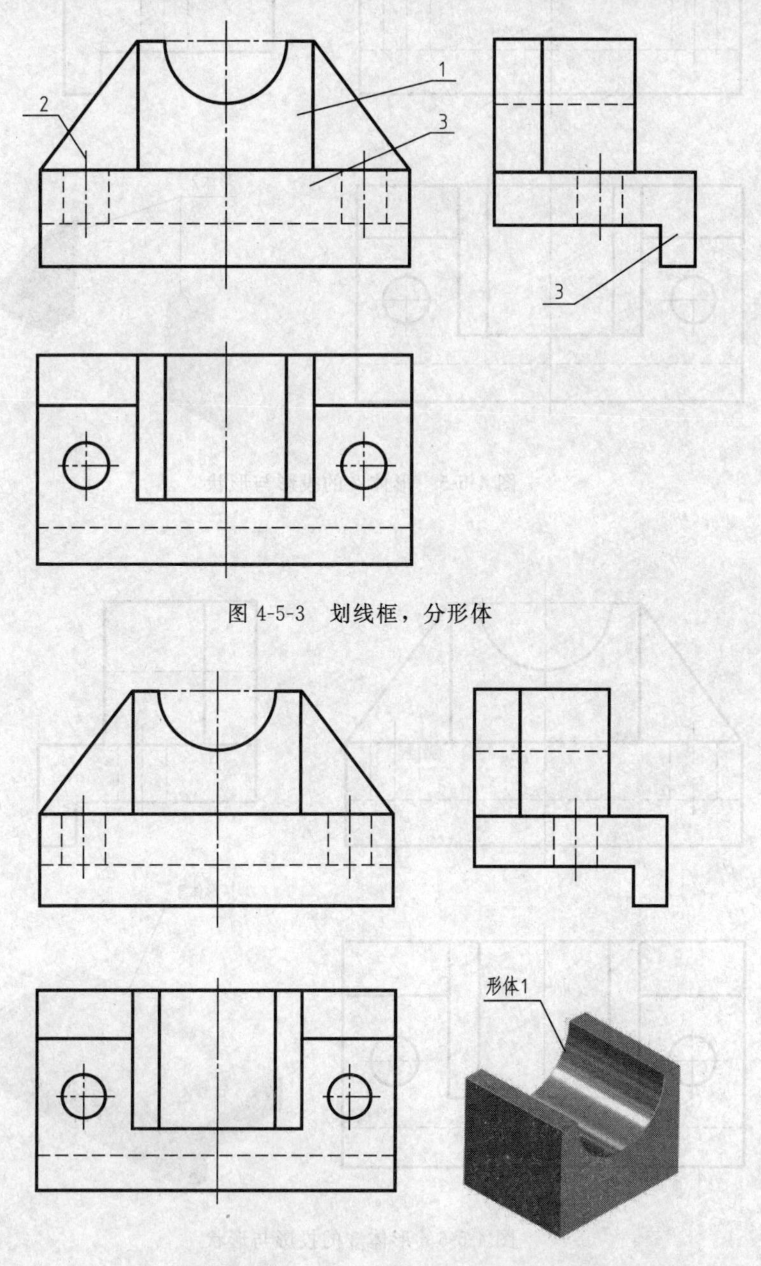

图 4-5-3 划线框，分形体

图 4-5-4 形体 1 的投影与形状

发，如图 4-5-6 所示。

步骤三：综合起来想整体。

长方体 1 在底板 3 上面，两形体的对称面重合且后面靠齐；肋板 2 在长方体 1 的左、右两侧，且与其相接，后面靠齐，从而综合想象出如图 4-5-1 所示的物体的形状。

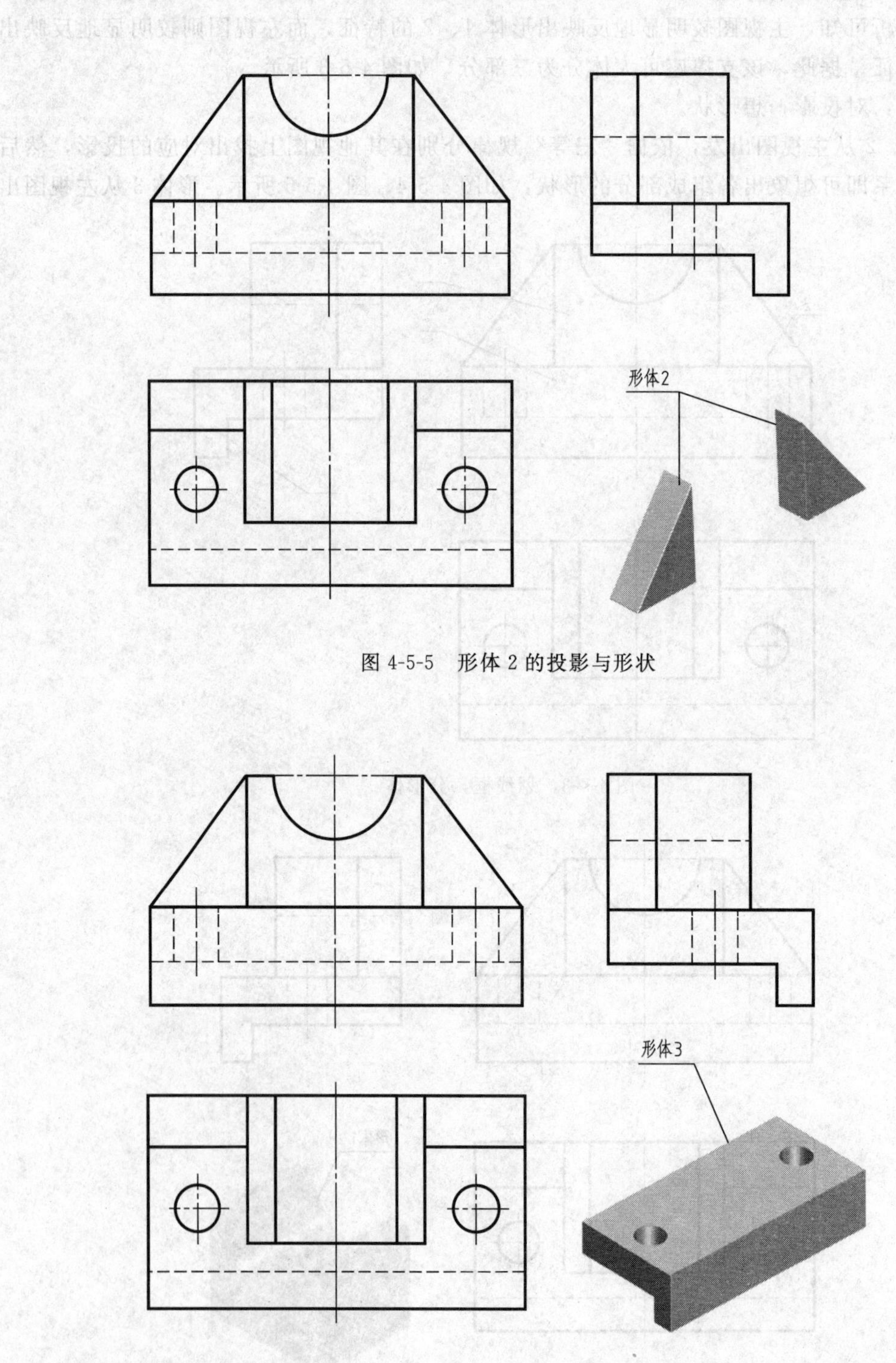

图 4-5-5　形体 2 的投影与形状

图 4-5-6　形体 3 的投影与形状

知识拓展

一、读图的基本步骤

认识视图抓特征；分析投影想形体；线面分析攻难点；综合起来想整体。

读图步骤概括为四个字："分""对""想""合"。

"分"是指将组合体的三视图分解为若干个线框。如果是大线框接小线框，则组合体为叠加类；如果是大线框包围小线框，则组合体为切割类。

"对"是指把已分好的线框，按三视图的投影关系，用三角板、分规等工具逐个找出各线框在各视图中"长对正""高平齐""宽相等"的投影关系，然后进行分析。

"想"是指通过投影分析，想象出各个线框所对应的基本体的形状。

"合"是指在把各线框所代表的基本体按照它们的相对位置关系进行组合（包括叠加和切割），并注意它们之间的表面连接形式，进而想象出整体形状。

二、补画视图

补画视图是培养和检验看图能力的一种有效方法，可以训练学生的空间想象能力。具体步骤为：①读懂已知视图；②想象形体的形状；③补画第三面视图。

从图 4-5-7 中可以看出，该组合体是由底板、后竖板和前半圆竖板叠加组合而成，在后竖板后面竖直方向切割一个通槽，在两竖板的中间处钻一个前后相通的圆孔。具体作图步骤如下。

① 已知主、俯视图，如图 4-5-7（a）所示。

② 根据底板的高和宽补画底板的左视图，如图 4-5-7（b）所示。

③ 根据后竖板高和宽补画后竖板的左视图，如图 4-5-7（c）所示。

④ 根据前半圆竖板的高和宽补画前半圆竖板左视图，如图 4-5-7（d）所示。

⑤ 根据后竖板通槽高和宽补画后竖板的通槽左视图（细虚线），如图 4-5-7（e）所示。

⑥ 根据前、后竖板圆孔的高和宽补画圆孔的左视图（细点画线和细虚线），如图 4-5-7（f）所示。

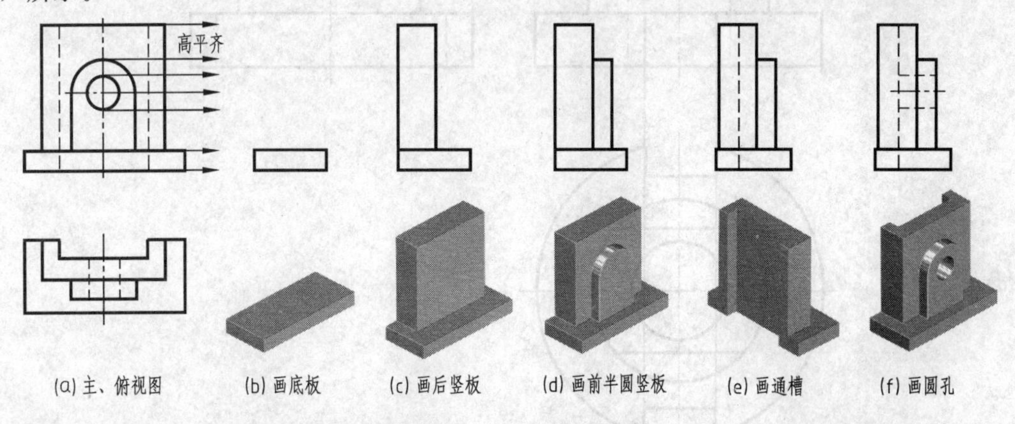

图 4-5-7　补画左视图步骤

三、补画视图缺线

补缺线也是培养识图能力的一种有效方法，识读图 4-5-8 所示的三视图，补画所缺的

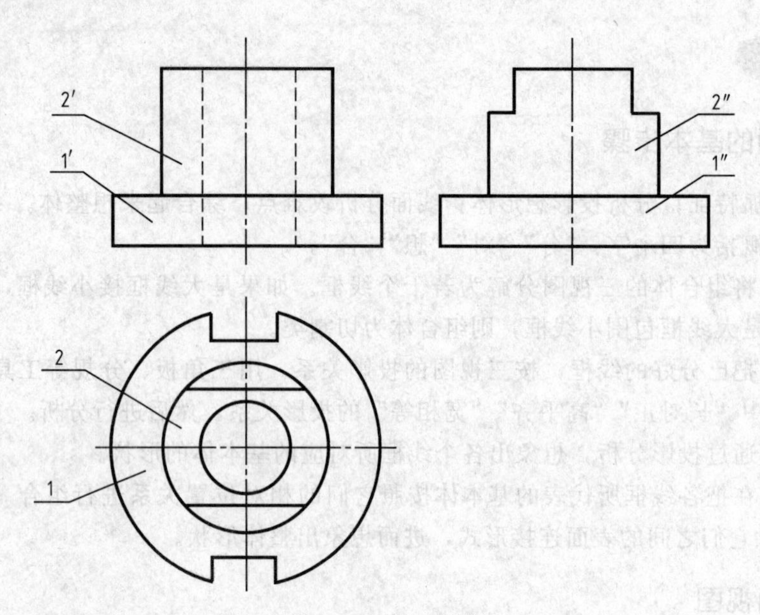

图 4-5-8 补画缺线

图线。

由分析可知，该物体是在一个圆柱形底板 1 上方叠加一个圆柱 2 后切割而成的组合体。在圆柱形底板 1 前后中间开槽，在圆柱 2 上方前后切口，并在两圆柱中间钻一个孔。作图步骤如下。

① 在主、左视图中补画圆柱形底板 1 前后中间开槽的投影线（主视图为粗实线，左视图为细虚线），如图 4-5-9 所示。

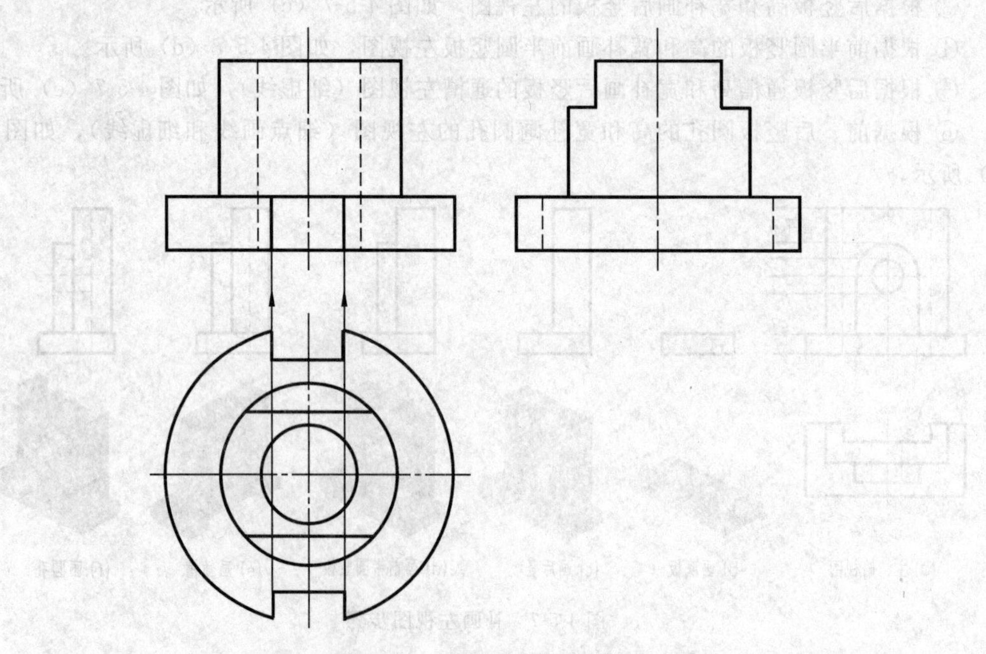

图 4-5-9 补画开槽的投影线

② 在主视图中补画圆柱 2 前后被切口的投影线（为矩形线框），如图 4-5-10 所示。

③ 在左视图中补画两圆柱中间钻孔的投影线（为细虚线），如图 4-5-11 所示。

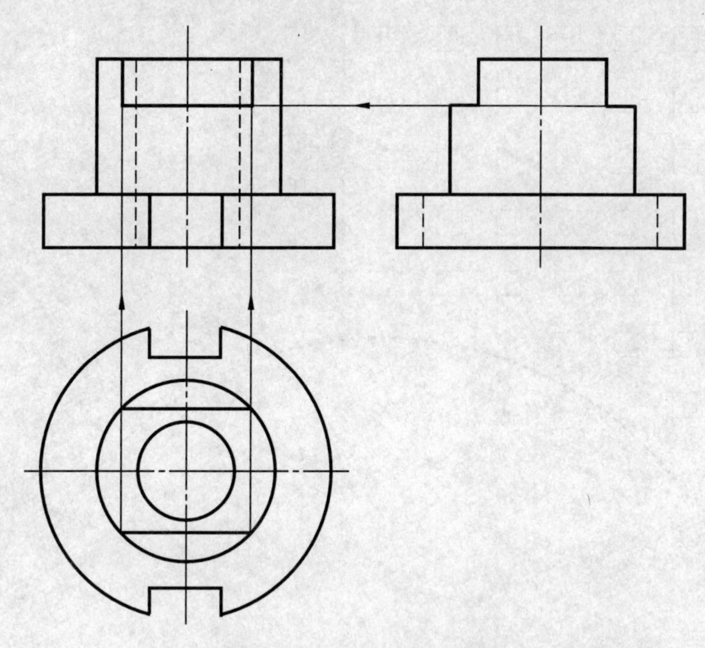

图 4-5-10　切口的投影线

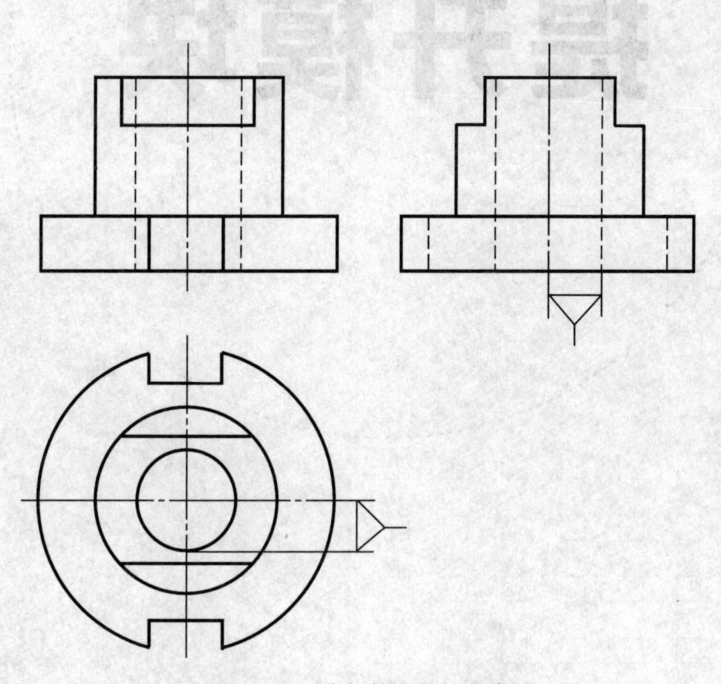

图 4-5-11　中间钻孔的投影线

提升模块

综合识读各种图样

知识任务一　基本视图的形成与配置

将机件向基本投影面投射所得的视图称为基本视图。

当机件的外部结构形状在各个方向（上下、左右、前后）都不相同时，为了清晰地表达机件六个方向的形状，可在 H、V、W 三投影面的基础上，再增加三个基本投影面。这六个基本投影面组成了一个六面体的盒子，把机件围在当中，如图 5-1-1（a）所示。机件在每个基本投影面上的投影，都称为基本视图。即在原有三视图（主视图、俯视图、左视图）的基础上又增加了三个视图：右视图（机件向右方的基本投影面投影所得的视图），仰视图（机件向上方的基本投影面投影所得的视图），后视图（机件向后方的基本投影面投影所得的视图），共六个基本视图。

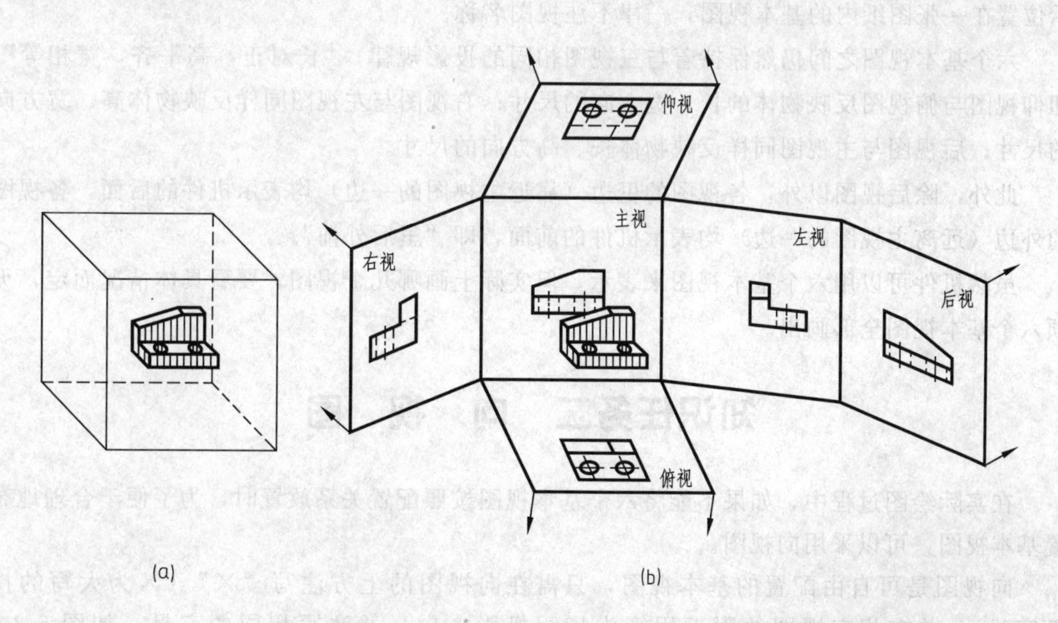

图 5-1-1

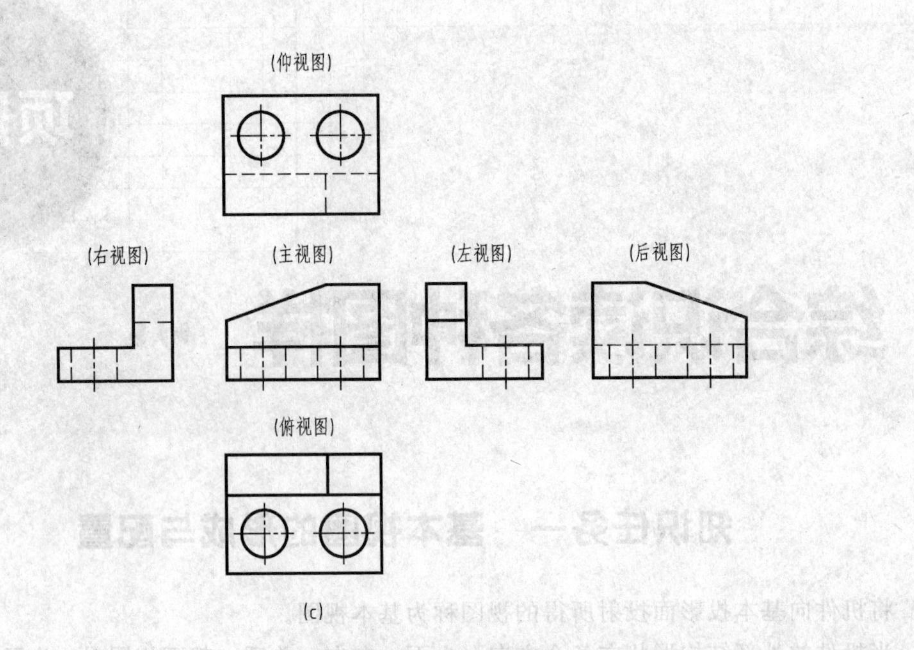

图 5-1-1　六个基本视图

机件在六个基本投影面投影后，将六个基本视图展开到一个平面内，仍然是保持主视图所在投影面不动，将右视图向后旋转 90°，仰视图向上旋转 90°，俯视图向下旋转 90°，后视图先向前旋转 90°，再和左视图一起向后旋转 90°，这样六个基本视图展开在一个平面内，如图 5-1-1（b）所示。

展开后，六个基本视图的配置关系和视图名称如图 5-1-1（c）所示。按图 5-1-1（c）所示位置在一张图纸内的基本视图，一律不注视图名称。

六个基本视图之间仍然保持着与三视图相同的投影规律，“长对正，高平齐，宽相等”。即仰视图与俯视图反映物体的长、宽方向的尺寸；右视图与左视图同样反映物体高、宽方向的尺寸；后视图与主视图同样反映物体长、高方向的尺寸。

此外，除后视图以外，各视图的里边（靠近主视图的一边）均表示机件的后面，各视图的外边（远离主视图的一边）均表示机件的前面，即“里后外前”。

虽然机件可以用六个基本视图来表示，但实际上画哪几个视图，要看具体情况而定，无须六个基本视图全部画出。

知识任务二　向　视　图

在实际绘图过程中，如果不能将六个基本视图按照配置关系放置时，为了便于合理地布置基本视图，可以采用向视图。

向视图是可自由配置的基本视图，只需在向视图的上方注写“×”（×为大写的拉丁字母），并在相应视图的附近用箭头指明投影方向，并注写相同的字母，如图 5-2-1 所示。

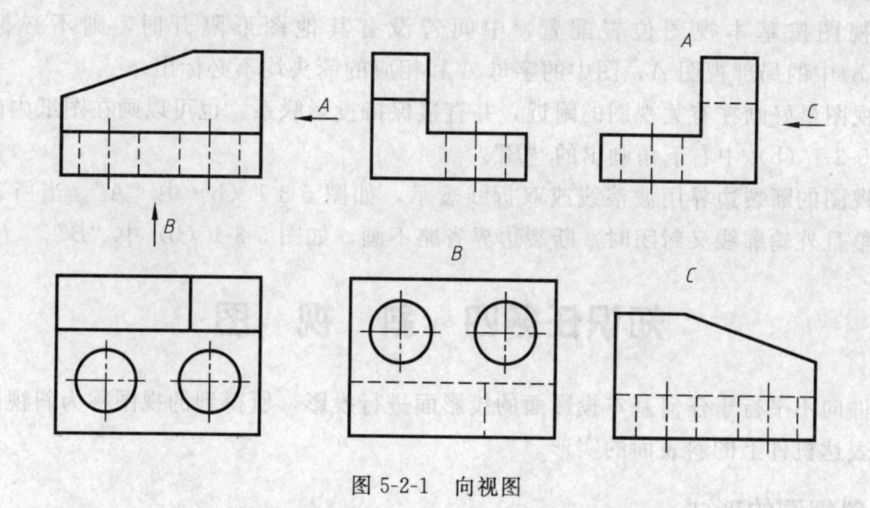

图 5-2-1　向视图

知识任务三　局部视图

一、局部视图的形成

当采用一定数量的基本视图后，机件上仍有部分结构形状不能表达清楚，而又没有必要再画出完整的其他基本视图时，可采用局部视图来表达。

局部视图是只将机件的某一部分向基本投影面投射所得到的图形。局部视图是不完整的基本视图，利用局部视图可以减少基本视图的数量，使表达简洁，重点突出。

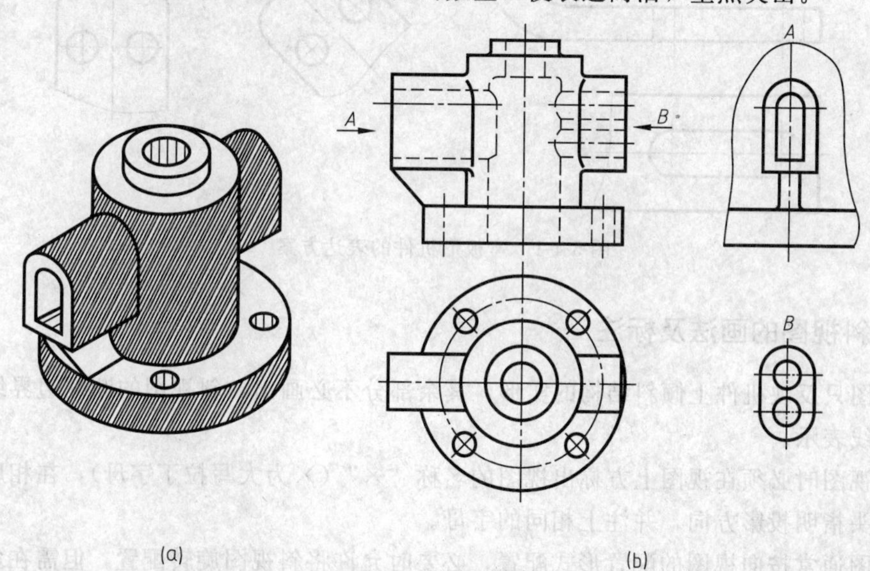

图 5-3-1　局部视图

二、 局部视图的画法及标注

在相应的视图上用带字母的箭头指明所表示的投影部位和投影方向，并在局部视图上方用相同的字母“×”（×为大写拉丁字母）标明视图的名称。

局部视图按基本视图位置配置，中间若没有其他图形隔开时，则不必标注，如图 5-3-1（b）中的局部视图 A，图中的字母 A 和相应的箭头均不必标出。

局部视图最好画在有关视图的附近，并直接保持投影联系。也可以画在图纸内的其他地方，如图 5-3-1（b）中右下角画出的“B”。

局部视图的断裂边界用波浪线或双折线表示，如图 5-3-1（b）中“A”。当所表示的局部结构完整且外轮廓线又封闭时，断裂边界省略不画，如图 5-3-1（b）中“B”。

知识任务四 斜 视 图

将机件向不平行于任何基本投影面的投影面进行投影，所得到的视图称为斜视图。斜视图适合于表达机件上的斜表面的实形。

一、斜视图的形成

当机件的局部结构与基本投影面成倾斜位置时，在基本投影面上的投影不能表达实形，也不便于标注尺寸，可增加一个辅助投影面，使它与机件上倾斜结构的主要平面平行，并垂直于一个基本投影面，然后将机件上的倾斜部分向辅助投影面投射，就得到反映倾斜结构实形的视图，如图 5-4-1 中 A 向所示。

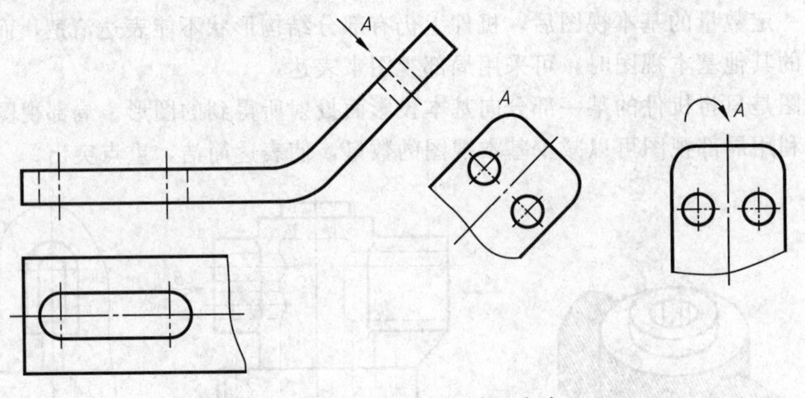

图 5-4-1 弯板形机件的表达方案

二、斜视图的画法及标注

斜视图只反映机件上倾斜结构的实形，其余部分不必画出，斜视图的断裂边界线用波浪线或双折线表示。

画斜视图时必须在视图上方标出视图的名称“×”（×为大写拉丁字母），在相应的视图附近用箭头指明投影方向，并注上相同的字母。

斜视图通常按向视图的配置形式配置，必要时允许将斜视图旋转配置，但需在斜视图上方注明，加注旋转符号。

知识任务五 剖 视 图

视图主要用来表达机件的外部结构形状，图 5-5-1（a）中所示机件内部结构比较复杂，视图上会出现较多虚线而使图形不清晰，不便于读图和标注尺寸。为了清晰地表达它的内部结构，常采用剖视图的画法。

一、剖视图的形成、画法及标注

1. 剖视图的形成

假想用一剖切平面剖开机件，然后将处在观察者和剖切平面之间的部分移去，而将其余部分向投影面投影所得的图形，称为剖视图。

如图 5-5-1 所示，假想沿机件前后对称平面把它剖开，拿走剖切平面前面的部分后，将后面部分再向正投影面投影，就得到了剖视图。

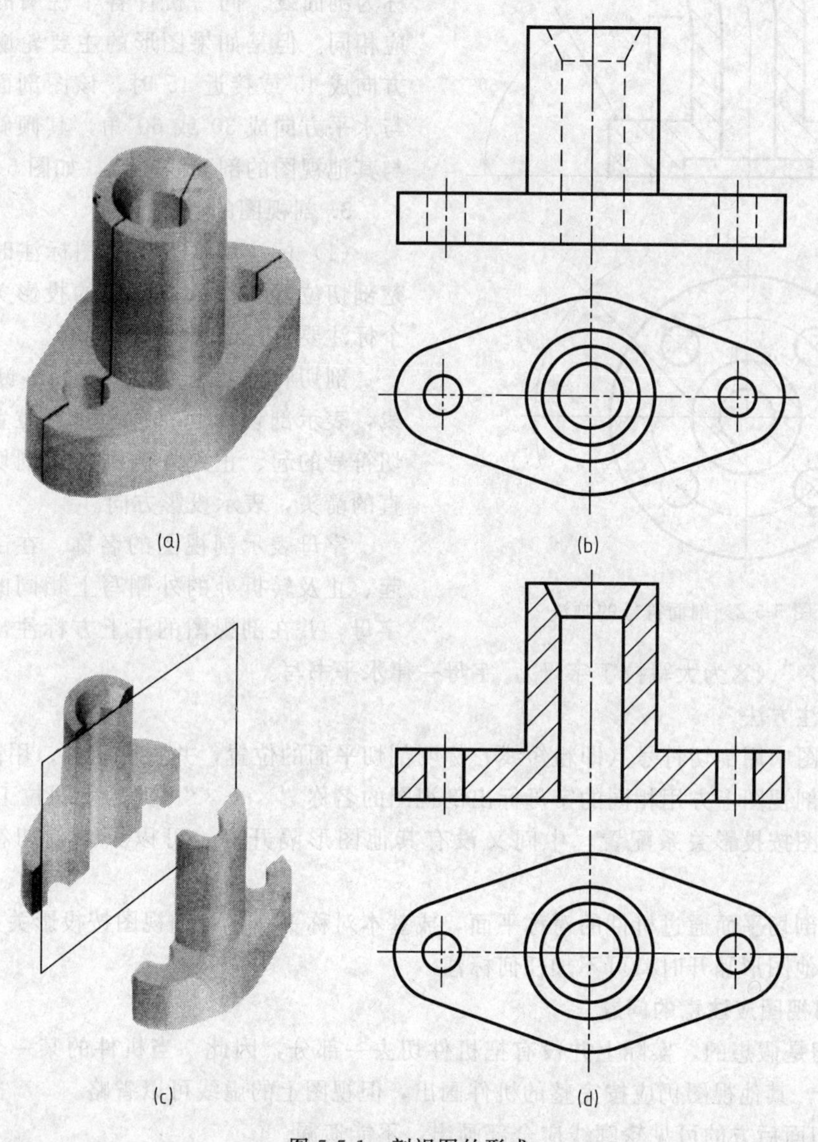

图 5-5-1　剖视图的形成

2. 剖视图的画法

（1）确定剖切位置　选择最合适的剖切位置，以便充分表达机件的内部结构形状，剖切面一般应尽可能通过机件的对称面或孔、槽的轴线、中心线，并且剖切面尽可能与投影面平行，以便反映结构的实形。

（2）画出剖视图。

（3）画剖面符号　为了分清机件的实体部分和空心部分，在被剖切到的实体部分上应画剖面符号，不同材料要用不同的剖面符号。机械设计中，金属材料使用最多。国标规定金属材料的剖面符号，应画成与水平方向成45°的互相平行、间隔均匀的细实线，且称为剖面线。同一机件各个视图的剖面符号应相同。但是如果图形的主要轮廓线与水平方向成45°或接近45°时，该图剖面线应画成与水平方向成30°或60°角，其倾斜方向仍应与其他视图的剖面线一致，如图5-5-2所示。

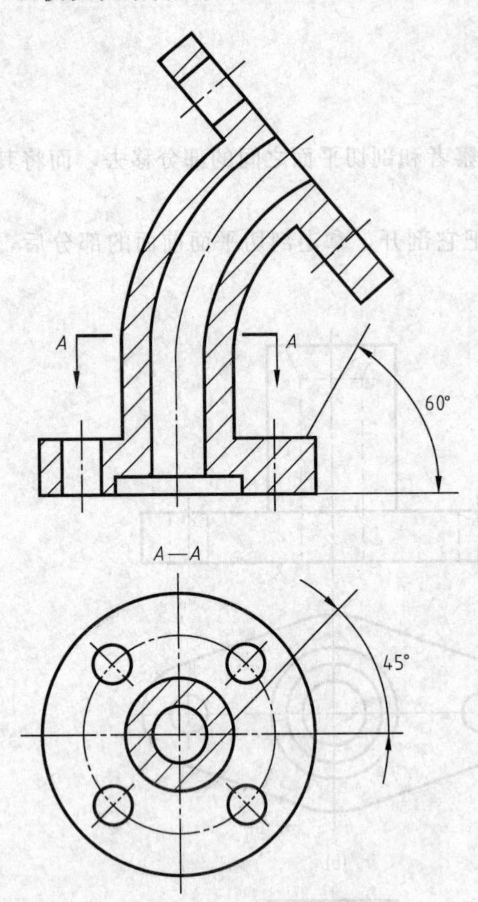

图5-5-2　剖面符号的画法

3. 剖视图的标注

（1）标注要素　剖视图标注时要表达清楚剖切位置和指示视图间的投影关系，有两个标注要素：剖切符号和字母。

剖切符号为长约5～10mm断开的粗实线，表示剖切面起、止和转折位置；并在剖切符号的起、止处外侧画出与剖切符号相垂直的箭头，表示投影方向。

字母表示剖视图的名称。在剖切符号的起、止及转折处的外侧写上相同的大写拉丁字母，并在剖视图的正上方标注出剖视图的名称“×—×”（×为大写拉丁字母），字母一律水平书写。

（2）标注方法

在剖视图中用剖切符号（即粗短线）标明剖切平面的位置，并写上字母；用箭头指明投影方向；在剖视图上方用相同的字母标出剖视图的名称“×—×”（×为大写拉丁字母）。

当剖视图按投影关系配置，中间又没有其他图形隔开时，可以只画剖切符号，省略箭头。

当单一剖切平面通过机件的对称平面，或基本对称平面，且剖视图按投影关系配置，中间又没有其他图形隔开时，可不加任何标注。

4. 画剖视图应注意的问题

① 剖切是假想的，实际上并没有把机件切去一部分，因此，当机件的某一个视图画成剖视图以后，其他视图仍应按完整的机件画出，但视图上的虚线可以省略。

② 剖切面后方的可见轮廓线应全部画出，不能遗漏。

③ 剖视图中一般不画不可见轮廓线。只有当需要在剖视图上表达这些结构时，才画出必要的虚线。

④ 根据需要可同时将几个视图画成剖视图，它们之间相互独立，互不影响，各有所用。

二、剖视图的种类

按剖切范围的大小，剖视图可分为全剖视图、半剖视图、局部剖视图。

1. 全剖视图

用剖切平面，将机件全部剖开后进行投影所得到的剖视图，称为全剖视图（简称全剖视）。全剖视图一般用于表达外部形状比较简单、内部结构比较复杂的机件，如图 5-5-3 所示。

当剖切平面通过机件的对称（或基本对称）平面，且全剖视图按投影关系配置，中间又无其他视图隔开时，可以省略标注，否则必须按规定方法标注。如图 5-5-3 中的主视图的剖切平面通过对称平面，所以省略了标注；而左视图的剖切平面不是通过对称平面，则必须标注，但它是按投影关系配置的，所以箭头可以省略。

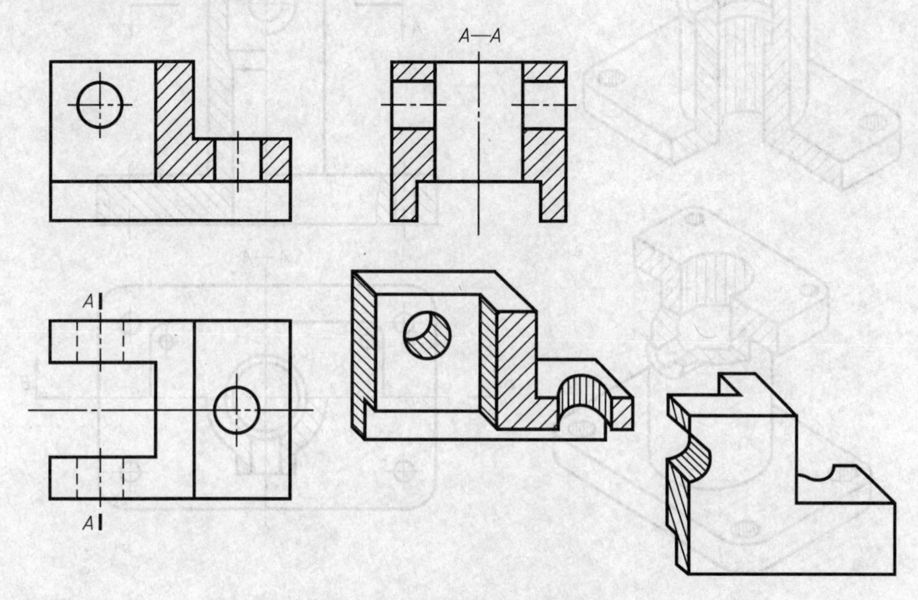

图 5-5-3　全剖视图及其标注

对于一些具有空心回转体的机件，即使结构对称，但由于外形简单，亦常采用全剖视图，如图 5-5-4 所示。

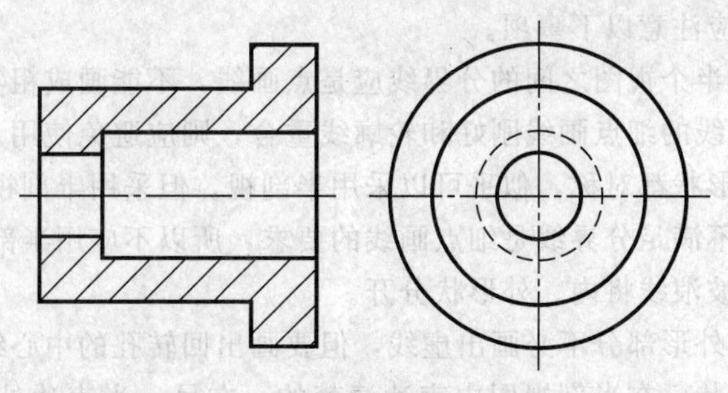

图 5-5-4　空心回转体机件的全剖视图

2. 半剖视图

当机件具有对称平面时，以对称中心线为界，在垂直于对称平面的投影面上投影得到的，由半个剖视图和半个视图合并组成的图形称为半剖视图。

半剖视图既充分地表达了机件的内部结构，又保留了机件的外部形状，因此它具有内外兼顾的特点。因此半剖视图常用于表达对称的或基本对称的机件。

半剖视图的标注方法与全剖视图相同。例如图 5-5-5（a）所示的机件为前后对称，图 5-5-5（b）中主视图所采用的剖切平面通过机件的前后对称平面，所以不需要标注；而俯视图所采用的剖切平面并非通过机件的对称平面，所以必须标出剖切位置和名称，但箭头可以省略。

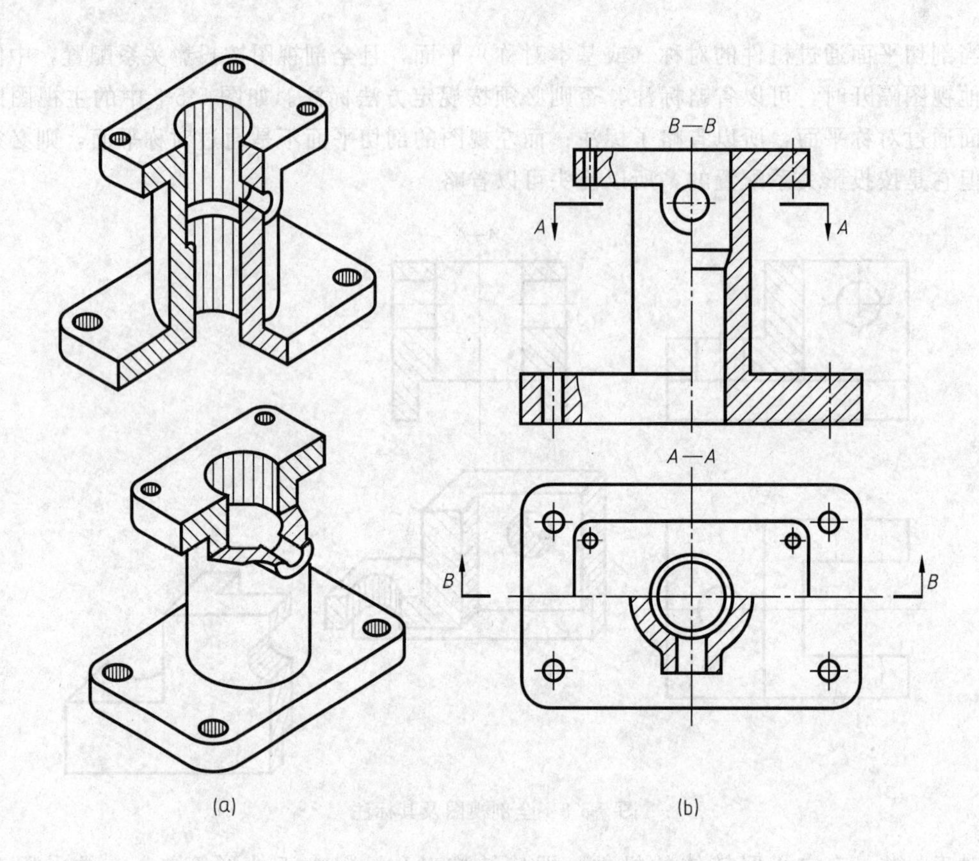

图 5-5-5 半剖视图及其标注

绘制半剖视图时应注意以下事项。

① 半个剖视图与半个视图之间的分界线应是点画线，不能画成粗实线。

② 如果作为分界线的细点画线刚好和轮廓线重合，则应避免使用。如图 5-5-6 所示的主视图，尽管图的内外形状都对称，似乎可以采用半剖视。但采用半剖视图后，其分界线恰好和内轮廓线相重合，不满足分界线是细点画线的要求，所以不应用半剖视表达，而宜采取局部剖视表达，并且用波浪线将内、外形状分开。

③ 在半剖视图的外形部分不必画出虚线，但要画出回转孔的中心线。

④ 机件的内部形状已在半剖视图中表达清楚的，在另一半表达外形的视图中一般不再画出细虚线。

3. 局部剖视图

用剖切平面局部地剖开机件得到的剖视图称为局部剖视图。

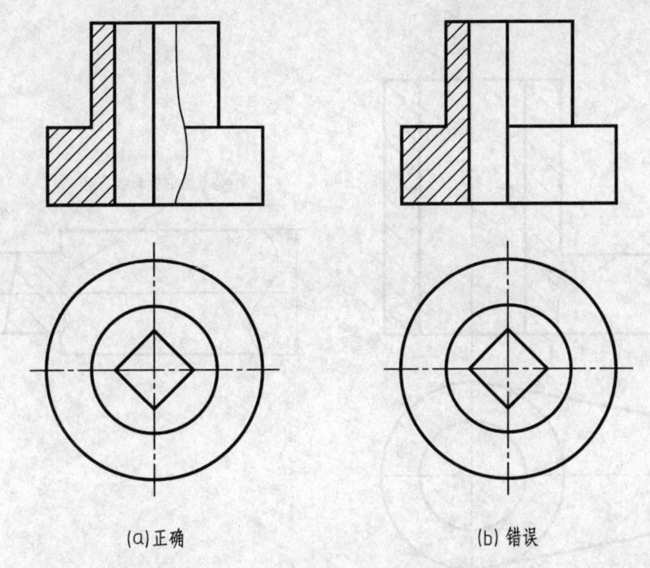

图 5-5-6　对称机件的局部剖视

局部剖视是一种比较灵活的表达方法，也是在同一视图上同时表达内外形状的方法，不受图形是否对称的限制，剖切位置、剖切范围可根据实际机件的结构选择。常用于内、外形状均需表达的不对称机件。图 5-5-5 所示的主视图和图 5-5-7 所示的主视图和左视图，均采用了局部剖视图。

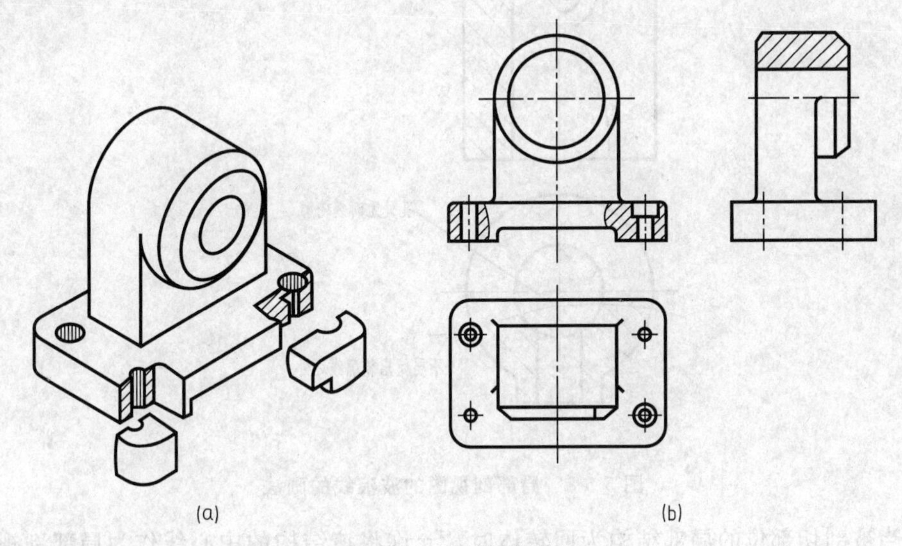

图 5-5-7　局部剖视图

绘制局部剖视图时应注意以下事项。

① 局部剖视图中用波浪线作为剖开部分和未剖开部分的分界线，也可看作是机件断裂痕迹的投影，如图 5-5-7 所示。

② 波浪线不能与图形中任何图线重合，也不能用其他线代替或画在其他线的延长线上，如图 5-5-8（a）、（b）所示。

③ 波浪线不能超出图形轮廓线，如图 5-5-8（c）俯视图所示。

④ 波浪线不能穿孔而过，如遇到孔、槽等结构时，波浪线必须断开，如图 5-5-8（c）

主视图所示。

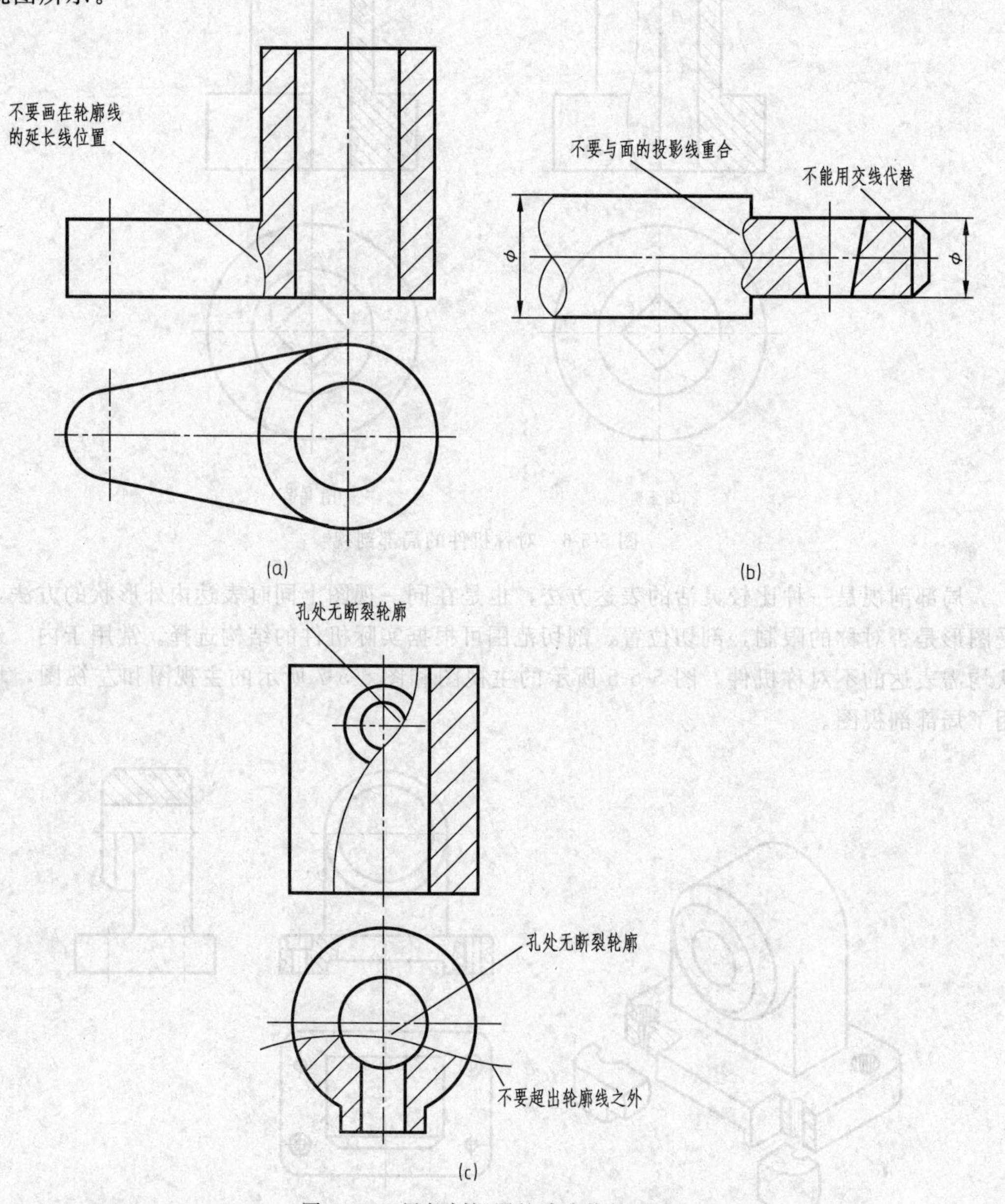

图 5-5-8 局部剖视图的波浪线的画法

⑤ 当被剖切部位的局部结构为回转体时，允许将该结构的中心线作为局部剖视图与视图的分界线。如图 5-5-9 所示的拉杆的局部剖视图。

⑥ 由于局部剖视图的剖切位置一般比较明显，一般不标注。

知识拓展

一、规定画法

1. 肋板的剖视画法

机件上的肋板、轮辐及薄壁等结构，如纵向剖切都不要画剖面符号，而用粗实线将它们与其相邻结构分开，如图 5-5-10 所示。

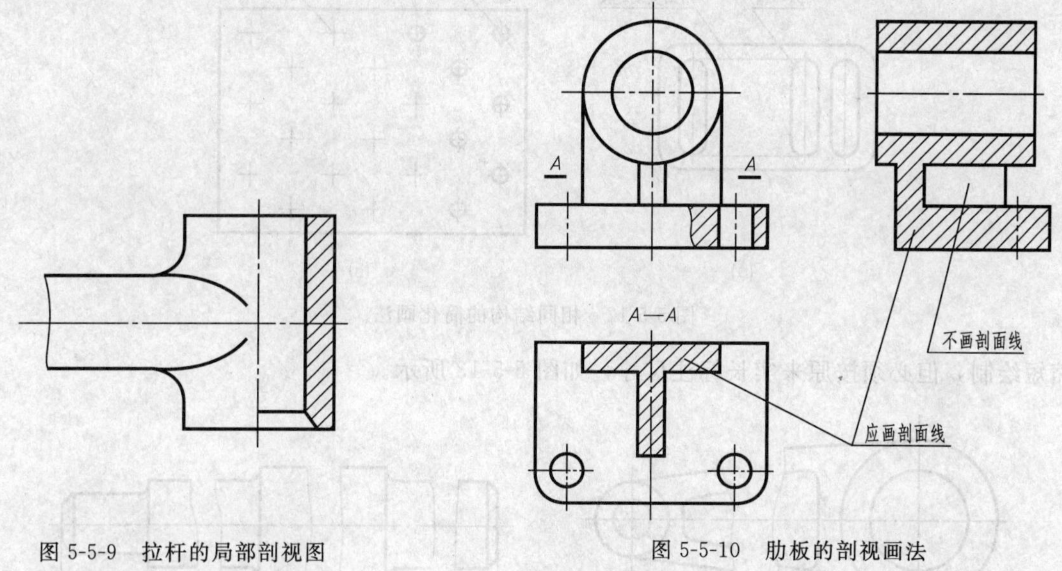

图 5-5-9　拉杆的局部剖视图　　图 5-5-10　肋板的剖视画法

2. 简化画法

回转体上均匀分布的肋板、轮辐、孔等结构不处于剖切平面上时，可将这些结构假想旋转到剖切平面上画出，如图 5-5-11 所示。

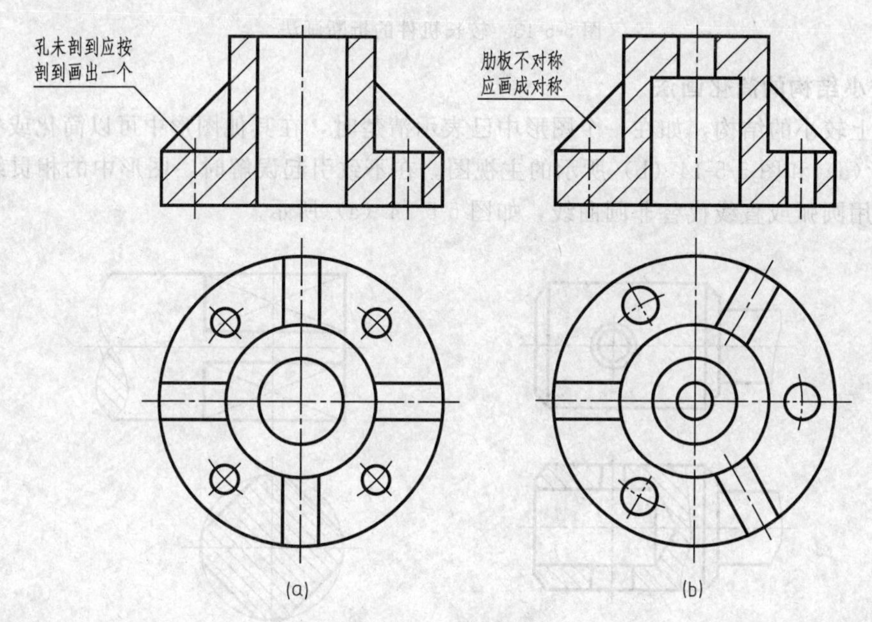

图 5-5-11　简化画法

3. 相同结构的简化画法

当机件上具有若干相同结构（齿、槽、孔等），并按一定规律分布时，只需画出几个完整结构，其余用细实线相连或标明中心位置，并注明总数，如图 5-5-12 所示。

4. 较长机件的折断画法

较长的机件（轴、杆、型材等），沿长度方向的形状一致或按一定规律变化时，可断开

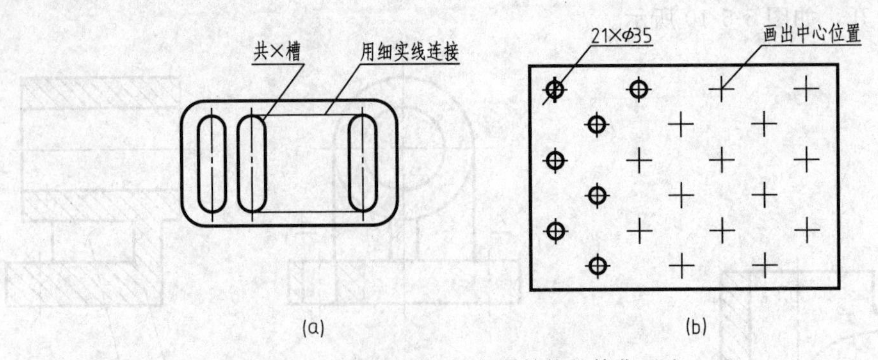

图 5-5-12 相同结构的简化画法

缩短绘制，但必须按原来实长标注尺寸，如图 5-5-13 所示。

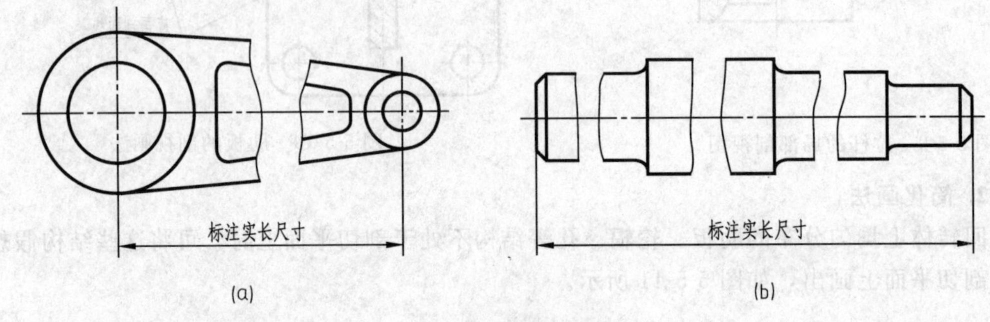

图 5-5-13 较长机件的折断画法

5. 较小结构的简化画法

机件上较小的结构，如在一个图形中已表示清楚时，在其他图形中可以简化或省略，如图 5-5-14（a）和图 5-5-14（b）所示的主视图。在不致引起误解时，图形中的相贯线允许简化，例如用圆弧或直线代替非圆曲线，如图 5-5-14（a）所示。

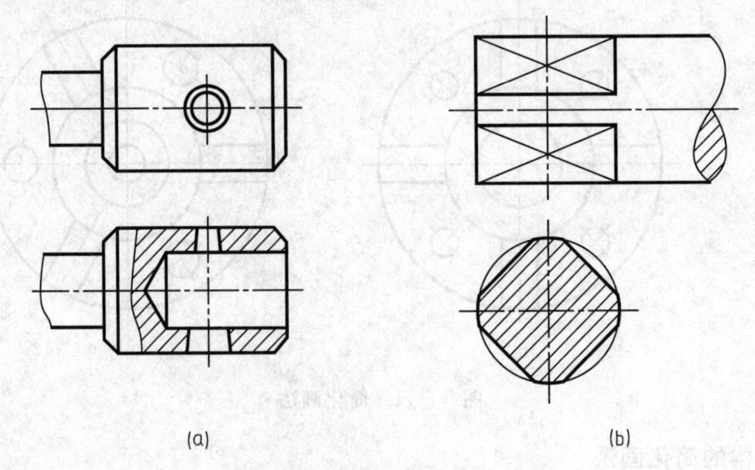

图 5-5-14 较小结构的简化画法

6. 对称机件的简化画法

在不致引起误解时，对于对称机件的视图可以只画一半或四分之一，并在对称中心线的两端画出两条与其垂直的平行细实线，如图 5-5-15 所示。

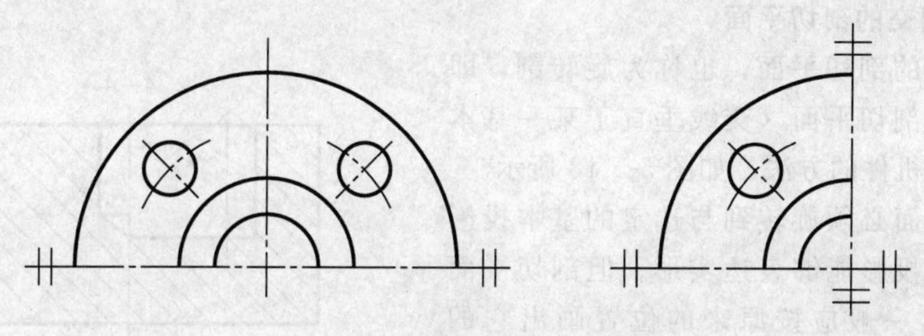

图 5-5-15　对称机件的简化画法

二、剖切面的种类

剖视图是假想将机件剖开而得到的视图，因为机件内部形状的多样性，剖开机件的方法也不尽相同。国家标准《机械制图》规定有：单一剖切平面、几个互相平行的剖切平面、两个相交的剖切平面、组合的剖切平面等。

1. 单一剖切面

单一剖切平面，即用一个剖切平面剖开机件的方法。单一剖切平面一般为平行于基本投影面的剖切平面。前面介绍的全剖视图、半剖视图、局部剖视图均为用单一剖切平面剖切得到的，这种方法应用也是最多的。

2. 几个互相平行的剖切平面

几个互相平行的剖切平面，也称为阶梯剖，即用两个或多个互相平行的剖切平面剖开机件的方法。它适宜于表达机件内部结构的中心线排列在两个或多个互相平行的平面内的情况，如图 5-5-16 所示。

如图 5-5-16（a）所示机件，内部结构（小孔和沉孔）的中心位于两个平行的平面内，不能用单一剖切平面剖开，而是采用两个互相平行的剖切平面将其剖开，主视图即为采用阶梯剖方法得到的全剖视图，如图 5-5-16（c）所示。

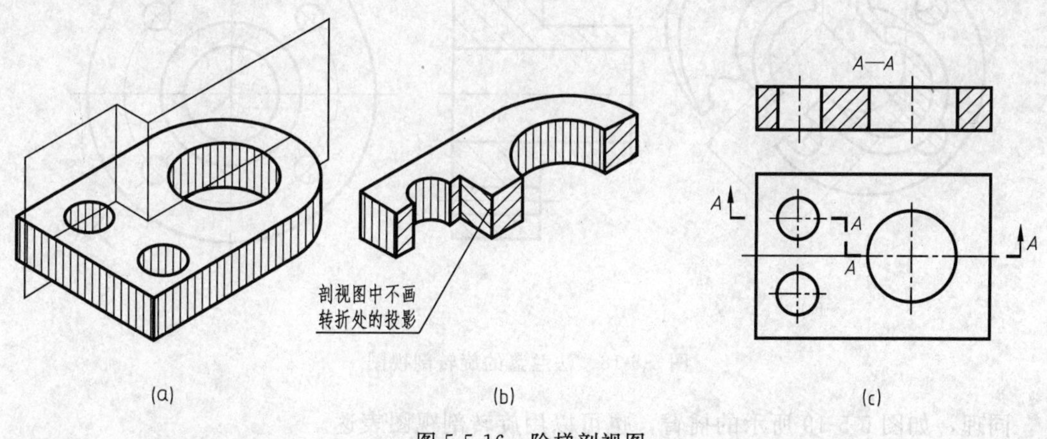

图 5-5-16　阶梯剖视图

两个剖切平面的转折处，不能划分界线，如图 5-5-16（b）所示。因此，要选择一个恰当的位置，使之在剖视图上不致出现孔、槽等结构的不完整投影。当它们在剖视图上有共同的对称中心线和轴线时，也可以各画一半，这时细点画线就是分界线。如图 5-5-17 所示。

3. 两个相交的剖切平面

两个相交的剖切平面，也称为旋转剖，即用两个相交的剖切平面（交线垂直于某一基本投影面）剖开机件的方法，如图 5-5-18 所示。

倾斜的平面必须旋转到与选定的基本投影面平行，以使投影能够表达实形。但剖切平面后面的结构，一般应按原来的位置画出它的投影。

如图 5-5-18 所示的法兰盘，它中间的大圆孔和均匀分布在四周的小圆孔都需要剖开表示，如果用相交于法兰盘轴线的侧平面和正垂面去剖切，并将位于正垂面上的剖切面绕轴线旋转到和侧面平行的位置，这样画出的剖视图就是旋转剖视图。可见，旋转剖适用于有回转轴线的机件，而轴线恰好是两剖切平面的交线。并且两剖切平面一个为投影面平行面，一个为投影面垂直面，如图 5-5-18（b）是法兰盘用旋转剖视表示的例子。

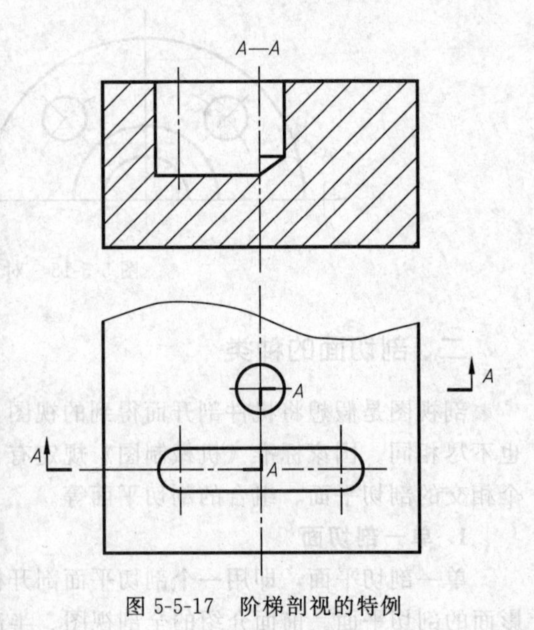

图 5-5-17 阶梯剖视的特例

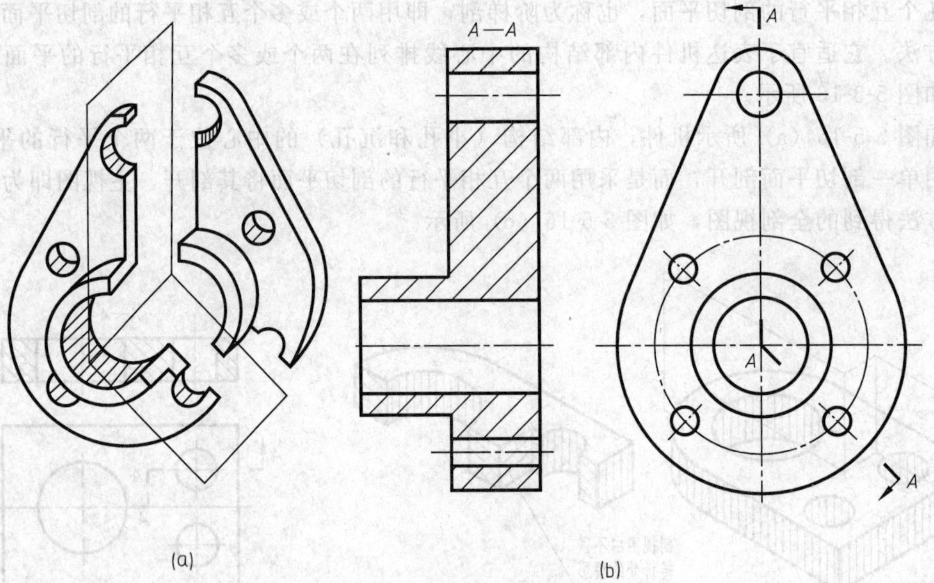

A—A

A

A

(a)

(b)

图 5-5-18 法兰盘的旋转剖视图

同理，如图 5-5-19 所示的摇臂，也可以用旋转剖视图表达。

4. 组合的剖切平面

组合的剖切平面，也称为复合剖，即当机件的内部结构比较复杂，用阶梯剖或旋转剖仍不能完全表达清楚时，采用以上几种剖切平面的组合来剖开机件的剖切方法。

如图 5-5-20（a）所示的机件，为了在一个图上表达各孔、槽的结构，便采用了复合剖视，如图 5-5-20（b）所示。

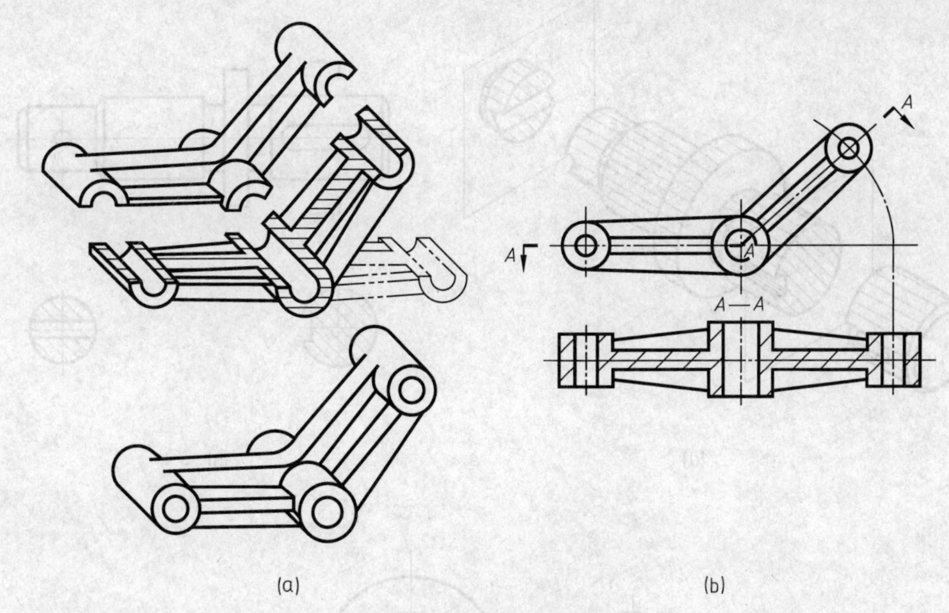

图 5-5-19　摇臂的旋转剖视图

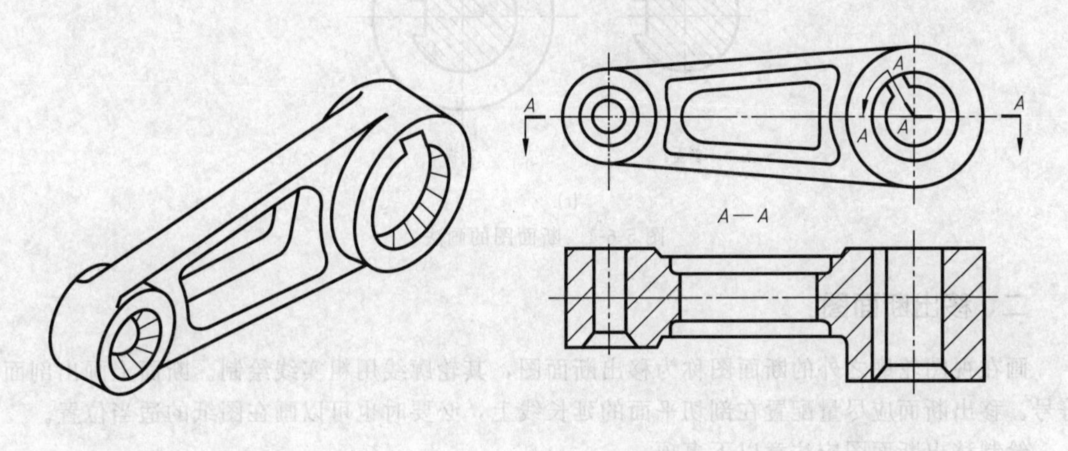

图 5-5-20　机件的复合剖视图

知识任务六　断　面　图

一、断面图的概念

假想用剖切平面将机件在某处切断，只画出剖切面与物体接触部分（剖面区域）的图形，称为断面图（也称为剖面图）。如图 5-6-1 所示。

断面图与剖视图的区别：断面图仅画出机件断面的图形，而剖视图则要画出剖切平面以后的所有部分的投影，如图 5-6-1（c）所示。

断面图分为移出断面图和重合断面图两种。

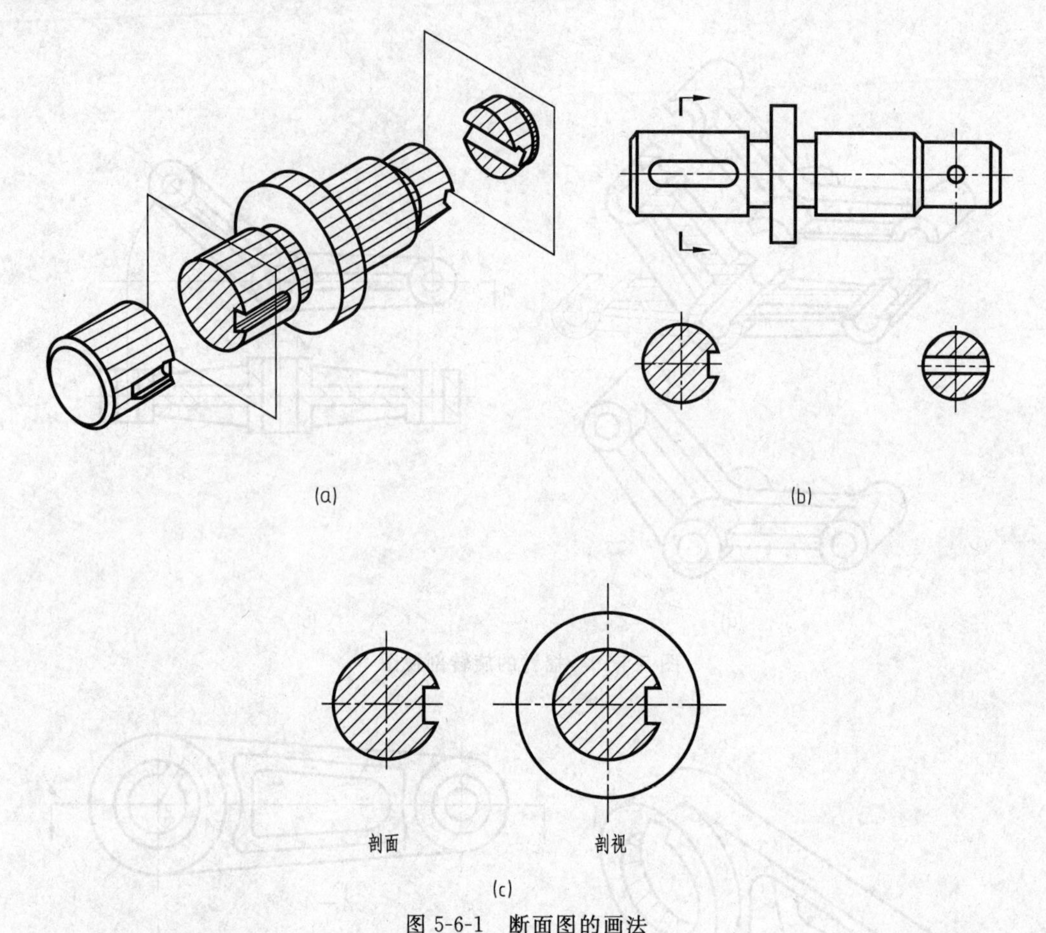

图 5-6-1 断面图的画法

二、移出断面图

画在视图轮廓之外的断面图称为移出断面图，其轮廓线用粗实线绘制。断面上画出剖面符号。移出断面应尽量配置在剖切平面的延长线上，必要时也可以画在图纸的适当位置。

绘制移出断面图应注意以下事项。

① 当剖切面通过回转面形成的孔或凹坑的轴线时，这些结构应按剖视绘制，如图 5-6-2 所示。

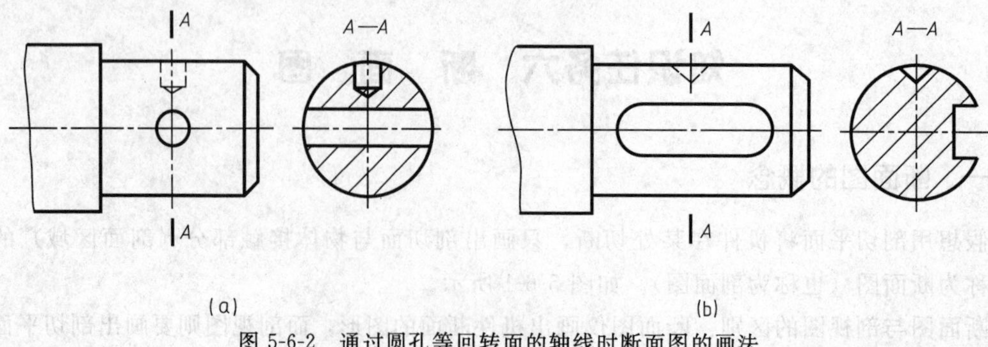

图 5-6-2 通过圆孔等回转面的轴线时断面图的画法

② 当剖切面通过非圆孔会导致出现完全分离的两个断面时，这些结构亦应按剖视绘制，如图 5-6-3 所示。

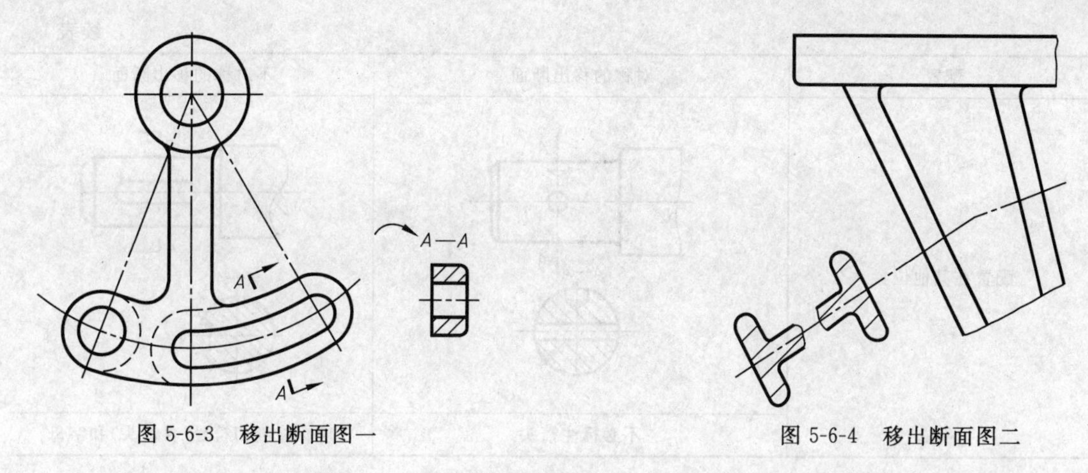

图 5-6-3 移出断面图一　　图 5-6-4 移出断面图二

③ 当移出断面图形对称时，也可画在视图的中断处，如图 5-6-5 所示。

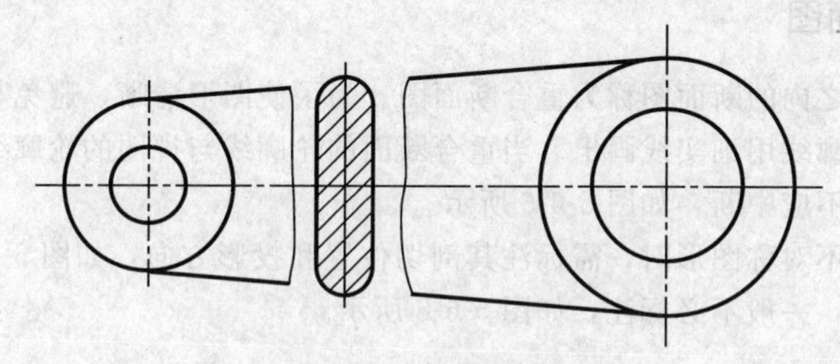

图 5-6-5 移出断面图三

④ 若由两个或多个相交的剖切面剖切得到的移出断面，中间一般应用波浪线断开，如图 5-6-4 所示。

⑤ 必要时可将断面配置在其他适当位置。在不致引起误解时，允许将图形旋转，但必须标注旋转符号，如图 5-6-3 所示。

画出移出断面图后应按国标规定进行标注。移出断面图的配置及标注方法，如表 5-6-1 所示。

表 5-6-1 移出断面的标注

配置	对称的移出断面	不对称的移出断面
配置在剖切线或剖切符号延长线上	不必标注字母和剖切符号	不必标注字母
按投影关系配置	不必标注箭头	不必标注箭头

续表

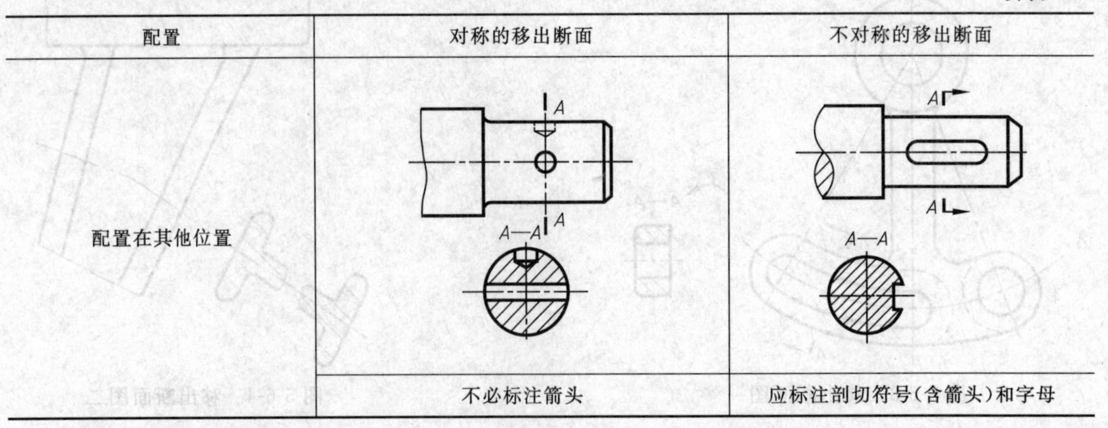

配置	对称的移出断面	不对称的移出断面
配置在其他位置		
	不必标注箭头	应标注剖切符号(含箭头)和字母

三、重合断面图

画在视图轮廓之内的断面图称为重合断面图。为了使图形清晰，避免与视图中的线条混淆，重合断面的轮廓线用细实线画出。当重合断面的轮廓线与视图的轮廓线重合时，仍按视图的轮廓线画出，不应中断，如图 5-6-6 所示。

当重合断面为不对称图形时，需标注其剖切位置和投影方向，如图 5-6-7 所示；当重合断面为对称图形时，一般不必标注，如图 5-6-8 所示。

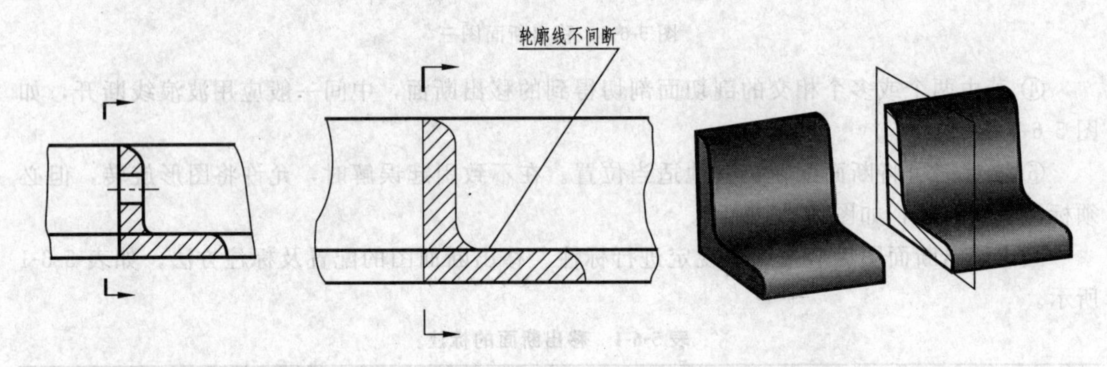

图 5-6-6 重合断面图　　图 5-6-7 不对称的重合断面的画法

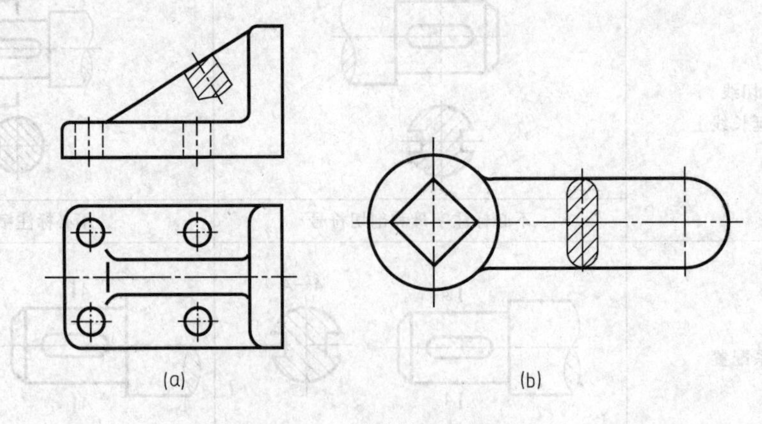

图 5-6-8 对称的重合断面图

知识任务七　局部放大图

机件上某些细小结构，在视图中表达得还不够清楚，或不便于标注尺寸时，将这些机构用大于原图形所采用的比例画出的图形称为局部放大图。

局部放大图，应尽量配置在被放大部位附近。作图时用细实线圆圈出被放大的部位。同时有几处被放大时，必须用罗马数字依次标明被放大的部位，并在局部放大图上方标出相应的罗马数字和采用的比例，如图 5-7-1 所示。

局部放大图可画成视图、剖视图、断面图，它与被放大部位的表达方法无关。

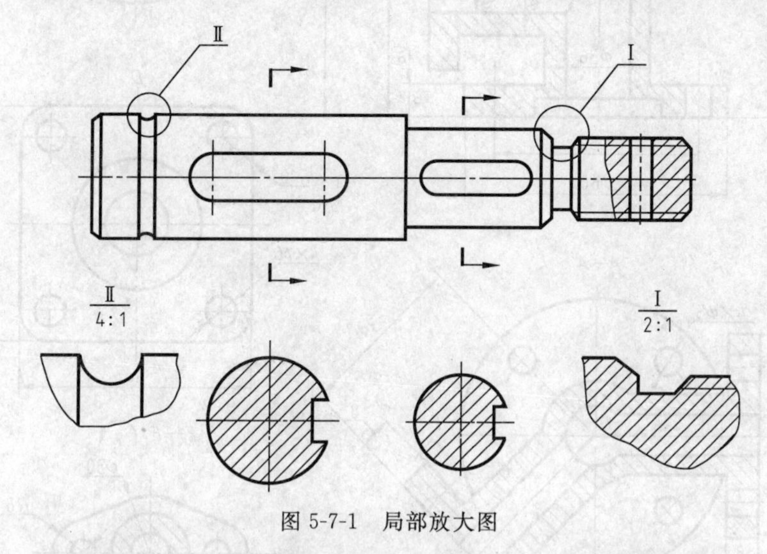

图 5-7-1　局部放大图

技能任务八　识读阀体的表达方案

识读阀体的零件图，阀体的表达方案如图 5-8-1 所示，阀体的立体图如图 5-8-2 所示。

阀体的表达方案如下所示。

① 物体是由管体、上连接板、下连接板、左连接板、右连接板五个部分组成的。

② 阀体的表达方案共有五个图形：两个基本视图（全剖主视图“*B*—*B*”、全剖俯视图“*A*—*A*”）、一个局部视图（“*D*”向）、一个局部剖视 图（“*C*—*C*”）和一个斜剖的全剖视图（“*E*—*E* 旋转”）。

主视图“*B*—*B*”是采用旋转剖画出的全剖视图，剖切位置如图 5-8-3 所示，表达阀体的内部结构形状；俯视图“*A*—*A*”是采用阶梯剖画出的全剖视图，剖切位置如图 5-8-4 所示，着重表达左、右管道的相对位置，还表达了下连接板的外形及 4×ϕ5 小孔的位置。

“*C*—*C*”局部剖视图，表达左端管连接板的外形及其上 4×ϕ4 孔的大小和相对位置；“*D*”向局部视图，相当于俯视图的补充，表达了上连接板的外形及其上 4×ϕ6 孔的大小和位置。

因右端管与正投影面倾斜 45°，所以采用斜剖画出“*E*—*E*”全剖视图，以表达右连接板的形状。

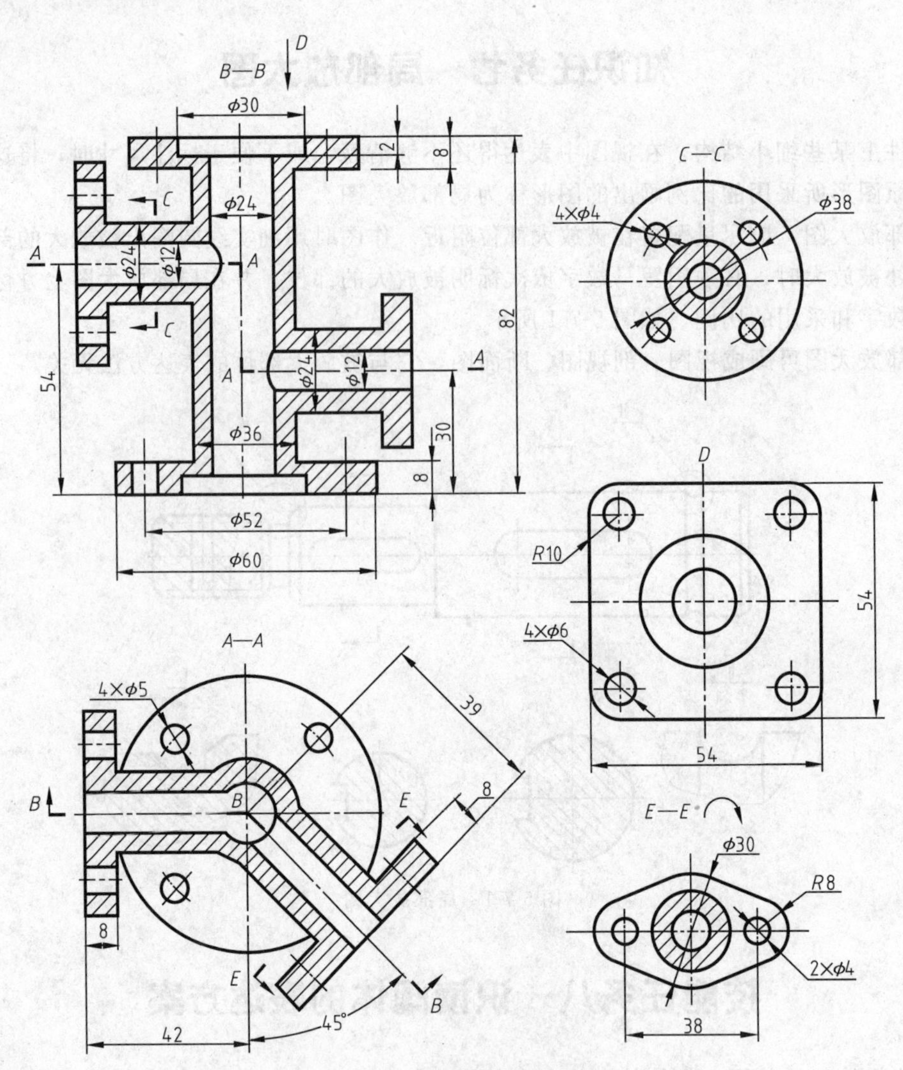

图 5-8-1 阀体的表达方案

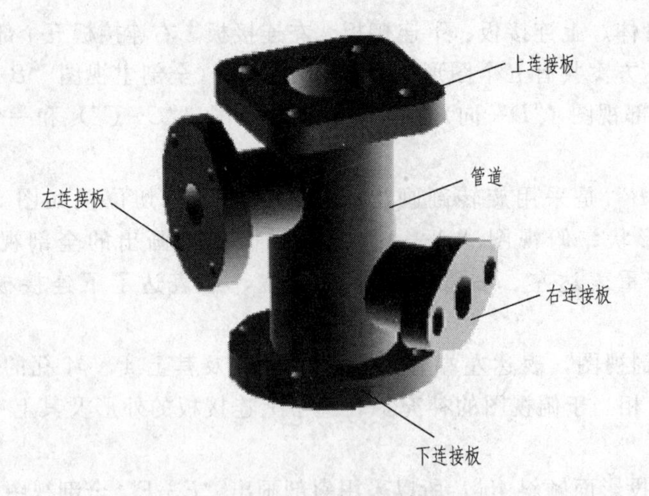

图 5-8-2 阀体的立体图

图 5-8-3　$A—A$ 中旋转剖位置

图 5-8-4　$B—B$ 中阶梯剖位置

识读零件图

知识任务一　零件图的概述

一、零件图的作用

零件图是表示零件结构、大小及技术要求的图样，是制造和检验零件的主要依据，是指导生产的重要技术文件。任何机器或部件都是由若干零件按一定要求装配而成的。图 6-1-1 所示的铣刀头是铣床上的一个部件，供装铣刀盘用。它是由座体、轴、端盖、带轮等十多种零件组成。图 6-1-2 所示即是其中座体的零件图。

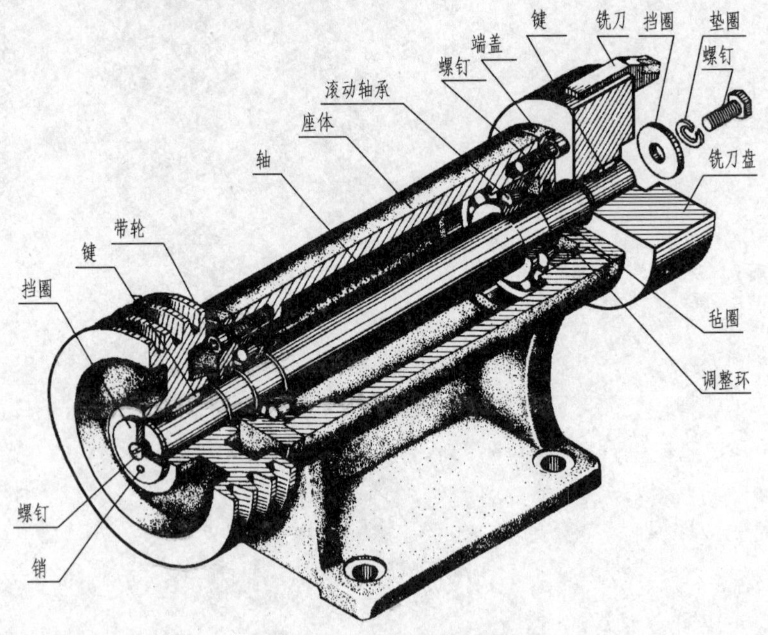

图 6-1-1　铣刀头轴测图

二、零件图的内容

零件图不仅需要把零件的内、外结构形状和大小表达清楚，还需要对零件的材料、加工、检验、测量提出必要的技术要求。作为制造和检验零件的全部技术资料的零件图应包括以下基本内容，如图 6-1-2 所示。

1. 一组视图

用一组正确、完整、清晰的视图（如视图、剖视图、断面图、局部放大图和简化画法等）表达出零件内外形状。

2. 完整的尺寸

应正确、完整、清晰、合理地标注出制造和检验零件所需的全部尺寸。

3. 技术要求

用规定的代号、数字、字母和文字注解说明零件在制造和检验技术指标上应达到的要求，如表面粗糙度、尺寸公差、几何公差、材料热处理等。

4. 标题栏

填写零件的名称、材料、数量、比例、图样代号以及设计、审核、批准者的姓名、日期等内容。

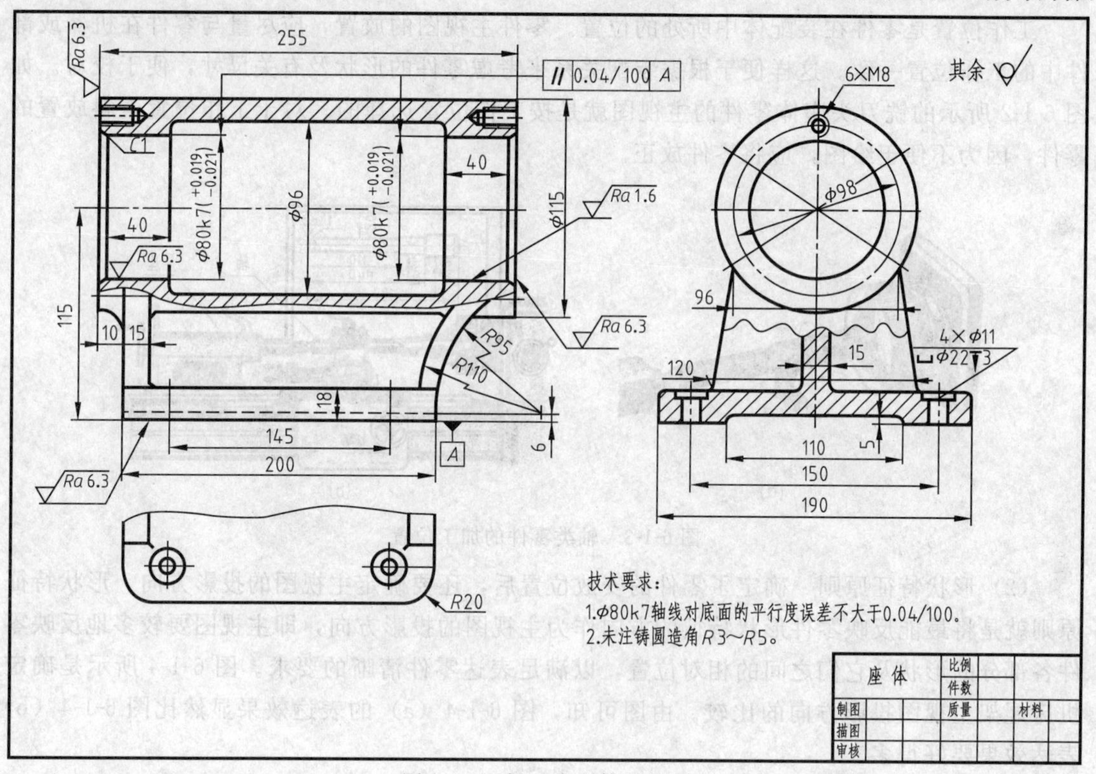

图 6-1-2 铣刀头座体零件图

三、零件表达方案的选择

零件的表达方案选择，应首先考虑看图方便。根据零件的结构特点，选用适当的表示方法。由于零件的结构形状是多种多样的，所以在画图前，应对零件进行结构形状分析，结合零件的工作位置和加工位置，选择最能反映零件形状特征的视图作为主视图，并选好其他视图，以确定一组最佳的表达方案。

选择表达方案的原则是：在完整、清晰地表示零件形状的前提下，力求制图简便。

1. 零件分析

零件分析是认识零件的过程，是确定零件表达方案的前提。零件的结构形状及其工作位置或加工位置不同，视图选择也往往不同。因此，在选择视图之前，应首先对零件进行形体分析和结构分析，并了解零件的工作和加工情况，以便确切地表达零件的结构形状，反映零件的设计和工艺要求。

2. 主视图的选择

主视图是表达零件形状最重要的视图，其选择是否合理将直接影响其他视图的选择和看图是否方便，甚至影响到画图时图幅的合理利用。一般来说，零件主视图的选择应满足“合理位置”和“形状特征”两个基本原则。

（1）合理位置原则　所谓“合理位置”通常是指零件的加工位置和工作位置。

加工位置是零件在加工时所处的位置。主视图应尽量表示零件在机床上加工时所处的位置。这样在加工时可以直接进行图物对照，既便于看图和测量尺寸，又可减少差错。如轴套类零件的加工，大部分工序是在车床或磨床上进行，因此通常要按加工位置（即轴线水平放置）画其主视图，如图 6-1-3 所示。

工作位置是零件在装配体中所处的位置。零件主视图的放置，应尽量与零件在机器或部件中的工作位置一致。这样便于根据装配关系来考虑零件的形状及有关尺寸，便于校对。如图 6-1-2 所示的铣刀头座体零件的主视图就是按工作位置选择的。对于工作位置歪斜放置的零件，因为不便于绘图，应将零件放正。

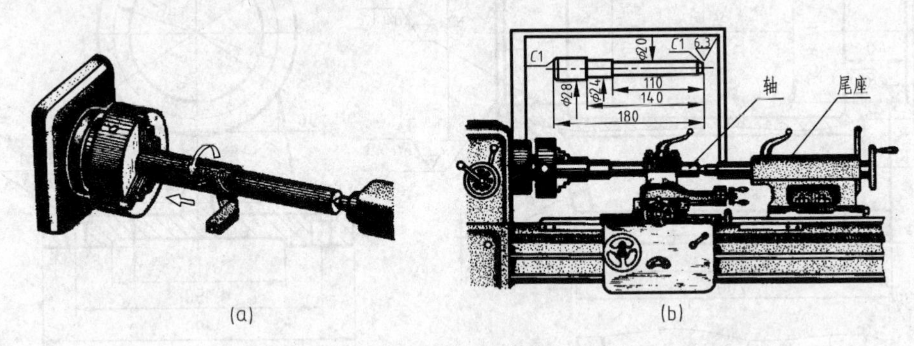

图 6-1-3　轴类零件的加工位置

（2）形状特征原则　确定了零件的安放位置后，还要确定主视图的投影方向。形状特征原则就是将最能反映零件形状特征的方向作为主视图的投影方向，即主视图要较多地反映零件各部分的形状及它们之间的相对位置，以满足表达零件清晰的要求。图 6-1-4 所示是确定机床尾架主视图投影方向的比较。由图可知，图 6-1-4（a）的表达效果显然比图 6-1-4（b）表达效果要好得多。

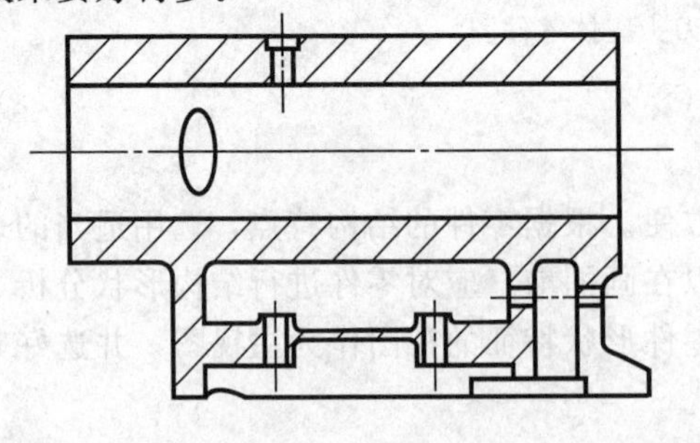

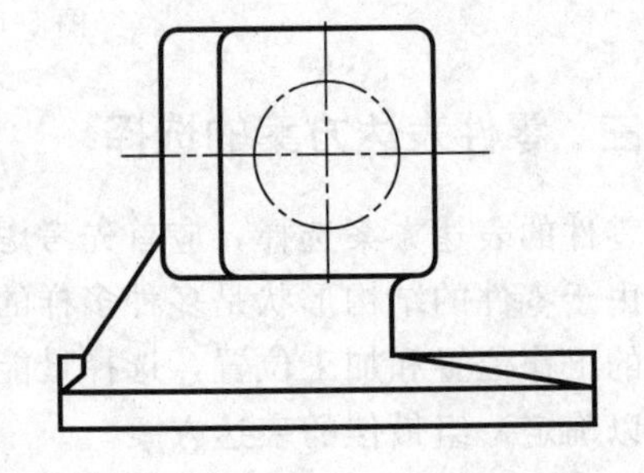

图 6-1-4　确定主视图投影方向的比较

3. 选择其他视图

一般来讲，仅用一个主视图是不能完全反映零件的结构形状的，必须选择其他视图，包括剖视图、断面图、局部放大图和简化画法等各种表达方法。主视图确定后，对其表达未尽的部分，再选择其他视图予以完善表达。具体选用时，应注意以下几点。

① 根据零件的复杂程度及内、外结构形状，全面地考虑还应需要的其他视图，使每个所选视图应具有独立存在的意义及明确的表达重点，注意避免不必要的细节重复，在明确表达零件的前提下，使视图数量为最少。

② 优先考虑采用基本视图，当有内部结构时应尽量在基本视图上作剖视；对尚未表达清楚的局部结构和倾斜部分结构，可增加必要的局部（剖）视图和局部放大图；有关的视图应尽量保持直接投影关系，配置在相关视图附近。

③ 按照视图表达零件形状要正确、完整、清晰、简便的要求，进一步综合、比较、调整、完善，选出最佳的表达方案。

知识任务二　常见的工艺结构

零件的结构和形状，除了应满足使用功能的要求外，还应满足制造工艺的要求，即应具有合理的工艺结构。下面主要介绍几种常见的机械加工工艺结构。

一、倒角

为了装配和安全操作，轴和孔的端部应加工成圆台面即倒角，以去除切削零件时产生的毛刺、锐边，使操作安全，倒角的结构与标注如图 6-2-1 所示。

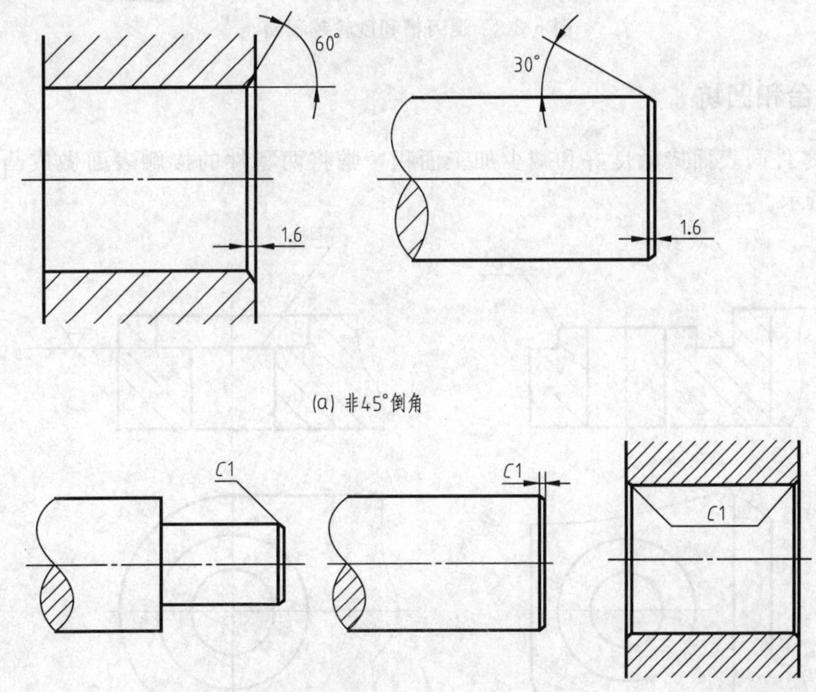

图 6-2-1　倒角结构与标注

二、倒圆

为了避免因应力集中而产生裂纹，轴肩处应圆角过渡，称为倒角。倒圆的结构及其标注如图 6-2-2 所示。

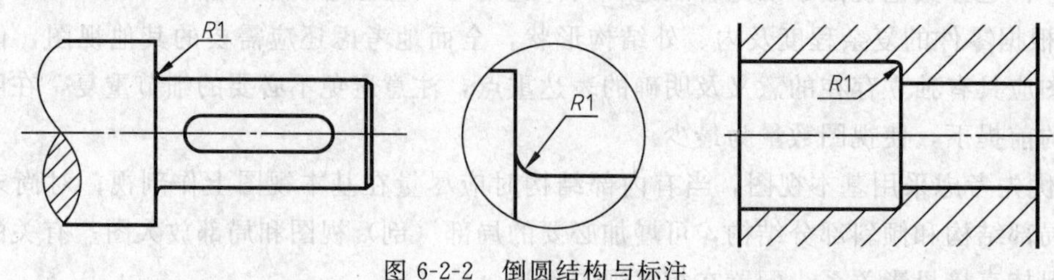

图 6-2-2 倒圆结构与标注

三、退刀槽和越程槽

为了在切削螺纹时不致使车刀损坏并容易退出刀具，常在加工表面的轴肩处预先加工出退刀槽，如图 6-2-3 所示。为了在磨削加工时保证内外圆及断面的要求，常在加工表面的轴肩处预先加工出砂轮越程槽，其结构尺寸可查 GB/T 6403.5—2008，如图 6-2-3 所示。

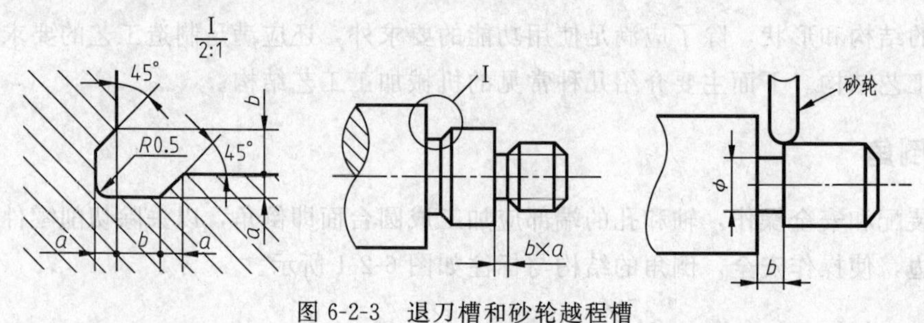

图 6-2-3 退刀槽和砂轮越程槽

四、凸台和凹坑

为了使零件间表面接触良好和减少加工面积，常将两零件的接触表面做成凸台和凹坑，如图 6-2-4 所示。

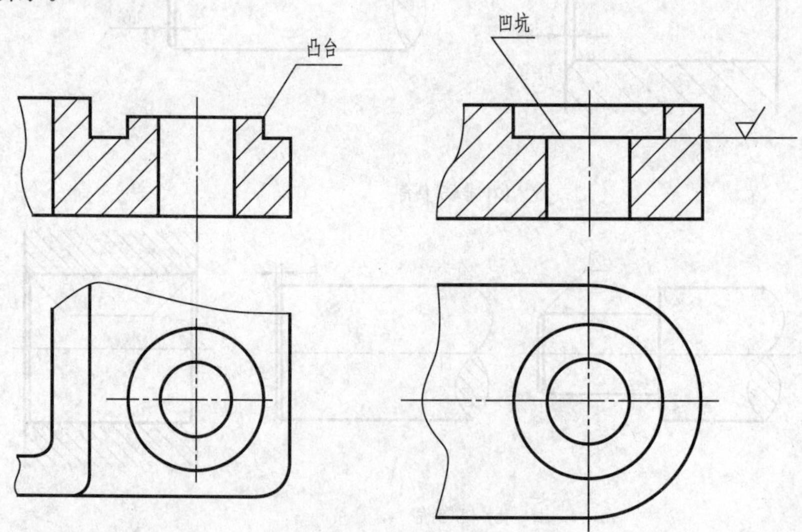

图 6-2-4 凸台和凹坑

知识拓展　常见的铸造工艺结构

一、拔模斜度

用铸造方法制造零件的毛坯时，为了便于将木模从砂型中取出，一般沿木模拔模的方向作成约 1∶20 的斜度，称为拔模斜度。因而铸件上也有相应的斜度，如图 6-2-5（a）所示。这种斜度在图上可以不标注，也可不画出，如图 6-2-5（b）所示。必要时，可在技术要求中注明。

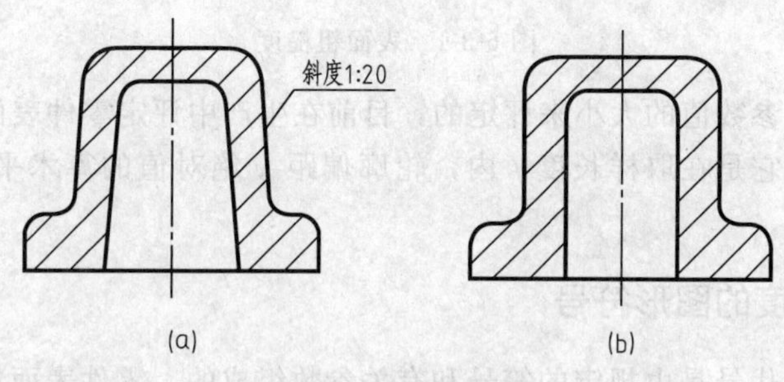

图 6-2-5　拔模斜度

二、铸造圆角

在铸件毛坯各表面的相交处，都有铸造圆角，如图 6-2-6。这样既便于起模，又能防止在浇铸时铁水将砂型转角处冲坏，还可避免铸件在冷却时产生裂纹或缩孔。铸造圆角半径在图上一般不标注出，而写在技术要求中。铸件毛坯底面（作安装面）常需经切削加工，这时铸造圆角被削平如图 6-2-6 所示。

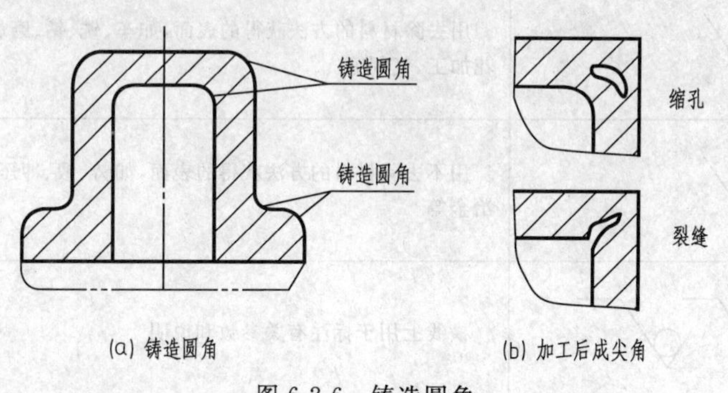

(a) 铸造圆角　(b) 加工后成尖角

图 6-2-6　铸造圆角

知识任务三　表面粗糙度

零件在加工过程中，受刀具的形状和刀具与工件之间的摩擦、机床的震动及零件金属表面的塑性变形等因素，表面不可能绝对光滑，如图 6-3-1（a）所示。零件表面上这种具有较小间距的峰谷所组成的微观几何形状特征称为表面粗糙度。一般来说，不同的表面粗糙度是由不同的加工方法形成的。表面粗糙度是评定零件表面质量的一项重要指标，降低零件表面粗糙度可以提高其表面耐腐蚀、耐磨性和抗疲劳等能力，但其加工成本也相应提高。因此，零件表面粗糙度的选择原则是：在满足零件表面功能的前提下，表面粗糙度允许值尽可能大一些。

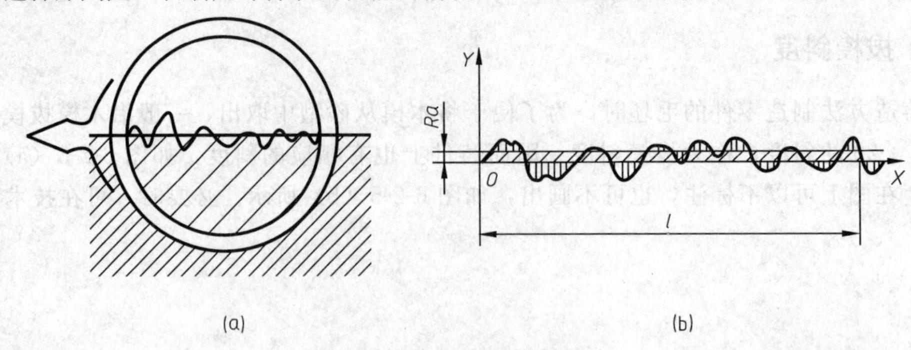

图 6-3-1　表面粗糙度

表面粗糙度是以参数值的大小来评定的，目前在生产中评定零件表面质量的主要参数是轮廓算术平均偏差。它是在取样长度 l 内，轮廓偏距 y 绝对值的算术平均值，用 Ra 表示，如图 6-3-1（b）所示。

一、表面粗糙度的图形符号

零件表面粗糙度代号是由规定的符号和有关参数组成的。零件表面粗糙度符号的画法及意义见表 6-3-1。

表 6-3-1　表面粗糙度符号

符　　号	意义及说明
	用任何方法获得的表面(单独使用无意义)
	用去除材料的方法获得的表面，如车、铣、钻、磨、剪切、抛光、腐蚀、电火花加工、气割等
	用不去除材料的方法获得的表面，如铸、锻、冲压变形、热轧、冷轧、粉末冶金等
	横线上用于标注有关参数和说明
	表示所有表面具有相同的表面粗糙度要求

二、表面粗糙度在图样上的标注

① 表面粗糙度对每一表面一般只注一次，并尽可能注在相应的尺寸及其公差的同一视图上，除非另有说明，所标注的表面结构要求是对完工零件表面的要求。

② 表面粗糙度的注写和读取方向与尺寸的注写和读取方向一致。表面粗糙度要求可标注在轮廓线上，其符号应从材料外指向并接触表面，如图 6-3-2（a）所示。必要时，表面粗糙度也可用带箭头或黑点的指引线引出标注，如图 6-3-2（b）所示。

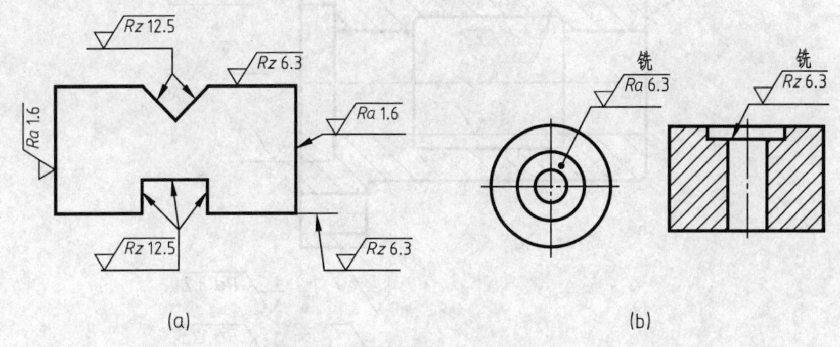

图 6-3-2　表面粗糙度的标注法

③ 在不致引起误解时，表面粗糙度要求可以标注在给定的尺寸线上，如图 6-3-3 所示。

④ 表面粗糙度要求可标注在形位公差框格的上方，如图 6-3-4 所示。

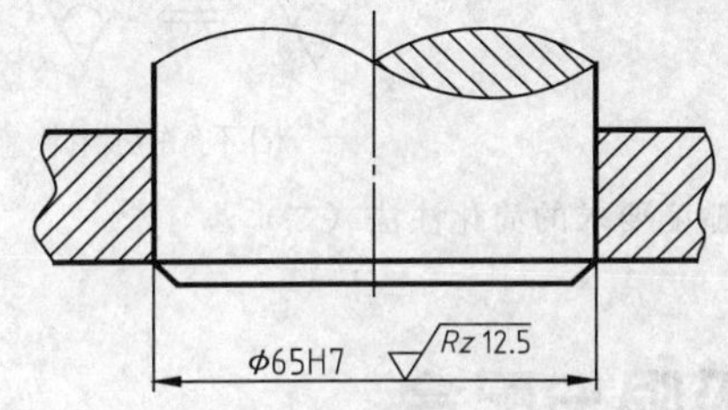

图 6-3-3　表面粗糙度的标注在尺寸线上

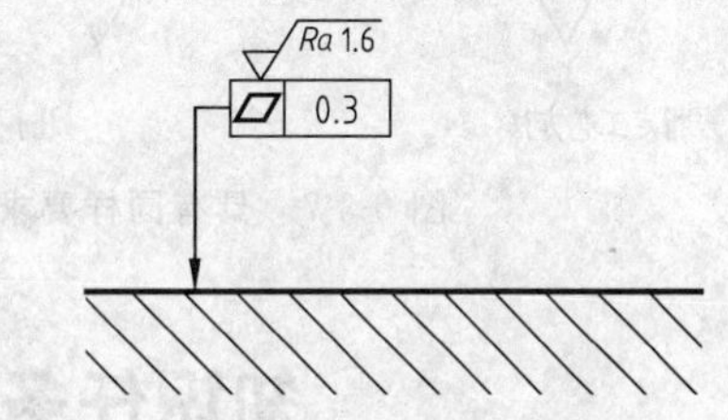

图 6-3-4　表面粗糙度的标注在形位公差框格上方

三、表面粗糙度要求在图样中的简化标注

1. 有相同表面粗糙度要求的简化注法

零件中使用最多的一种表面结构符号可统一标注在图样的标题栏附近，并加圆括号，括号内给出无任何其他标注的基本符号或标出不同的表面结构要求，如图 6-3-5 所示。

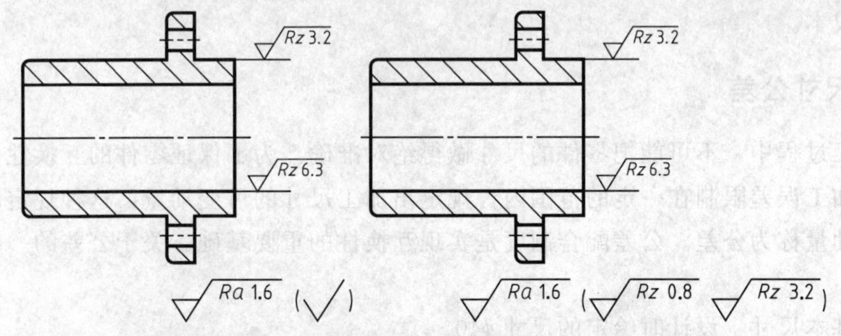

图 6-3-5　具有同样要求的表面粗糙度要求的简化注法

2. 多个表面有共同要求的标注法

当地方狭小或不便于标注时，可标注简化代号，但必须在标题栏附近说明简化代号的意义，如图 6-3-6 所示。只用表面结构符号的简化标注法，用表面结构符号以等式的形式给出多个表面共同的表面结构要求，如图 6-3-7 所示。

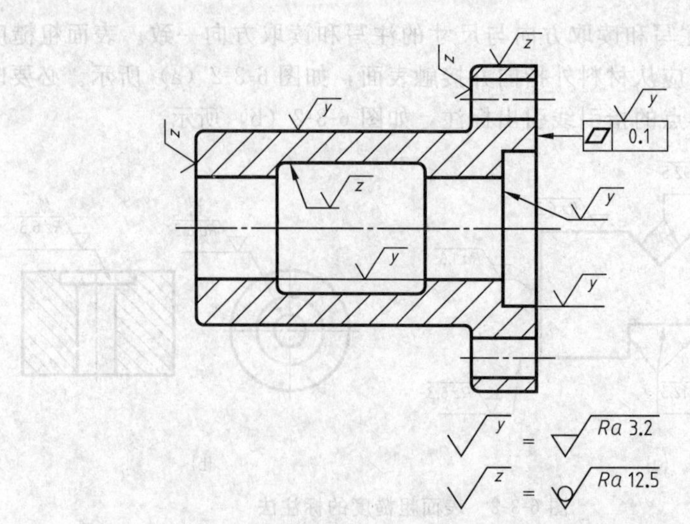

6-3-6 具有同样要求的表面粗糙度要求的简化注法（一）

Ra 1.6 Ra 1.6 Ra 1.6

(a)未指定工艺方法 (b)要求去除材料 (c)不允许去除材料

图 6-3-7 具有同样要求的表面粗糙度要求的简化注法（二）

知识任务四 极限与配合

极限与配合标准是使机械工业能广泛组织专业化集中生产和协作，实现互换性生产的一个基本条件，并且有利于机器的设计、制造、使用和维修，国际上公认它是重要的基础标准。

现代化大规模生产要求零件具有互换性，就是从一批相同的零件中任取一件，不经修配就能装配使用，并能保证使用性能要求，零部件的这种性质称为互换性。零、部件具有互换性，不但给装配、修理机器带来方便，还可用专用设备生产，提高产品数量和质量，同时降低产品的成本。

一、尺寸公差

在加工过程中，不可能把零件的尺寸做得绝对准确。为了保证零件的互换性，必须将零件尺寸的加工误差限制在一定的范围内，规定出加工尺寸的可变动量，这种规定的实际尺寸允许的变动量称为公差。公差配合制度是实现互换性的重要基础。关于公差的一些常用术语见图 6-4-1。

（1）基本尺寸　设计时给定的尺寸 $\phi 40$。

（2）实际尺寸　通过测量所得到的尺寸。

（3）极限尺寸　允许尺寸变化的两个界限值。它以基本尺寸为基数来确定。两个界限值中较大的一个称为最大极限尺寸；较小的一个称为最小极限尺寸。

（4）尺寸偏差（简称偏差）　某一尺寸减其相应的基本尺寸所得的代数差。尺寸偏差有：

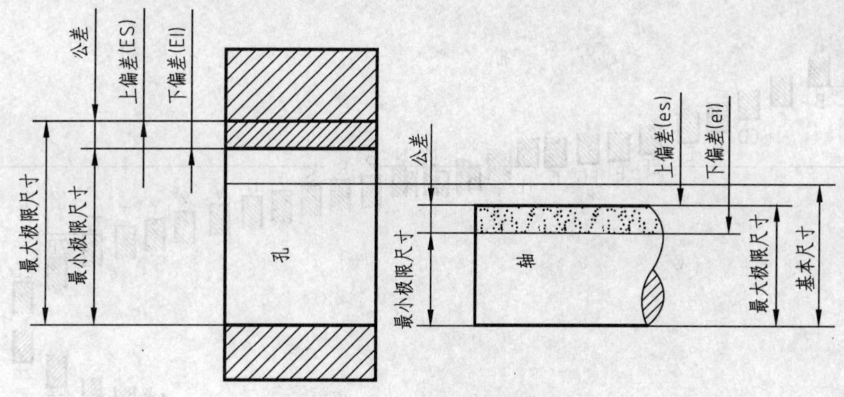

图 6-4-1　尺寸公差术语图解

上偏差＝最大极限尺寸－基本尺寸

下偏差＝最小极限尺寸－基本尺寸

上、下偏差统称极限偏差。上、下偏差可以是正值、负值或零。

国家标准规定：孔的上偏差代号为 ES，孔的下偏差代号为 EI；轴的上偏差代号为 es，轴的下偏差代号为 ei。

(5) 尺寸公差（简称公差）　允许实际尺寸的变动量。

尺寸公差＝最大极限尺寸－最小极限尺寸＝上偏差－下偏差

因为最大极限尺寸总是大于最小极限尺寸，所以尺寸公差一定为正值。

(6) 公差带和零线　由代表上、下偏差的两条直线所限定的一个区域称为公差带。为了便于分析，一般将尺寸公差与基本尺寸的关系，按放大比例画成简图，称为公差带图。在公差带图中，确定偏差的一条基准直线，称为零偏差线，简称零线，通常零线表示基本尺寸。如图 6-4-2 所示。

(7) 标准公差　用以确定公差带大小的任一公差。国家标准将公差等级分为 20 级：IT01、IT0、IT1～IT18。“IT”表示标准公差，公差等级的代号用阿拉伯数字表示。IT01～IT18，精度等级依次降低。标准公差等级数值可查有关技术标准。

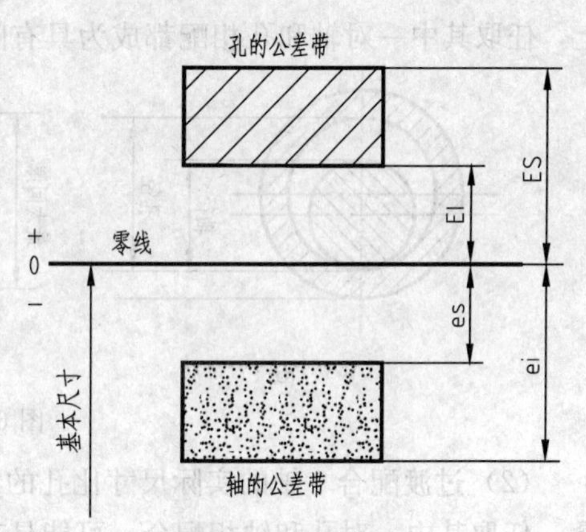

图 6-4-2　公差带图

(8) 基本偏差　用以确定公差带相对于零线位置的上偏差或下偏差。一般是指靠近零线的那个偏差。

根据实际需要，国家标准分别对孔和轴各规定了 28 个不同的基本偏差，基本偏差系列如图 6-4-3 所示。轴和孔的基本偏差数值见附录。

从图 6-4-3 可知：

基本偏差用拉丁字母表示，大写字母代表孔，小写字母代表轴；

公差带位于零线之上，基本偏差为下偏差；

公差带位于零线之下，基本偏差为上偏差。

(9) 孔、轴的公差带代号　由基本偏差与公差等级代号组成，并且要用同一号字母和数字书写。

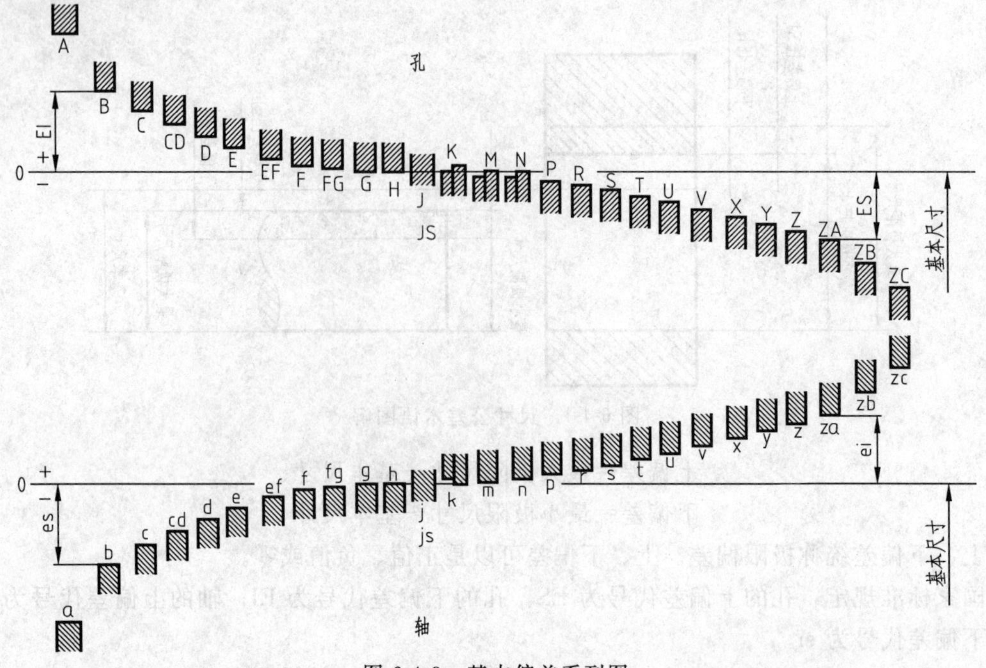

图 6-4-3 基本偏差系列图

二、配合

基本尺寸相同，相互结合的孔和轴公差带之间的关系称为配合。由于孔和轴的实际尺寸不同，配合后会产生间隙或过盈。根据机器的设计要求和生产实际的需要，国家标准将配合分为三类：间隙配合、过渡配合、过盈配合。

（1）间隙配合　孔的实际尺寸总比轴的实际尺寸大，即孔的公差带完全在轴的公差带之上，任取其中一对轴和孔相配都成为具有间隙的配合（包括最小间隙为零），如图 6-4-4 所示。

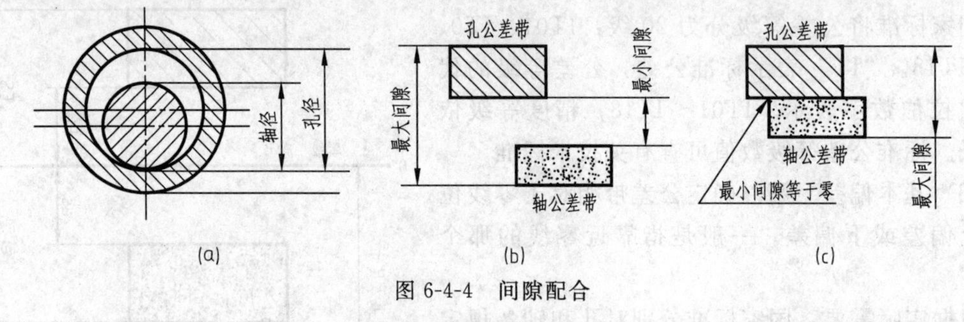

图 6-4-4 间隙配合

（2）过渡配合　轴的实际尺寸比孔的实际尺寸有时小，有时大，即孔和轴的公差带相互交叠，任取其中一对孔和轴相配合，可能具有间隙，也可能具有过盈的配合，如图 6-4-5 所示。

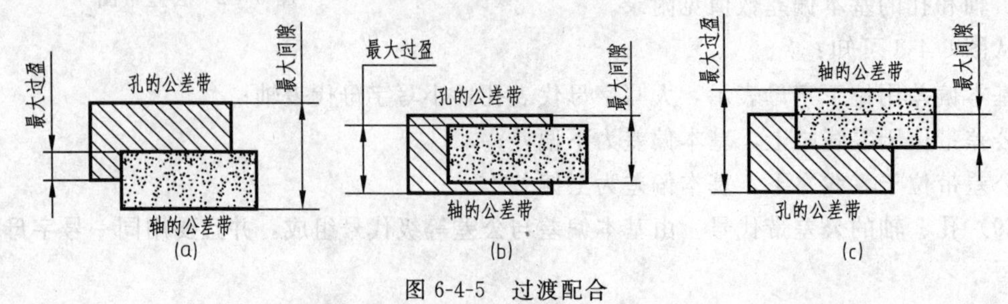

图 6-4-5 过渡配合

（3）过盈配合　孔的实际尺寸总比轴的实际尺寸小，即孔的公差带完全在轴的公差带之下，任取其中一对轴和孔相配都成为具有过盈的配合（包括最小过盈为零），如图 6-4-6 所示。

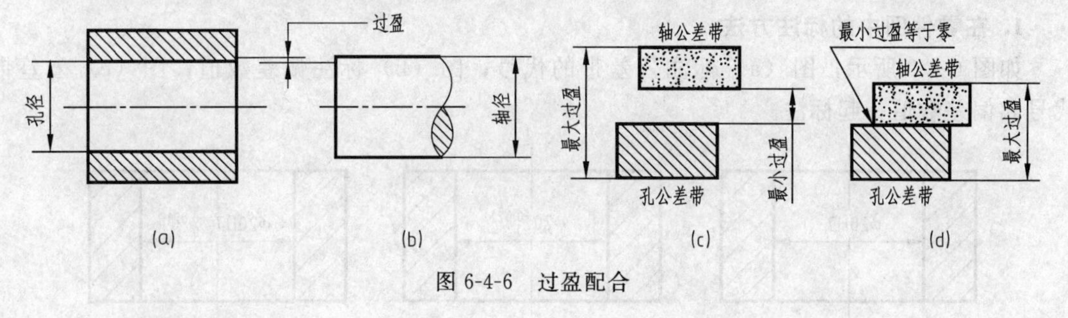

图 6-4-6　过盈配合

三、配合的基准制

国家标准规定了两种基准制：基孔制和基轴制。

1. 基孔制

基本偏差为一定的孔的公差带，与不同基本偏差的轴的公差带构成各种配合的一种制度称为基孔制。这种制度在同一基本尺寸的配合中，是将孔的公差带位置固定，通过变动轴的公差带位置，得到各种不同的配合，如图 6-4-7 所示。

基孔制的孔称为基准孔。国标规定基准孔的下偏差为零，“H”为基准孔的基本偏差。

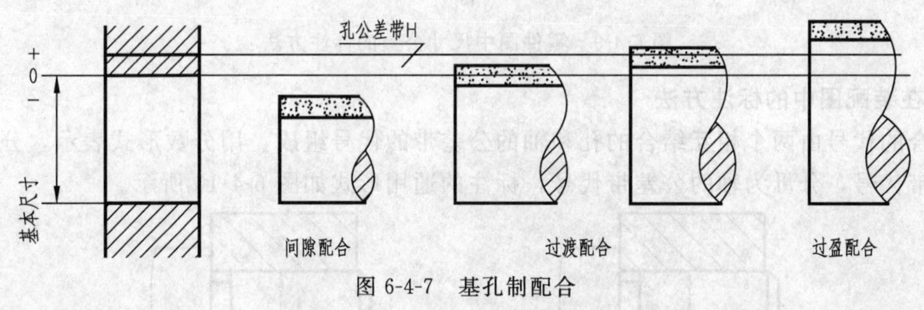

图 6-4-7　基孔制配合

2. 基轴制

基本偏差为一定的轴的公差带与不同基本偏差的孔的公差带构成各种配合的一种制度称为基轴制。这种制度在同一基本尺寸的配合中，是将轴的公差带位置固定，通过变动孔的公差带位置，得到各种不同的配合，如图 6-4-8 所示。

基轴制的轴称为基准轴。国家标准规定基准轴的上偏差为零，“h”为基轴制的基本偏差。

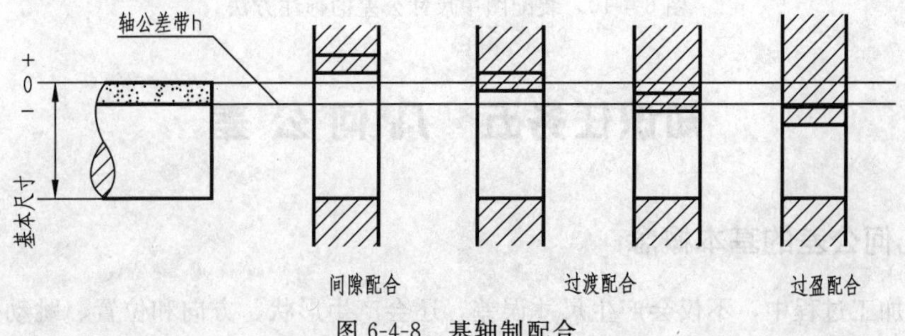

图 6-4-8　基轴制配合

四、公差与配合的标注

1. 在零件图中的标注方法

如图 6-4-9 所示，图（a）标注公差带的代号；图（b）标注偏差数值；图（c）公差带代号和偏差数值一起标注。

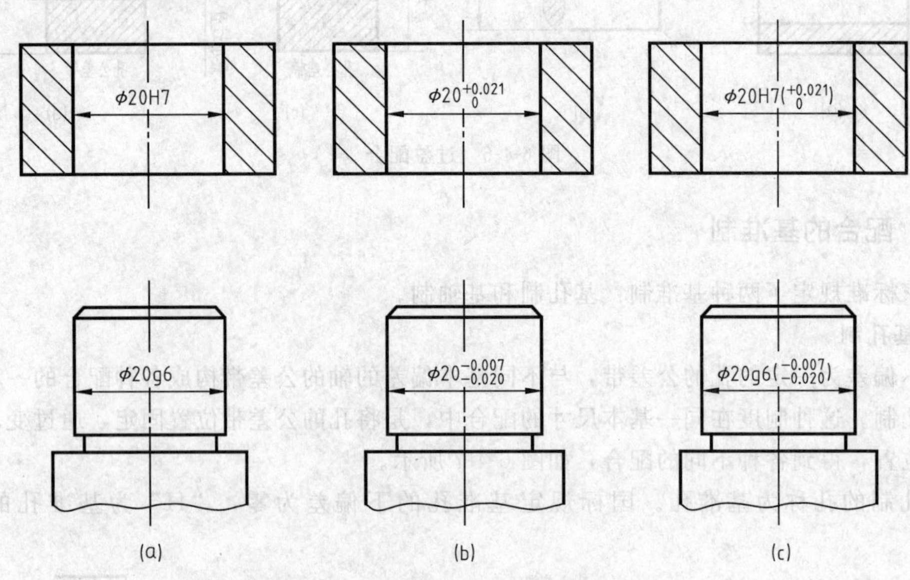

图 6-4-9　零件图中尺寸公差的标注方法

2. 在装配图中的标注方法

配合的代号由两个相互结合的孔和轴的公差带的代号组成，用分数形式表示，分子为孔的公差带代号，分母为轴的公差带代号，标注的通用形式如图 6-4-10 所示。

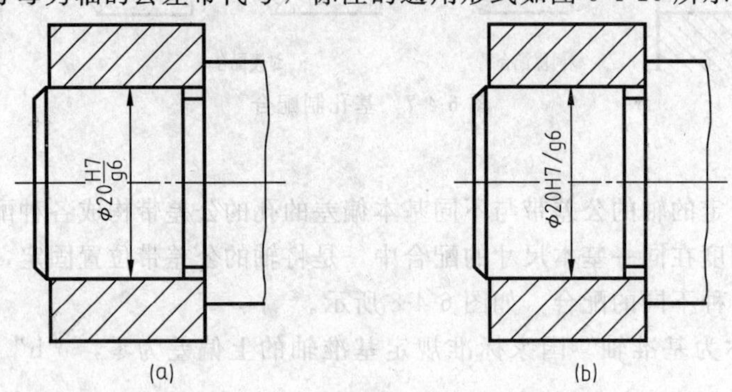

图 6-4-10　装配图中尺寸公差的标注方法

知识任务五　几何公差

一、几何公差的基本概念

零件在加工过程中，不仅会产生尺寸误差，还会产生形状、方向和位置、跳动等误差，即几何误差，也称为“形位公差”。如图 6-5-1 所示为一理想形状的销轴，而加工后的实际形状则是轴线变弯了，如图 6-5-1（b）所示产生了直线度误差。如图 6-5-2（a）所示为一要求严格的四棱柱，加工后的实际位置却是上表面倾斜了，产生了平行度误差，如图 6-5-2（b）所示。

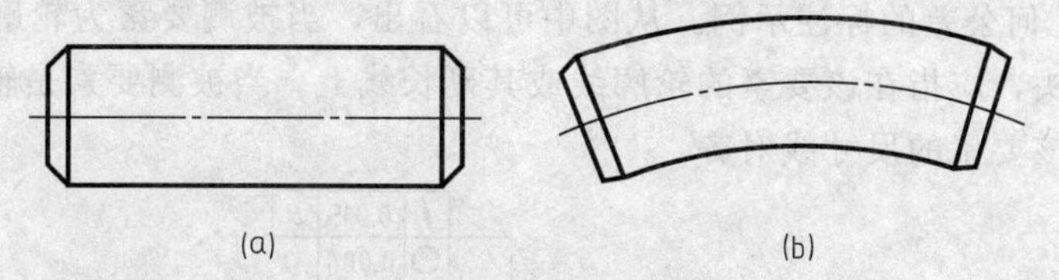

图 6-5-1　形状误差

形状公差是指实际要素的形状对其理想要素的形状所允许的变动量。位置公差是零件实际要素的位置对理想位置所允许的变动量，形状和位置公差是形状和位置误差的最大允许值。

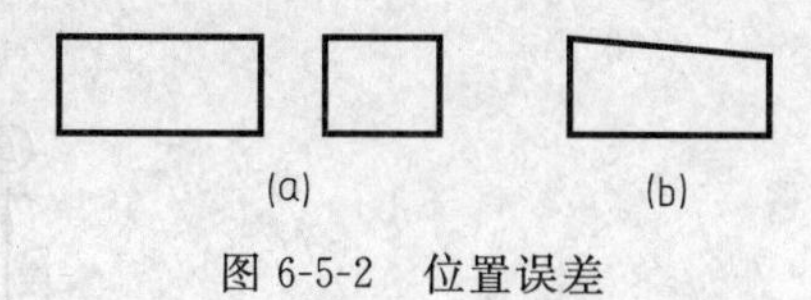

图 6-5-2　位置误差

二、几何公差特征项目符号

国家标准规定的几何公差特征项目符号有 14 种，各几何特征项目符号名称和符号见表 6-5-1。

表 6-5-1　几何公差特征项目符号

分类	项目	符号	分类		项目	符号
形状公差	直线度	—	位置公差	定向	平行度	//
					垂直度	⊥
	平面度	▱			倾斜度	∠
	圆度	○		定位	同轴度	◎
					对称度	⌯
	圆柱度	⌭			位置度	⌖
形状或位置公差	线轮廓度	⌒		跳动	圆跳动	↗
	面轮廓度	⌓			全跳动	⌰

三、几何公差代号

如图 6-5-3 所示，几何公差框格用细实线画出，可画成水平的或垂直的，框格高度是图样中尺寸数字高度的两倍，它的长度视需要而定。框格中的数字、字母、符号与图样中的数字等高。图 6-5-3 给出了几何公差的框格形式。用带箭头的指引线将被测要素与公差框格一端相连。

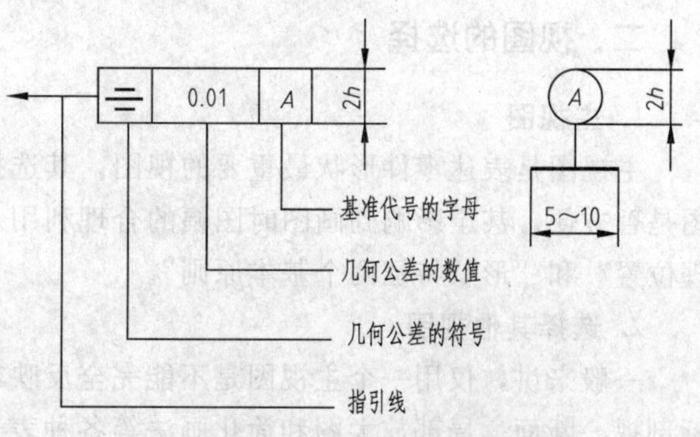

图 6-5-3　几何公差代号和基准符号

四、几何公差的标注示例

图 6-5-4 为几何公差的标注示例。从图中可以看出，当被测要素为轮廓要素时，从框格引出的指引线箭头，应指在该要素的轮廓线或其延长线上。当被测要素是轴线或对称中心线时，应将箭头与该要素的尺寸线对齐。

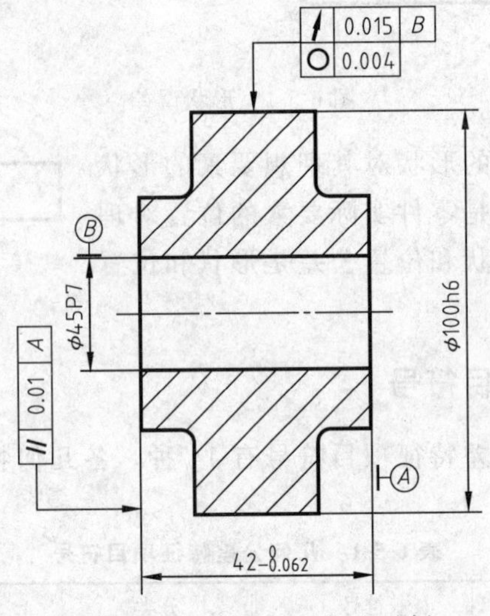

图 6-5-4 几何公差的标注示例

技能任务六 识读轴的零件图

● 实例分析

一、零件分析

零件分析是认识零件的过程，是确定零件表达方案的前提。零件的结构形状及其工作位置或加工位置不同，视图选择也往往不同。因此，在选择视图之前，应首先对零件进行形体分析和结构分析，并了解零件的工作和加工情况，以便确切地表达零件的结构形状，反映零件的设计和工艺要求。

二、视图的选择

1. 主视图

主视图是表达零件形状最重要的视图，其选择是否合理将直接影响其他视图的选择和看图是否方便，甚至影响到画图时图幅的合理利用。一般来说，零件主视图的选择应满足“合理位置”和“形状特征两个基本原则”。

2. 选择其他视图

一般来讲，仅用一个主视图是不能完全反映零件的结构形状的，必须选择其他视图，包括剖视、断面、局部放大图和简化画法等各种表达方法。主视图确定后，对其表达未尽的部分，再选择其他视图予以完善表达。

三、零件的尺寸分析

尺寸基准，是指零件装配到机器上或在加工测量时，用以确定其位置的一些面、线或点。它可以是零件上的对称平面、安装底平面、端面、零件的结合面、主要孔和轴的轴线等。

根据基准作用不同，一般将基准分为设计基准和工艺基准两类。

零件有长、宽、高三个方向，每个方向都要有一个设计基准，该基准又称为主要基准。对于轴套类和轮盘类零件，实际设计中经常采用的是轴向基准和径向基准，而不用长、宽、高基准。

在加工时，确定零件装夹位置和刀具位置的一些基准以及检测时所使用的基准，称为工艺基准，又称为辅助基准。零件同一方向有多个尺寸基准时，主要基准只有一个，其余均为辅助基准。

四、读技术要求

分别读出图中的粗糙度要求、尺寸公差要求和形位公差要求。

● 任务实施

一、零件分析

轴类零件的基本形状是同轴回转体。在该轴上有键槽、倒圆、倒角、轴肩等结构。

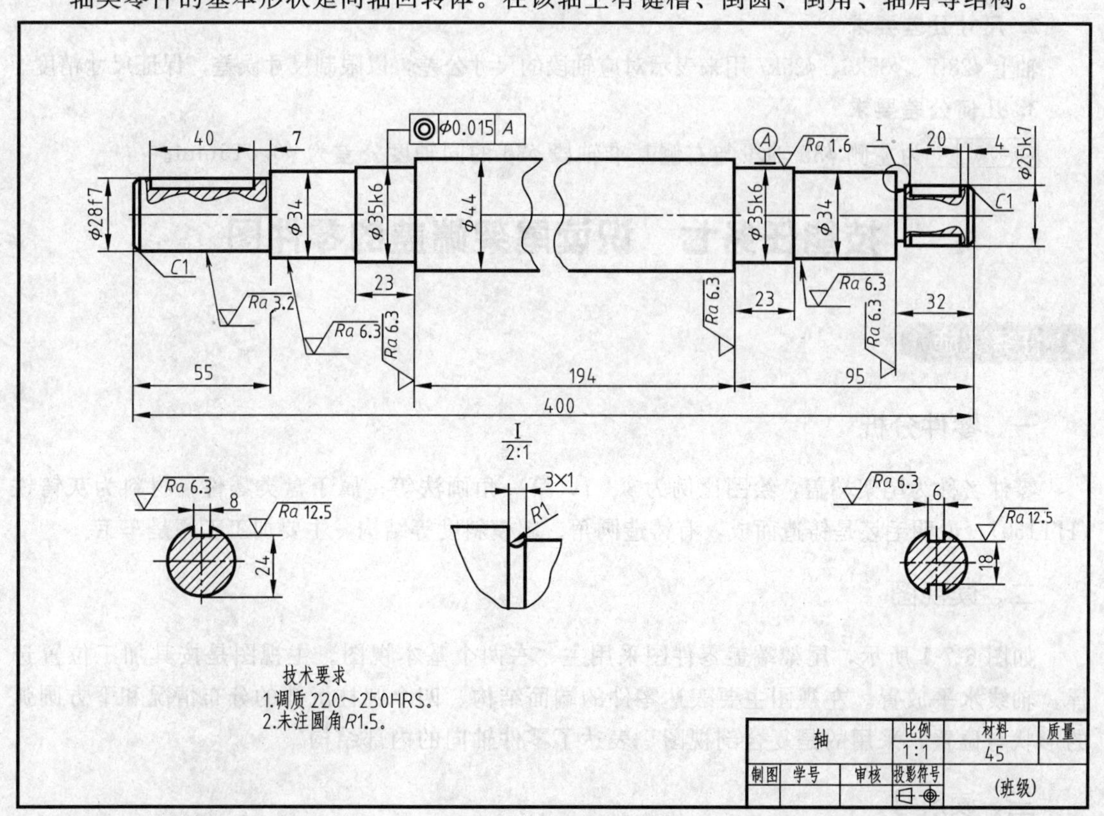

图 6-6-1　轴的零件图

二、读视图

如图 6-6-1 所示，该轴套的主视图按其加工位置选择，以水平位置放置。用一个基本视图把各段形体的相对位置表示清楚，同时又反映出轴上的轴肩、键槽等结构。

在主视图下方，分别有两个移出断面图和一个局部放大图。移出断面图因为画在剖切线的延长线上，又是对称结构，所以没有标注。通过断面图可以读到左端键槽宽为 8mm，右端两个键槽宽均为 6mm，这两个移出断面图将三处键槽的结构形状表达得清楚完整。局部放大图清楚地表达了轴肩的结构。

三、读尺寸

在该轴中，为使传动平稳，各轴段应同轴，故径向尺寸的基准为该轴的轴线。以轴线为基准注出 $\phi28$、$\phi34$、$\phi35$、$\phi44$、$\phi25$ 等尺寸。

该轴的右端面为长度方向的主要尺寸基准，以此为基准注出了 4、32、95、400。左端键槽的右端面为长度方向的辅助基准，从此注出了 7、40、55。

四、读技术要求

1. 表面粗糙度

轴上 $\phi28f7$ 和 $\phi35k6$ 处有配合关系，相应的表面粗糙度要求也比较高，Ra 值分别为 3.2μm 和 1.6μm。

2. 尺寸公差要求

轴上 $\phi28f7$、$\phi35k6$、$\phi25k7$ 用来表示对应轴段的尺寸公差，以限制尺寸误差，保证尺寸精度。

3. 几何公差要求

|◎|ϕ0.015|A| 为左侧 $\phi35$ 轴段与右侧基准轴段 $\phi35$ 的同轴度公差为 $\phi0.015$mm。

技能任务七　识读尾架端盖的零件图

任务实施

一、零件分析

零件名称为尾架端盖，绘图比例为 1∶1，第一角画法等；属于盘类零件；材料为灰铸铁(HT150)，说明毛坯是铸造而成，有铸造圆角、起模斜度等结构，主要加工工序是车工。

二、读视图

如图 6-7-1 所示，尾架端盖零件图采用主、右两个基本视图。主视图是按其加工位置选择，轴线水平放置。左视图主要表达零件的端面结构、四个圆柱沉孔的分布情况和下方圆弧的形状与位置，采用的是复合剖视图，表达了零件轴向的内部结构。

三、读尺寸

零件的径向基准是回转体轴线，以此为基准的径向尺寸有 $\phi25$、$\phi60$、$\phi75$ 等定形尺寸和

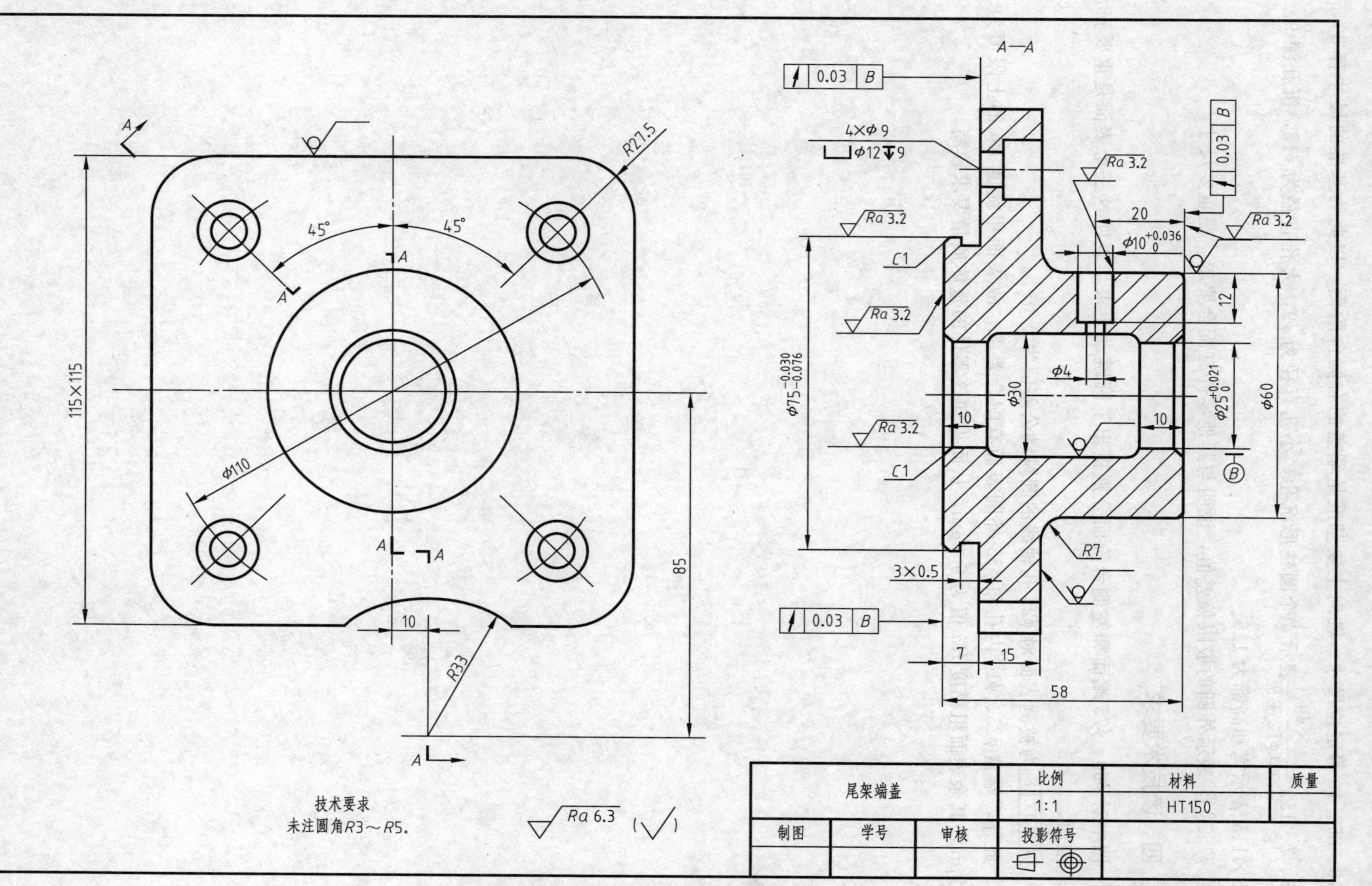

图 6-7-1 尾架端盖零件图

ϕ110、85、10 等定位尺寸；轴向主要基准是端盖的右侧台阶面，以此为基准的尺寸有 3×0.5、7、15。$\frac{4\times\phi9}{⌴\phi12 ↧ 9}$表示 4 个圆柱形沉孔，小孔直径为 ϕ9，大孔直径为 ϕ12，沉孔深 9。115×115 表示宽和高都为 115。

$\phi75^{-0.030}_{-0.076}$表示外圆的极限偏差值，说明与其他零件有配合要求，是重要尺寸。

四、读技术要求

图中对 ϕ60、ϕ75 端面和左侧台阶面分别提出了圆跳动要求，表明这三个表面是重要安装基准面。

↗	0.03	B

为被测表面对 ϕ25 孔轴线的圆跳动公差值为 0.03。

此外，端盖 ϕ25、ϕ10 内孔和 ϕ75 外圆表面有配合要求，故表面粗糙度 Ra 的上限值为 3.2μm，其余表面粗糙度 Ra 值为 6.3μm，从而得知该零件的整体质量要求较高。

识读装配图

在机器或部件中，除一般零件外，还广泛使用螺栓、螺钉、螺母、垫圈、键、销和滚动轴承等零件，这类零件的结构和尺寸均已标准化，称为标准件。还经常使用齿轮、弹簧等零件，这类零件的部分结构和参数也已标准化，称为常用件。由于标准化，这些零件可组织专业化大批量生产，提高生产效率和获得质优价廉的产品。在进行设计、装配和维修机器时，可以按规格选用和更换。

本模块介绍标准件与常用件的基本知识、规定画法、代号与标记以及相关标准表格的查用。

知识任务一　螺　　纹

一、螺纹的形成

螺纹是根据螺旋线的形成原理加工而成的，当固定在车床卡盘上的工件作等速旋转时，刀具沿机件轴向作等速直线移动，其合成运动使切入工件的刀尖在机件表面加工成螺纹，由于刀尖的形状不同，加工出的螺纹形状也不同。在圆柱或圆锥外表面上加工的螺纹称为外螺纹，在圆柱或圆锥内表面加工的螺纹称为内螺纹，如图 7-1-1（a）、（b）所示。在箱体、底座等零件上制出的内螺纹（螺孔），一般先用钻头钻孔，再用丝锥攻出螺纹，如图 7-1-2 所示。图中加工的是不穿通螺孔，钻孔时钻头顶部形成一个锥坑，其锥顶角应按 120°画出。

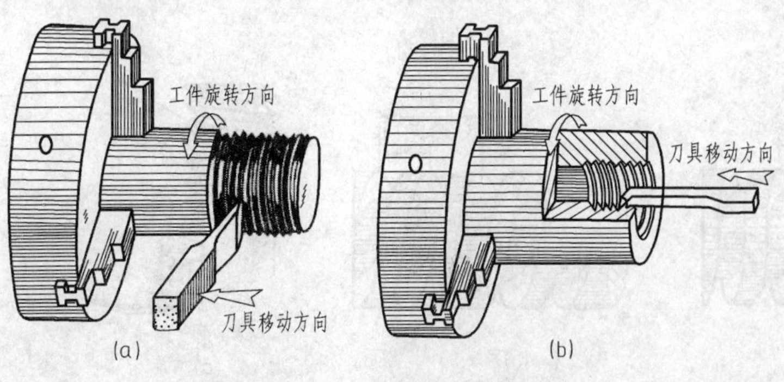

图 7-1-1　在车床上加工螺纹

二、螺纹的五要素

(1) 牙型　沿螺纹轴线剖切的断面轮廓形状称为牙型。图 7-1-3 所示为三角形牙型的内、外螺纹。此外，还有梯形、锯齿形和矩形等牙型。

(2) 直径　螺纹直径有大径（d、D）、中径（d_2、D_2）和小径（d_1、D_1）之分，如图 7-1-3 所示。其中，外螺纹 d 大径和内螺纹小径 D_1 也称顶径。螺纹的公称直径一般为大径。

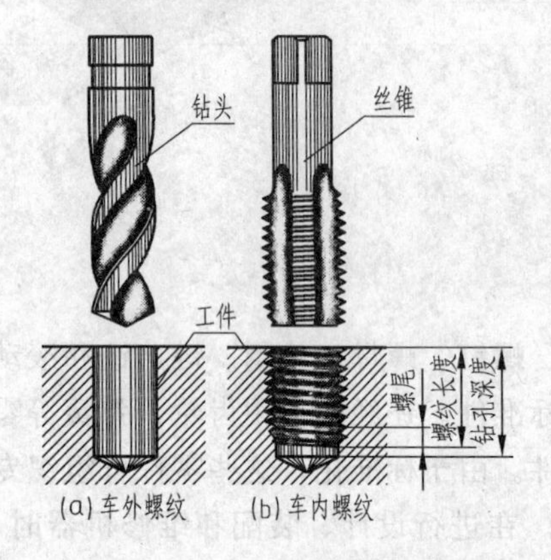

图 7-1-2　用丝锥攻制内螺纹

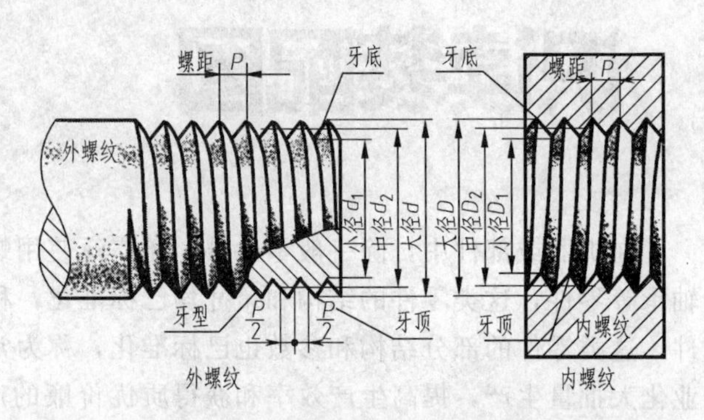

图 7-1-3　内外螺纹各部分的名称和代号

(3) 线数（n）　螺纹有单线和多线之分，沿一条螺旋线所形成的螺纹称单线螺纹；沿两条螺旋线所形成的螺纹称多线螺纹，如图 7-1-4 所示。

(4) 螺距（P）与导程（Ph）　螺距是指相邻两牙在中径线上对应两点间的轴向距离。导程是指在同一条螺旋线上，相邻两牙在中径线上对应两点的轴向距离，如图 7-1-4 所示。

螺距、导程、线数三者之间的关系式：单线螺纹的导程等于螺距，即 $Ph=P$；多线螺纹的导程等于线数乘以螺距，即 $Ph=nP$。

(5) 旋向　螺纹有右旋与左旋两种。顺时针旋转时旋入的螺纹，称右旋螺纹；逆时针旋转时旋入的螺纹，称左旋螺纹。旋向也可按图 7-1-5 所示的方法判断：将外螺纹垂直放置，螺纹的可见部分是右高左低时为右旋螺纹，左高右低时为左旋螺纹。

只有以上五个要素都相同的内外螺纹才能旋合在一起。工程上常用右旋螺纹。右旋螺纹不标注，左旋螺纹标注 LH。

五个要素中的牙型、大径和螺距符合国家标准的称为标准螺纹；牙型不符合国家标准的称为非标准螺纹。

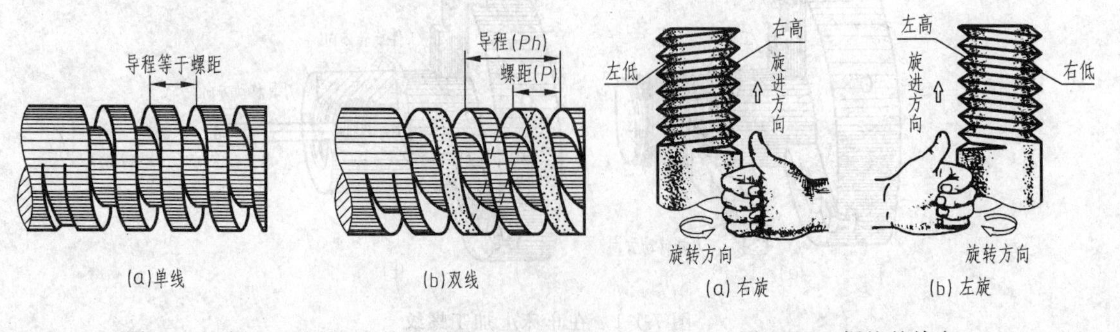

图 7-1-4　螺纹的线数、导程和螺距

图 7-1-5　螺纹的旋向

三、螺纹的规定画法(GB/T 4459.1—1995)

1. 外螺纹的画法

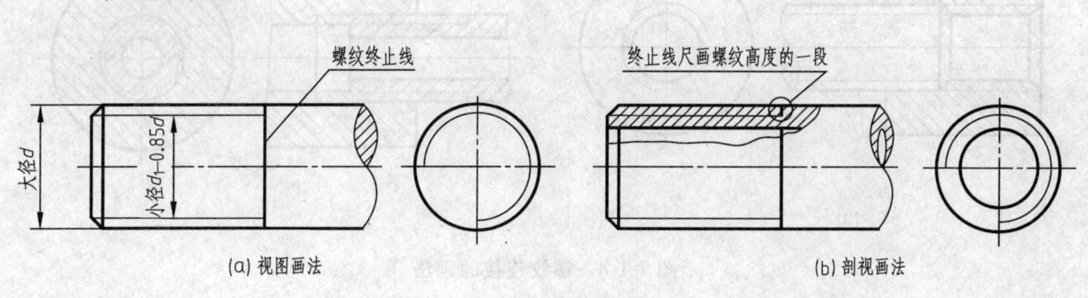

图 7-1-6　外螺纹的画法

如图 7-1-6 所示，外螺纹不论其牙型如何，螺纹的牙顶圆的投影用粗实线表示，牙底圆的投影用细实线表示（按牙顶圆的 0.85 倍绘制），在螺杆的倒角或倒圆部分也应画出，在垂直于螺纹轴线的投影面的视图中，表示牙底圆的细实线只画 3/4 圈（空出约 1/4 圈的位置不作规定）。此时，螺杆倒角的投影不应画出。螺纹终止线在不剖的外形图中画成粗实线，如图 7-1-6（a）所示。在剖视图中的螺纹终止线按图 7-1-6（b）主视图的画法绘制（即终止线只画螺纹高度的一小段）。剖面线必须画到表示牙顶圆投影的实线为止。

2. 内螺纹的画法

如图 7-1-7 所示，内螺纹不论其牙型如何，在剖视图中，内螺纹牙顶圆（即小径 D_1）的投影用粗实线表示，牙底圆用细实线表示，螺纹终止线用粗实线表示，剖面线应画到表示小径的粗实线为止。在垂直于螺纹轴线的投影面的视图上，表示大径的细实线只画约 3/4 圈，表示倒角的投影不应画出。绘制不穿通的螺孔时，应将钻孔深度和螺孔深度分别画出，如图 7-1-7（a）主视图所示。当螺纹为不可见时，螺纹的所有图线用虚线画出，如图 7-1-7（b)所示。

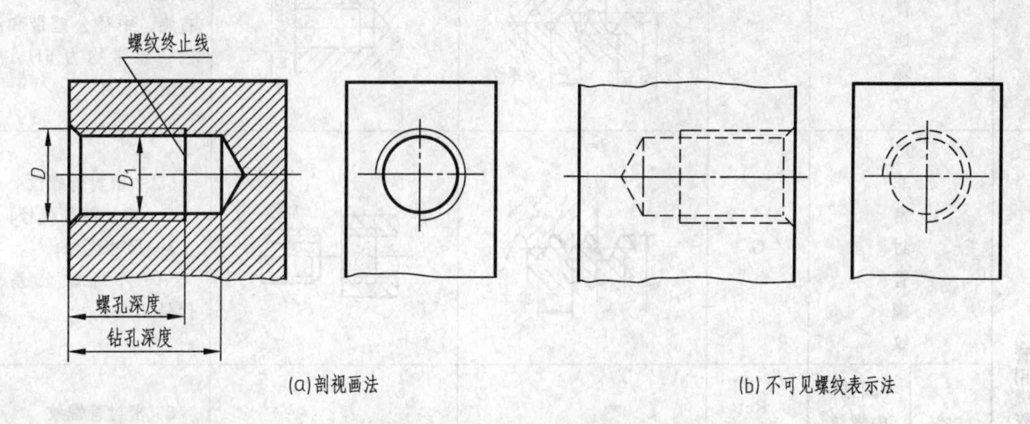

图 7-1-7　内螺纹的画法

3. 螺纹联接的画法

在剖视图中，内外螺纹旋合的部分应按外螺纹的画法绘制，其余部分仍按各自的画法画出，如图 7-1-8 所示。必须注意，表示内、外螺纹大径的细实线和粗实线，以及表示内、外螺纹小径的粗实线和细实线必须分别对齐。

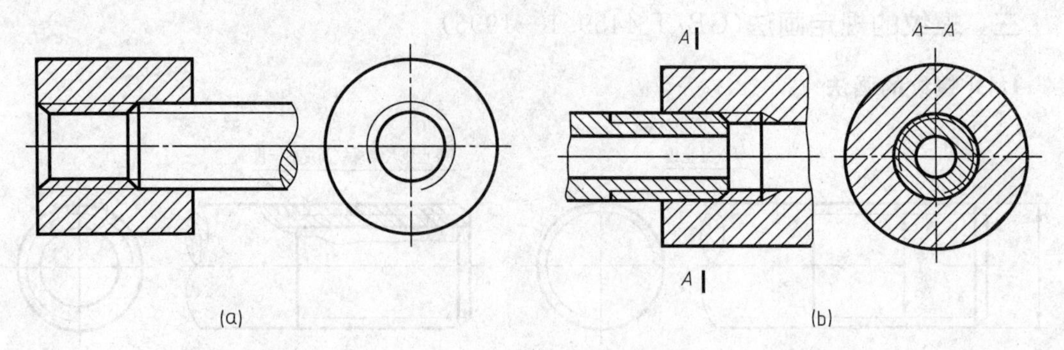

图 7-1-8 螺纹连接的画法

四、螺纹的种类与标注

1. 常用标准螺纹的种类、牙型与标注

常用标准螺纹的种类、牙型与标注见表 7-1-1。

表 7-1-1 常用标准螺纹的种类、牙型与标注

螺纹类型			特征代号	牙型略图	标注示例	说明
连接紧固用螺纹	粗牙普通螺纹		M	内螺纹 60° 外螺纹 d d_2 d_1 P	M16-6g	粗牙普通螺纹，公称直径 16mm，右旋。中径公差带和大径公差带均为 6g。中等旋合长度
	细牙普通螺纹		M	内螺纹 60° 外螺纹 d d_2 d_1 P	M16×1-6H	细牙普通螺纹，公称直径 16mm，螺距 1mm，右旋。中径公差带和小径公差带均为 6H。中等旋合长度
管用螺纹	55°非密封管螺纹		G	接头 55° 管子 d d_2 d_1 P	G1A　G1	55°非密封管螺纹 G—螺纹特征代号； 1—尺寸代号； A—外螺纹公差带代号
	55°密封管螺纹	圆锥内螺纹	Rc	基面 接头 55° 管子 d d_2 d_1 P	$Rc1\frac{1}{2}$　$R_21\frac{1}{2}$	55°密封管螺纹 R_1—与圆柱内螺纹配合的圆锥外螺纹； R_2—与圆锥内螺纹配合的圆锥外螺纹； $1\frac{1}{2}$—尺寸代号
		圆柱内螺纹	Rp			
		圆锥外螺纹	R_1、R_2			

续表

螺纹类型		特征代号	牙型略图	标注示例	说明
传动螺纹	梯形螺纹	Tr	内螺纹 30° d d₂ d₃ P 外螺纹	Tr36×12(P6)-7H	梯形螺纹，公称直径36mm，双线螺纹，导程12mm，螺距6mm，右旋。中径公差带7H。中等旋合长度
	锯齿形螺纹	B	内螺纹 3° P d d₂ d₁ 30° 外螺纹	B70×10LH-7e	锯齿形螺纹，公称直径70mm，单线螺纹，螺距10mm，左旋。中径公差带为7e。中等旋合长度

2. 螺纹的标注、识读

(1) 普通螺纹的标注格式

牙型符号 公称直径×螺距 旋向-中径公差带代号 顶径公差带代号-旋合长度代号

（螺纹代号：牙型符号 公称直径×螺距 旋向；螺纹公差代号：中径公差带代号 顶径公差带代号）

普通螺纹的牙型代号用M表示，公称直径为螺纹大径。细牙普通螺纹应标注螺距，粗牙普通螺纹不标注螺距。左旋螺纹用“LH”表示，右旋螺纹不标注旋向。螺纹公差代号由表示其大小的公差等级数字和表示其位置的基本偏差的字母（内螺纹为大写，外螺纹为小写）组成，如6H、6g。如两组公差带不相同，则分别注出代号；如两组公差带相同，则只注一个代号。旋合长度为短（S）、中（N）、长（L）三种，一般多采用中等旋合长度，其代号N可省略不注，如采用短旋合长度或长旋合长度，则应标注S或L。

(2) 管螺纹的标注格式

① 55°密封管螺纹：螺纹特征代号 尺寸代号 旋向代号（也适用于非螺纹密封的内管螺纹）。

② 55°非密封管螺纹：螺纹特征代号 尺寸代号 公差等级代号-旋向代号（仅适用于非螺纹密封的外管螺纹）。

以上螺纹特征代号分两类。

① 55°密封管螺纹特征代号：Rp表示圆柱内螺纹，R_1表示与圆柱内螺纹相配合的圆锥外螺纹，Rc圆锥内螺纹，R_2表示与圆锥内螺纹相配合的圆锥外螺纹。

② 55°非密封管螺纹特征代号：G。

公差等级分为A、B两极，只对55°非密封的外管螺纹，对内螺纹不标记公差等级代号。

螺纹为右旋时，不标注旋向代号；为左旋时标注“LH”。

(3) 梯形螺纹的标注格式

① 单线梯形螺纹

牙型符号 公称直径×螺距 旋向代号-中径公差带代号-旋合长度代号

② 多线梯形螺纹

牙型符号 公称直径×导程（螺距代号P和数值）旋向代号-中径公差带代号-旋合长度代号

梯形螺纹的牙型代号为“Tr”。右旋不标注，左旋螺纹的旋向代号为“LH”，需标注。梯形螺纹的公差带为中径公差带。梯形螺纹的旋合长度为中（N）和长（L）两组，采用中等旋合长度（N）时，不标注代号（N），如采用长旋合长度，则应标注“L”。

锯齿形螺纹标注的具体格式与梯形螺纹完全相同。

需要特别注意的是，管螺纹的尺寸不能像一般线性尺寸那样注在大径尺寸线上，而应用指引线自大径圆柱（或圆锥）母线上引出标注。

知识任务二 常用螺纹紧固件

螺纹紧固件的种类很多，常见的有螺栓、双头螺柱、螺钉、螺母、垫圈等，其结构形状如图 7-2-1 所示。这类零件的结构形式和尺寸都已标准化（GB/T 1237—2000），由标准件厂大量生产。在工程设计中，可以从相应的标准中查到所需的尺寸，一般不需绘制其零件图。

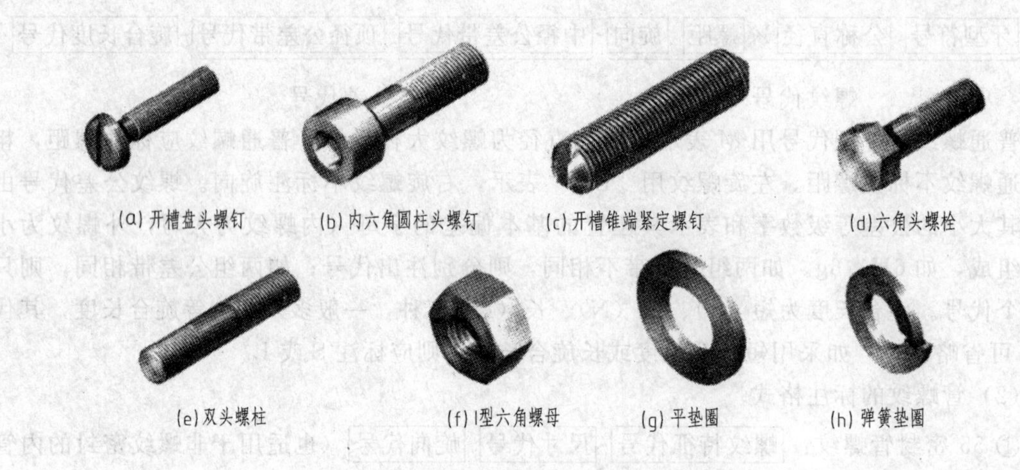

图 7-2-1 常见的螺纹紧固件

紧固件各有规定的完整标记，通常可给出简化标记，只注出名称、标准号和规格尺寸。

1. 螺栓

由头部和杆部组成。常用头部形状为六棱柱的六角头螺栓，如图 7-2-2 所示。根据螺纹的作用和用途，六角头螺栓有“全螺纹”、“部分螺纹”、“粗牙”和“细牙”等多种规格。螺栓的规格尺寸是指螺纹的大径 d 和公称长度 L。

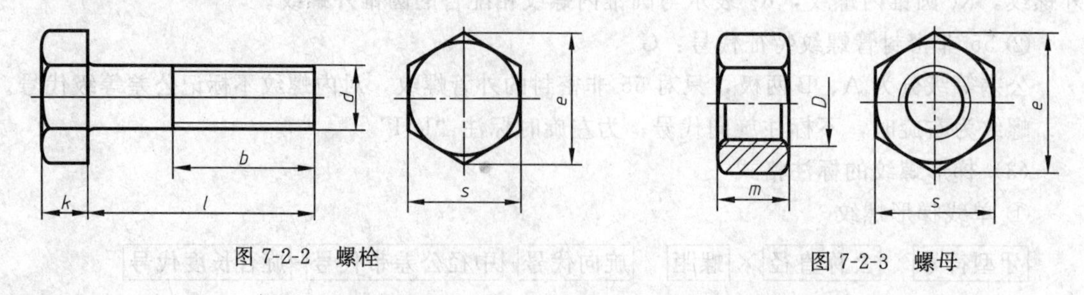

图 7-2-2 螺栓

图 7-2-3 螺母

螺栓规定的标记形式为：名称 标准编号 螺纹代号×公称长度。

2. 螺母

螺母与螺栓等外螺纹零件配合使用，起联接作用，其中以六角螺母应用为最广泛，如图 7-2-3 所示。六角螺母根据高度 m 不同，可分为薄型、1 型、2 型。根据螺距不同，可分为粗牙、细牙。根据产品等级，可分为 A 级、B 级、C 级。螺母的规格尺寸为螺纹大径 D。

螺母规定的标记形式为：名称 标准编号 螺纹代号。

3. 垫圈

垫圈有平垫圈和弹簧垫圈之分。平垫圈一般放在螺母与被联接零件之间，用于保护被联接零件的表面，以免拧紧螺母时刮伤零件表面；同时又可增加螺母与被联接零件之间的接触面积。弹簧垫圈可以防止因振动而引起螺纹松动的现象发生。

平垫圈有 A 级和 C 级两个标准系列，在 A 级标准系列平垫圈中，又分为带倒角和不带倒角两种类型，如图 7-2-4 所示。垫圈的公称尺寸是用与其配合使用的螺纹紧固件的螺纹规格 d 来表示。

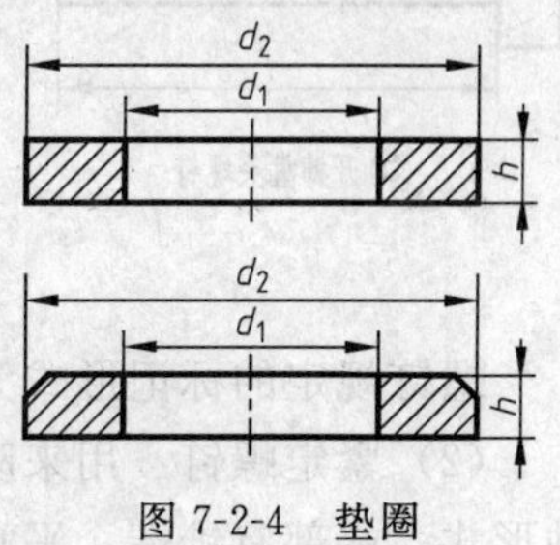

图 7-2-4 垫圈

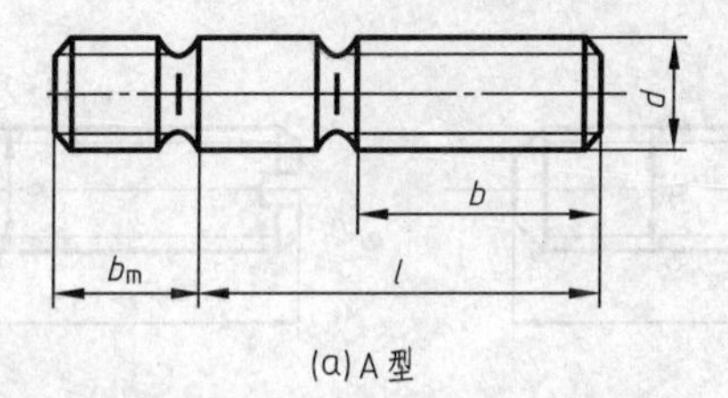

(a) A 型

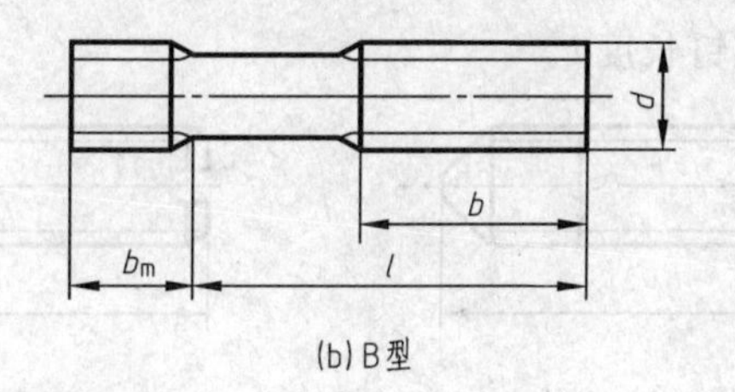

(b) B 型

图 7-2-5 双头螺柱

垫圈规定的标记形式为：名称 标准编号 公称尺寸。

4. 双头螺柱

图 7-2-5 所示为双头螺柱，它的两端都有螺纹。其中用来旋入被联接零件的一端，称为旋入端；用来旋紧螺母的一端，称为紧固端。根据双头螺柱的结构分为 A 型和 B 型两种，如图 7-2-5 所示。

根据螺孔零件的材料不同，其旋入端的长度有四种规格，每一种规格对应一个标准号，见表 7-2-1。

表 7-2-1 旋入端长度

螺孔的材料	旋入端的长度	标准编号
钢与青铜	$b_m=d$	GB/T 897—1988
铸　铁	$b_m=1.25d$	GB/T 898—1988
铸铁或铝合金	$b_m=1.5d$	GB/T 899—1988
铝 合 金	$b_m=2d$	GB/T 900—1988

双头螺柱的规格尺寸为螺纹大径 d 和公称长度 L。

双头螺柱规定的标记形式为：名称 标准编号 螺纹代号×公称长度。

5. 螺钉

按照其用途可分为联接螺钉和紧定螺钉两种。

(1) 联接螺钉　用来联接两个零件。它的一端为螺纹，用来旋入被联接零件的螺孔中；另一端为头部，用来压紧被联接零件。螺钉按其头部形状可分为：开槽盘头螺钉、开槽沉头螺钉、内六角圆柱头螺钉等，如图 7-2-6 所示。联接螺钉的规格尺寸为螺钉的直径 d 和螺钉的长度 l。

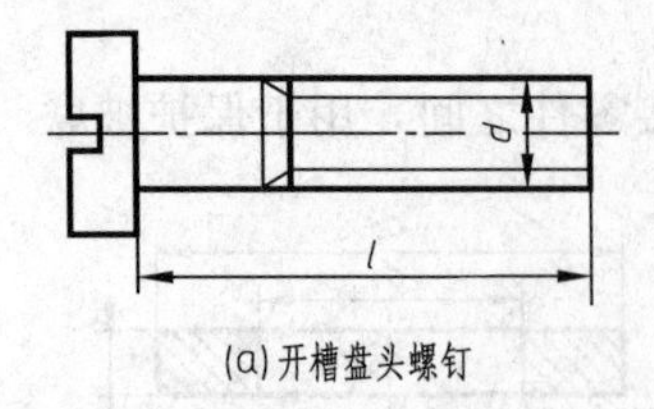

(a) 开槽盘头螺钉

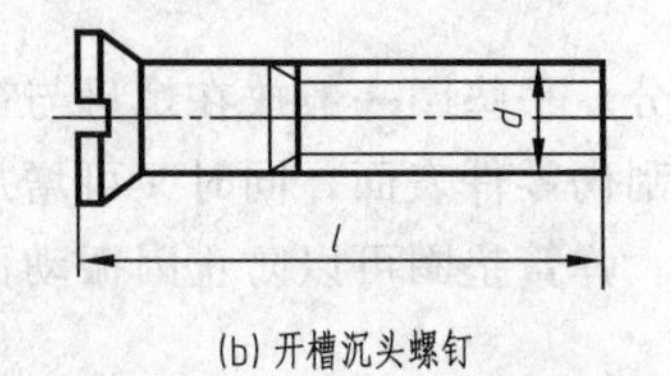

(b) 开槽沉头螺钉

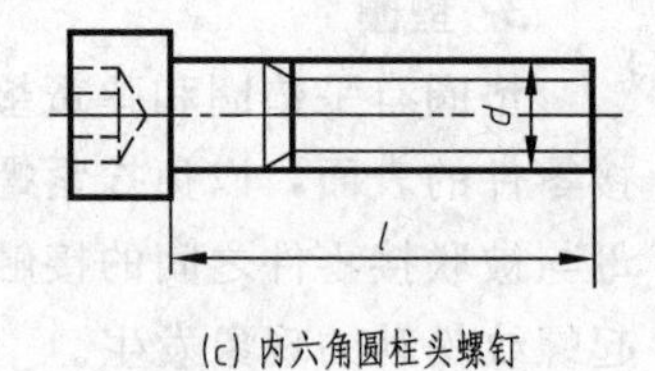

(c) 内六角圆柱头螺钉

图 7-2-6　不同头部的联接螺钉

螺钉规定的标记形式为：名称 标准编号 螺纹代号×公称长度。

(2) 紧定螺钉　用来防止或限制两个相配合零件间的相对转动。头部有开槽和内六角两种形式，端部有锥端、平端、圆柱端等，如图 7-2-7 所示。紧定螺钉的规格尺寸为螺钉的直径 d 和螺钉长度 l。

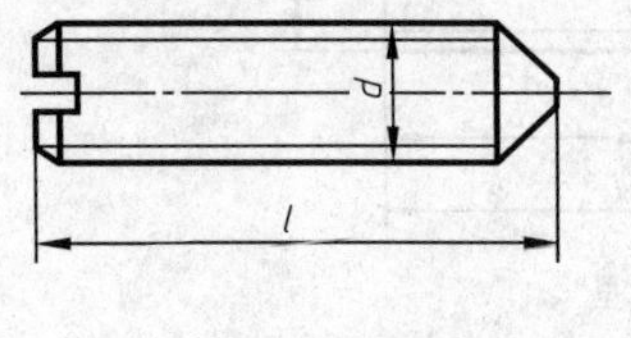

(a) 锥端紧定螺钉

(b) 平端紧定螺钉

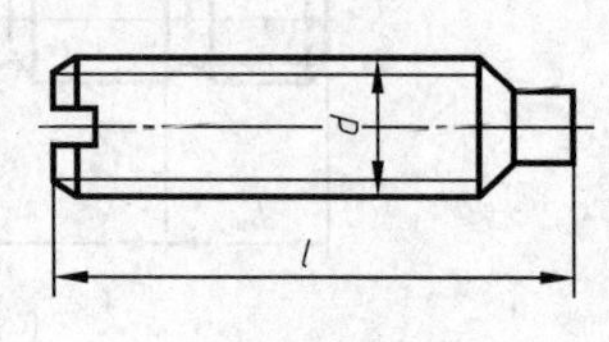

(c) 圆柱端紧定螺钉

图 7-2-7　不同端部的紧定螺钉

螺钉规定的标记形式为：名称 标准编号 螺纹代号×公称长度。

6. 螺纹紧固件的画法

为提高作图效率，工程上常采用比例画法画螺纹联接图，即根据螺纹公称直径（d 或 D），按与其近似的比例关系计算出各部分尺寸后作图。常用的螺纹紧固件比例画法如图 7-2-8 所示。

螺纹紧固件的联接形式通常有螺栓联接、螺柱联接和螺钉联接三类。

(1) 螺栓联接　螺栓联接一般适用于联接不太厚的并允许钻成通孔的零件，如图 7-2-9 (a) 所示。联接前，先在两个被联接的零件上钻出通孔，套上垫圈，再用螺母拧紧。

在装配图中，螺栓联接常采用近似画法或简化画法画出，如图 7-2-9 (b)、(c) 所示。螺栓的公称长度 L 可按下式计算：$L=t_1+t_2+h+m+a$。式中，t_1、t_2 为被联接零件的厚度；h 为垫圈厚度，$h=0.15d$；m 为螺母厚度，$m=0.85d$；a 为螺栓伸出螺母的长度，$a\approx(0.2\sim0.3)d$。计算出 L 后，还需从螺栓的标准长度系列中选取与 L 相近的标准值。

画图时，应遵守下列基本规定。

① 两零件的接触表面只画一条线。凡不接触的表面，不论其间隙大小（如螺杆与通孔之间），必须画两条轮廓线（间隙过小时可夸大画出）。

② 当剖切平面通过螺栓、螺母、垫圈等标准件的轴线时，应按未剖切绘制，即只画出它们的外形。

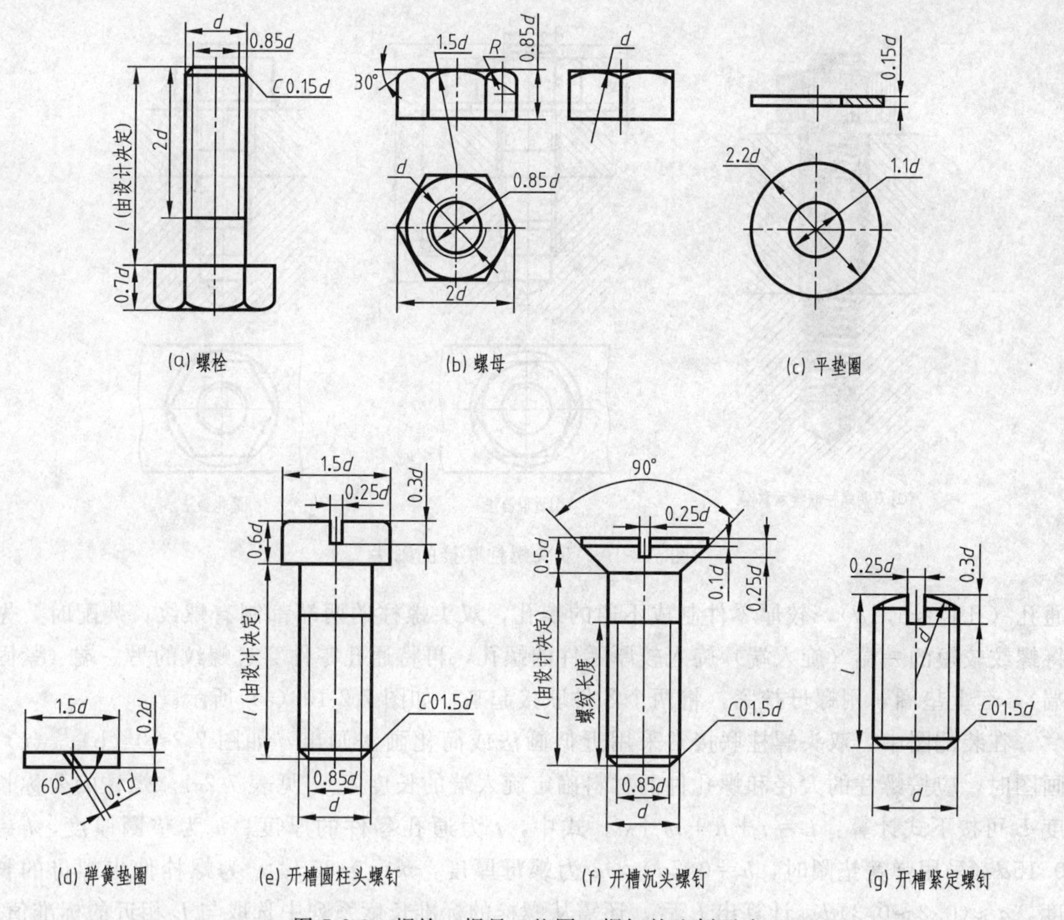

图 7-2-8　螺栓、螺母、垫圈、螺钉的比例画法

③ 在剖视、断面图中，相邻两零件的剖面线，应画成不同方向或同方向而不同间隔加以区别。但同一零件在同一图幅的各剖视、断面图中，剖面线的方向和间隔必须相同。

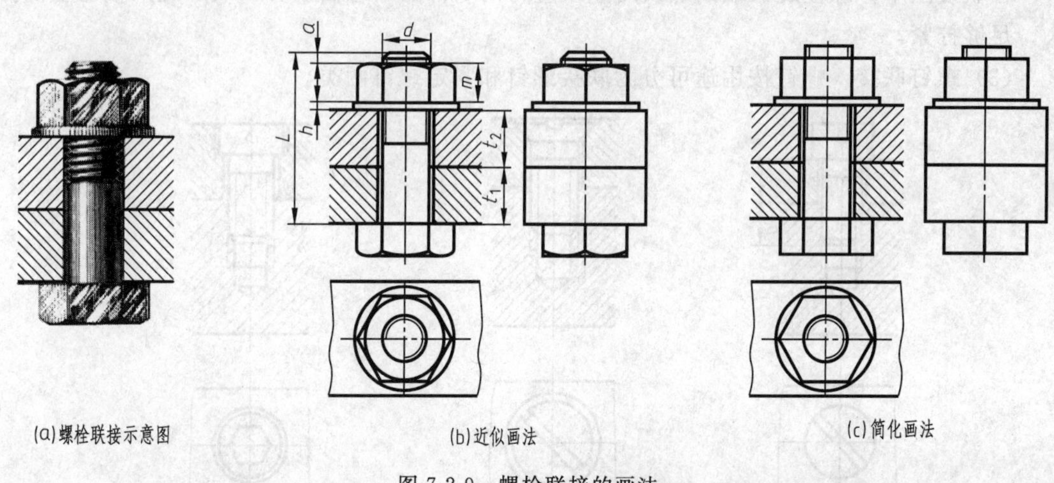

图 7-2-9　螺栓联接的画法

(2) 双头螺柱联接　当被联接的零件之一较厚，或不允许钻成通孔而不易采用螺栓联接；或因拆装频繁，又不宜采用螺钉联接时，可采用双头螺柱联接。通常将较薄的零件制成

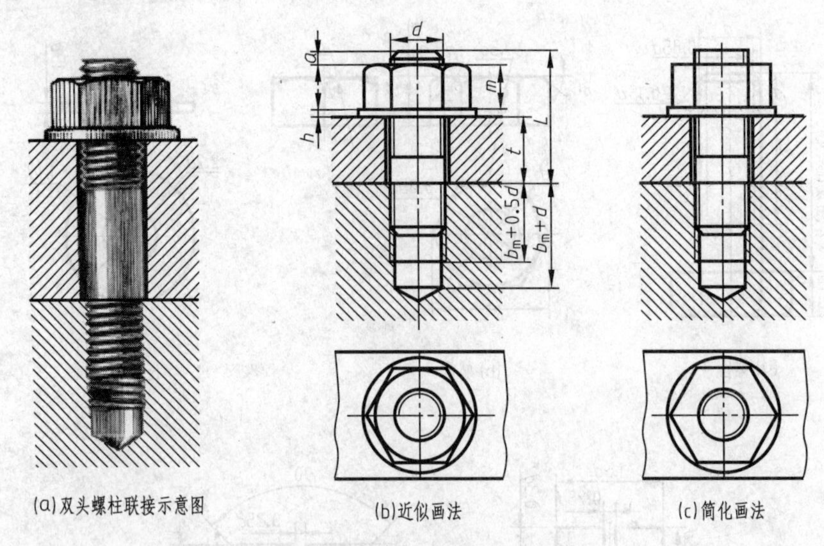

图 7-2-10 双头螺柱联接的画法

通孔（孔径≈1.1d），较厚零件制成不通的螺孔，双头螺柱的两端都制有螺纹，装配时，先将螺纹较短的一端（旋入端）旋入较厚零件的螺孔，再将通孔零件穿过螺纹的另一端（紧固端），套上垫圈，用螺母拧紧，将两个零件联接起来，如图 7-2-10（a）所示。

在装配图中，双头螺柱联接常采用近似画法或简化画法画出，如图 7-2-10（b）、（c）。画图时，应按螺柱的大径和螺孔件的材料确定旋入端的长度 b_m，见表 7-2-1。螺柱的公称长度 L 可按下式计算：$L=t+h+m+a$。式中，t 为通孔零件的厚度；h 为垫圈厚度，$h=0.15d$（采用弹簧垫圈时，$h=0.2d$）；m 为螺母厚度，$m=0.85d$；a 为螺栓伸出螺母的长度，$a\approx(0.2\sim0.3)d$。计算出 L 后，还需从螺栓的标准长度系列中选取与 L 相近的标准值。较厚零件上不通的螺孔深度应大于旋入端螺纹长度 b_m，一般取螺孔深度为 $b_m+0.5d$，钻孔深度为 b_m+d。

在联接图中，螺柱旋入端的螺纹终止线应与两零件的结合面平齐，表示旋入端已全部拧入，足够拧紧。

（3）螺钉联接　螺钉按用途可分为联接螺钉和紧定螺钉两类。

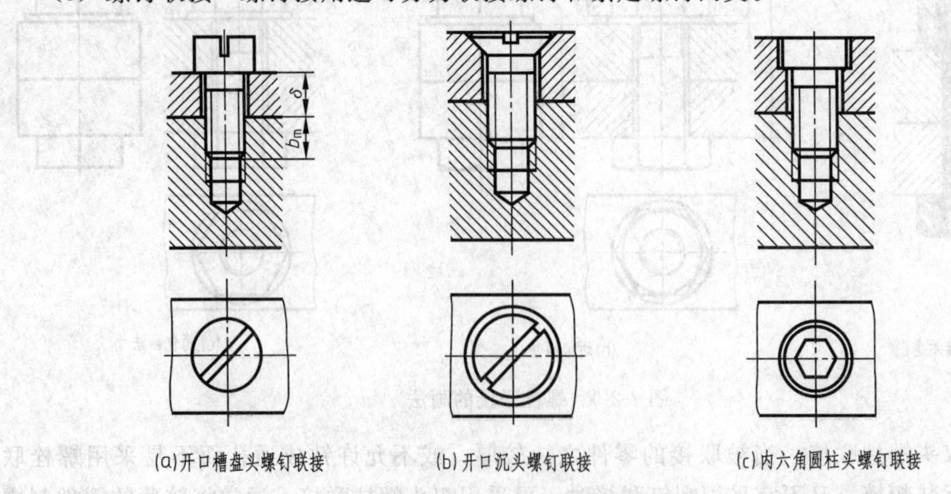

图 7-2-11 联接螺钉的画法

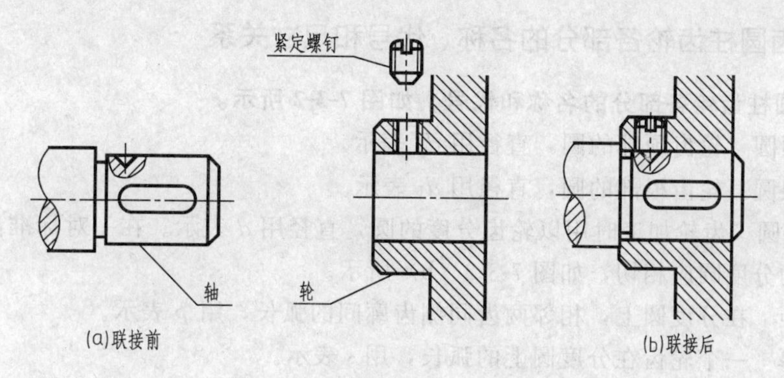

图 7-2-12　紧定螺钉的联接画法

① 联接螺钉　当被联接的零件之一较厚，而装配后联接件受轴向力又不大时，通常采用螺钉联接，即螺钉穿过薄零件的通孔而旋入厚零件的螺孔，螺钉头部压紧被联接件，如图 7-2-11 所示。

螺钉的旋入深度 b_{m} 参照表 7-2-1 确定；螺钉各部分比例尺寸参看图 7-2-11；螺钉长度 L 可按下式计算：$L=\delta+b_{\mathrm{m}}$，δ 为光孔零件的厚度。计算出 L 后，还需从螺钉的标准长度系列中选取与 L 相近的标准值。

② 紧定螺钉　紧定螺钉用来固定两零件的相对位置，使它们不产生相对转运动，如图 7-2-12 所示。欲将轴、轮固定在一起，可先在轮毂的适当部位加工出螺孔，然后将轮、轴装配在一起，以螺孔导向，在轴上钻出锥坑，最后拧入螺钉，即可限定轮、轴的相对位置，使其不产生轴向相对移动和径向相对转动。

知识任务三　齿　　轮

齿轮是用于机器中传递动力、改变旋向和改变转速的传动件。根据两啮合齿轮轴线在空间的相对位置不同，常见的齿轮传动可分为下列三种形式，如图 7-3-1 所示。其中，图 7-3-1（a）所示的圆柱齿轮用于两平行轴之间的传动；图 7-3-1（b）所示的圆锥齿轮用于垂直相交两轴之间的传动；图 7-3-1（c）所示的蜗杆蜗轮则用于交叉两轴之间的传动。本节主要介绍具有渐开线齿形的标准直齿圆柱齿轮的有关知识和规定画法。

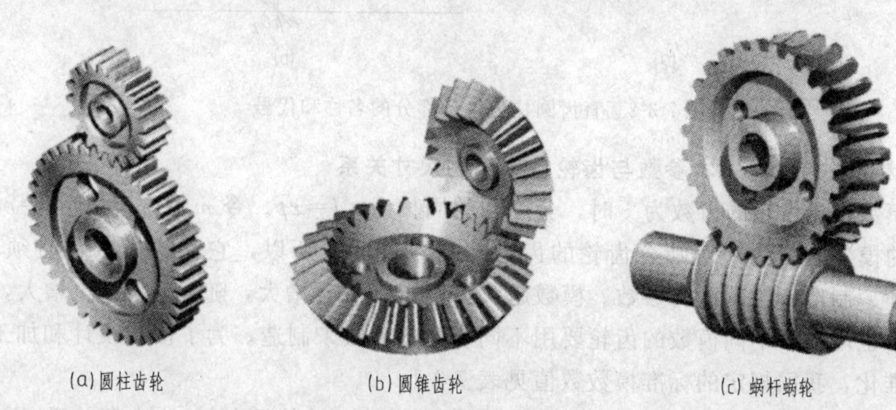

图 7-3-1　常见齿轮的传动形式

一、直齿圆柱齿轮各部分的名称、代号和尺寸关系

1. 直齿圆柱齿轮各部分的名称和代号，如图 7-3-2 所示。

（1）齿顶圆　轮齿顶部的圆，直径用 d_a 表示。

（2）齿根圆　轮齿根部的圆，直径用 d_f 表示。

（3）分度圆　齿轮加工时用以轮齿分度的圆，直径用 d 表示。在一对标准齿轮互相啮合时，两齿轮的分度圆应相切，如图 7-3-2（b）所示。

（4）齿距　在分度圆上，相邻两齿同侧齿廓间的弧长，用 p 表示。

（5）齿厚　一个轮齿在分度圆上的弧长，用 s 表示。

（6）槽宽　一个齿槽在分度圆上的弧长，用 e 表示。在标准齿轮中，齿厚与槽宽各为齿距的一半，即 $s=e=p/2$，$p=s+e$。

（7）齿顶高　分度圆至齿顶圆之间的径向距离，用 h_a 表示。

（8）齿根高　分度圆至齿根圆之间的径向距离，用 h_f 表示。

（9）全齿高　齿顶圆与齿根圆之间的径向距离，用 h 表示。$h=h_a+h_f$。

（10）齿宽　沿齿轮轴线方向测量的轮齿宽度，用 b 表示。

（11）压力角　轮齿在分度圆的啮合点上 c 处的受力方向与该点瞬时运动方向线之间的夹角，用 α 表示。标准齿轮 $\alpha=20°$。

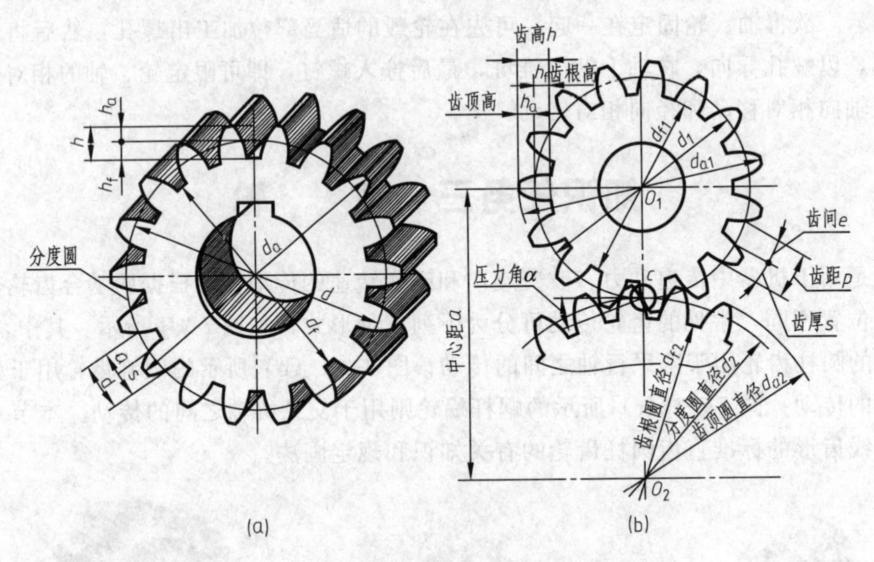

图 7-3-2　直齿圆柱齿轮各部分的名称和代号

2. 直齿圆柱齿轮的基本参数与齿轮各部分的尺寸关系

（1）模数　当齿轮的齿数为 z 时，分度圆的周长为 $\pi d=zp$。令 $m=p/\pi$，则 $d=mz$，m 即为齿轮的模数。因为一对啮合齿轮的齿距 p 必须相等，所以，它们的模数也必须相等。模数是设计、制造齿轮的重要参数。模数越大，则齿距 p 也增大，随之齿厚 s 也增大，齿轮的承载能力也增大。不同模数的齿轮要用不同模数的刀具来制造。为了便于设计和加工，模数已经标准化，我国规定的标准模数数值见表 7-3-1。

（2）齿轮各部分的尺寸关系　当齿轮的模数 m 确定后，按照与 m 的比例关系，可计算出齿轮其他部分的基本尺寸，见表 7-3-2。

表 7-3-1　标准模数（圆柱齿轮摘自 GB/T 1357—1987）

第一系列	1,1.25,1.5,2,2.5,3,4,5,6,8,10,12,16,20,25,32,40,50
第二系列	1.75,2.25,2.75,(3.25),3.5,(3.75),4.5,5.5,(6.5),7,9,(11),14,18,22,28,(30),36,45

注：选用时，优先采用第一系列，括号内的模数尽可能不用。

二、直齿圆柱齿轮的规定画法

1. 单个圆柱齿轮的画法

如图 7-3-3（a）所示，在端面视图中，齿顶圆用粗实线画出，齿根圆用细实线画出或省略不画，分度圆用点画线画出。另一视图一般画成全剖视图，而轮齿规定按不剖处理，用粗实线表示齿顶线和齿根线，点画线表示分度线，如图 7-3-3（b）所示；若不画成剖视图，则齿根线可省略不画。当需要表示轮齿为斜齿时，在外形视图上用三条与齿线方向一致的细实线表示，如图 7-3-3（c）所示。

表 7-3-2　标准直齿圆柱齿轮各部分尺寸关系　单位：mm

名称及代号	公　式	名称及代号	公　式
模数 m	$m=P\pi=d/z$	齿根圆直径 d_f	$d_f=m(z-2.5)$
齿顶高 h_a	$h_a=m$	齿形角 α	$\alpha=20°$
齿根高 h_f	$h_f=1.25m$	齿距 p	$p=\pi m$
全齿高 h	$h=h_a+h_f$	齿厚 s	$s=p/2=\pi m/2$
分度圆直径 d	$d=mz$	槽宽 e	$e=p/2=\pi m/2$
齿顶圆直径 d_a	$d_a=m(z+2)$	中心距 a	$a=(d_1+d_2)/2=m(z_1+z_2)/2$

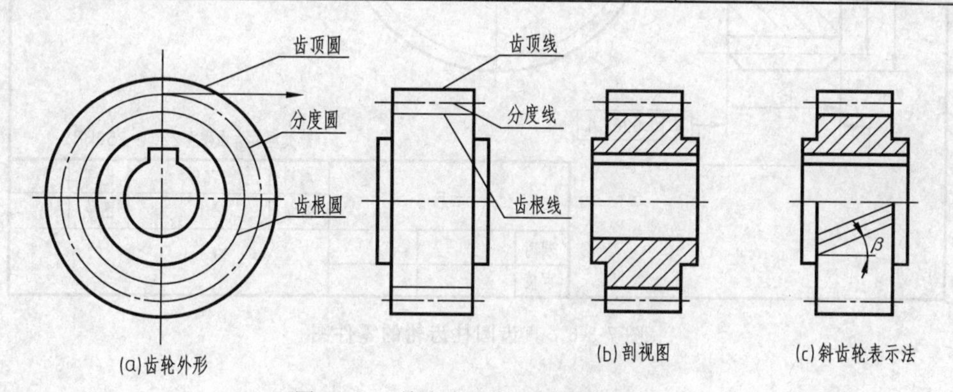

图 7-3-3　单个直齿圆柱齿轮的画法

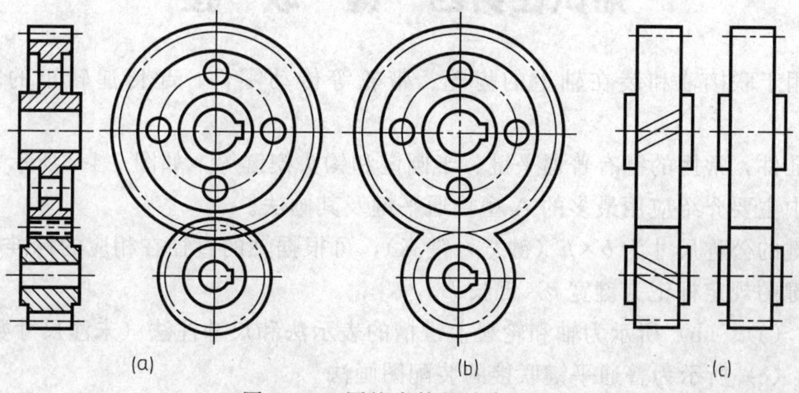

图 7-3-4　圆柱齿轮的啮合画法

2. 圆柱齿轮的啮合画法

如图 7-3-4（a）所示，在表示齿轮端面的视图中，齿根圆可省略不画，啮合区的齿顶圆均用粗实线绘制。啮合区的齿顶圆也可省略不画，但相切的分度圆必须用点画线画出，如图 7-3-4（b）所示。若不作剖视，则啮合区内的齿顶线不画，此时分度线用粗实线绘制，如图 7-3-4（c）所示。

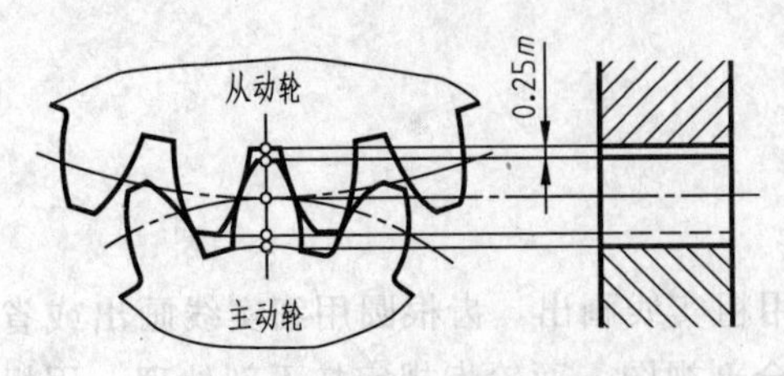

图 7-3-5　轮齿啮合区在剖视图上的画法

在剖视图中，啮合区的投影如图 7-3-5 所示，一个齿轮的齿顶线与另一个齿轮的齿根线之间有 0.25m 的间隙，被遮挡的齿顶线用虚线画出，也可省略不画。

图 7-3-6 为直齿圆柱齿轮的零件图。

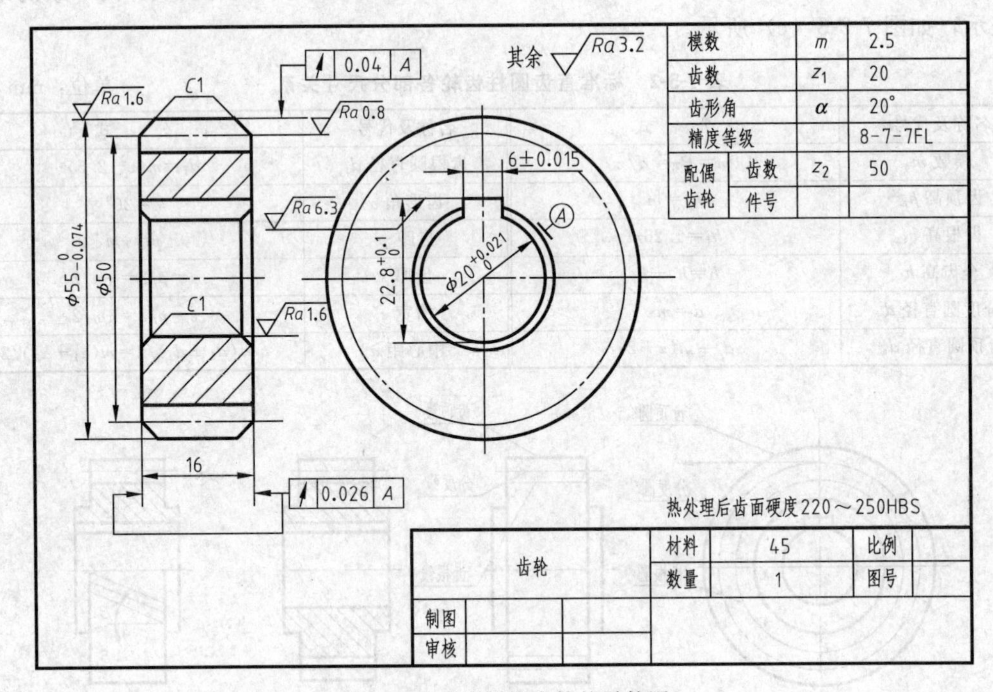

图 7-3-6　直齿圆柱齿轮的零件图

知识任务四　键　联　接

键通常用于联接轴和装在轴上的齿轮、带轮等传动零件，起传递转矩的作用，如图 7-4-1所示。

键是标准件，常用的键有普通平键、半圆键和钩头楔键等，如图 7-4-2 所示。

本任务中主要介绍应用最多的 A 型普通平键及其画法。

普通平键的公称尺寸为 $b \times h$（键宽×键高），可根据轴的直径在相应的标准中查得。

普通平键的规定标记为键宽 b×键长 L。

图 7-4-3（a）、(b）所示为轴和轮毂上键槽的表示法和尺寸注法（未注尺寸数字）。

图 7-4-3（c）所示为普通平键联接的装配图画法。

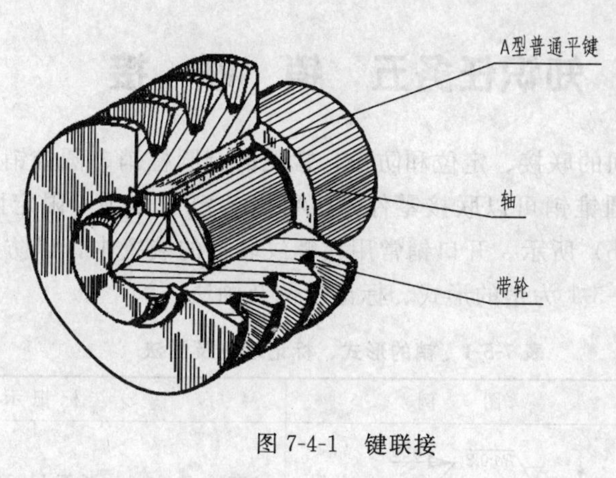

图 7-4-1 键联接

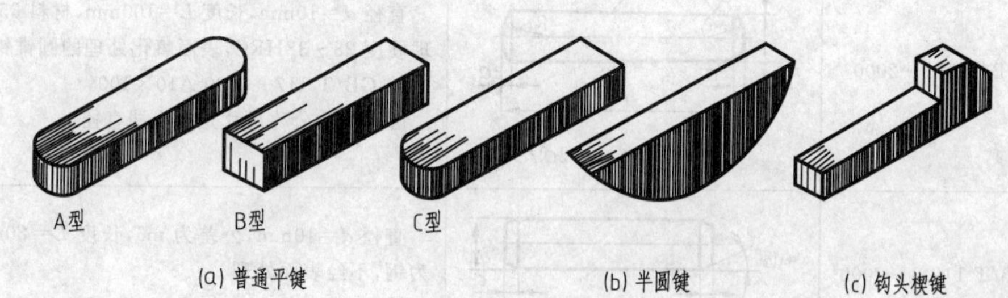

图 7-4-2 常用的几种键

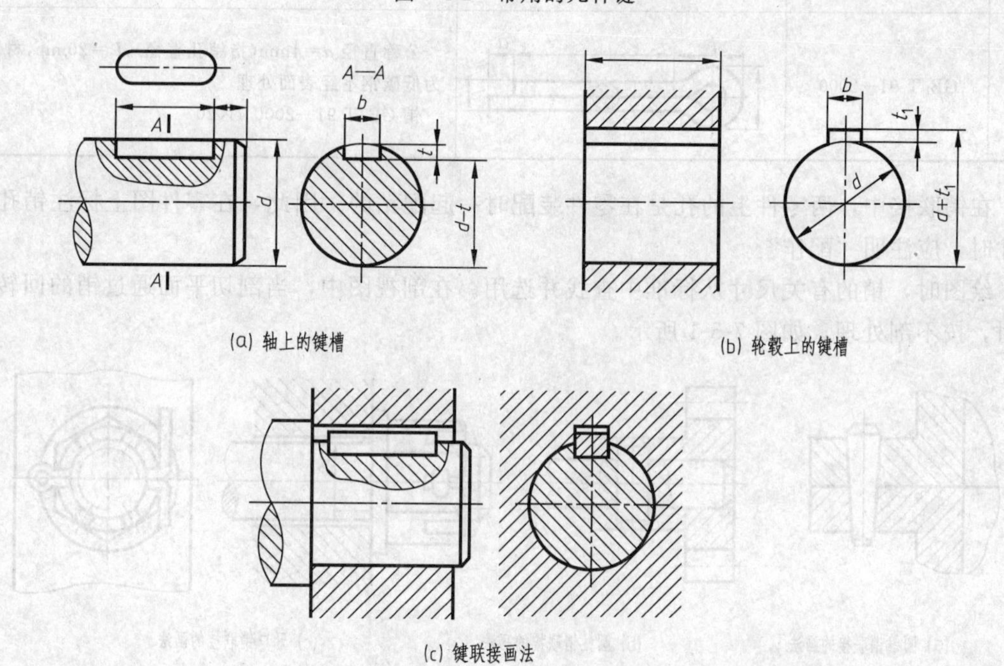

图 7-4-3 普通平键联接

图 7-4-3（c）所示的键联接图中，键的两侧面是工作面，接触面的投影处只画一条轮廓线；键的顶面与轮毂上键槽的顶面之间留有间隙，必须画两条轮廓线，在反映键长度方向的剖视图中，轴采用局部剖视，键按不剖视处理。在键联接图中，键的倒角或小圆角一般省略不画。

知识任务五　销　联　接

销通常用于零件之间的联接、定位和防松，常见的有圆柱销、圆锥销和开口销等，它们都是标准件。圆柱销和圆锥销可以联接零件，也可以起定位作用（限定两零件间的相对位置），如图 7-5-1（a）、（b）所示。开口销常用在螺纹联接的装置中，以防止螺母的松动，如图 7-5-1（c）所示。表 7-5-1 为销的形式、标记示例及画法。

表 7-5-1　销的形式、标记示例及画法

名称	标　准　号	图　　例	标 记 示 例
圆锥销	GB/T 117—2000	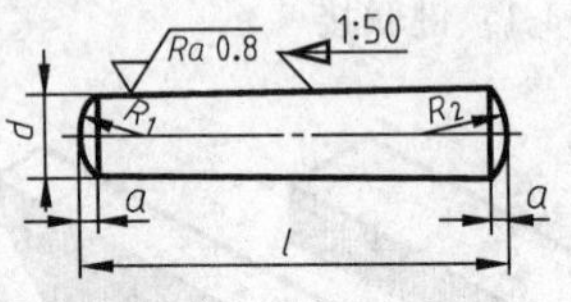 $R_1 \approx d$　$R_2 \approx d+(L-2a)/50$	直径 d=10mm，长度 L=100mm，材料 35 钢，热处理硬度 28～38HRC，表面氧化处理的圆锥销 销 GB/T 117—2000 A10×100 圆锥销的公称尺寸是指小端直径
圆柱销	GB/T 119.1—2000	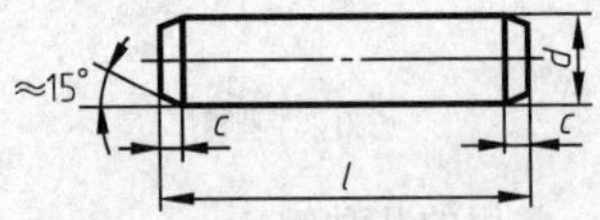	直径 d=10mm，公差为 m6，长度 L=80mm，材料为钢，不经表面处理 销 GB/T 119.1—2000 10m6×80
开口销	GB/T 91—2000		公称直径 d=4mm（指销孔直径），L=20mm，材料为低碳钢不经表面处理 销 GB/T 91—2000 4×20

在销联接中，两零件上的孔是在零件装配时一起配钻的。因此，在零件图上标注销孔的尺寸时，应注明“配作”。

绘图时，销的有关尺寸从标准中查找并选用。在剖视图中，当剖切平面通过销的回转轴线时，按不剖处理，如图 7-5-1 所示。

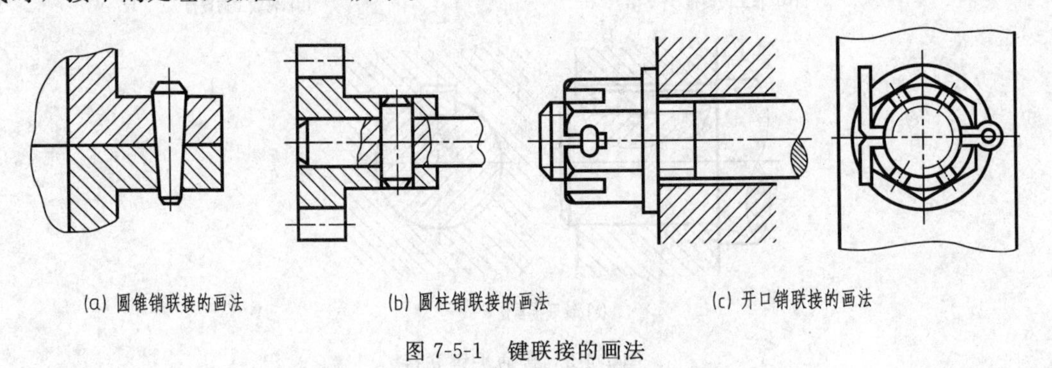

(a) 圆锥销联接的画法　　(b) 圆柱销联接的画法　　(c) 开口销联接的画法

图 7-5-1　键联接的画法

知识任务六　滚 动 轴 承

滚动轴承是用来支承轴的组件，由于它具有摩擦阻力小、结构紧凑等优点，在机器中被广泛应用。滚动轴承的结构形式、尺寸均已标准化，由专门的工厂生产，使用时可根据设计要求进行选择。

一、滚动轴承的构造与种类

滚动轴承一般由外圈、内圈、滚动体和保持架组成，如图 7-6-1 所示。

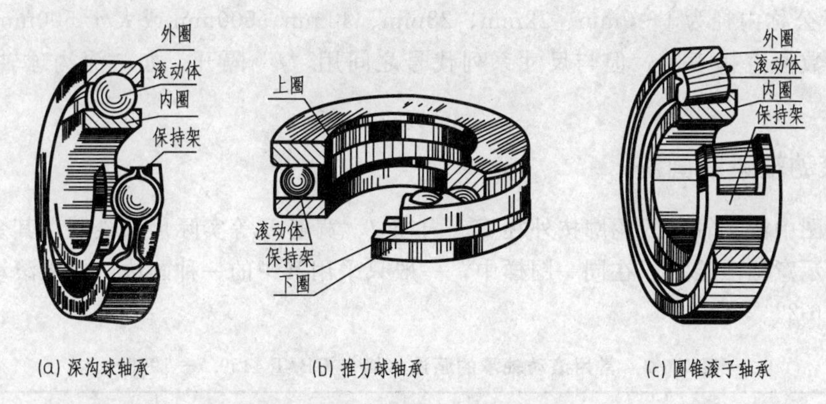

(a) 深沟球轴承　(b) 推力球轴承　(c) 圆锥滚子轴承

图 7-6-1　常用滚动轴承的结构

按承受载荷的方向，滚动轴承可分为以下三类。

① 主要承受径向载荷，如图 7-6-1（a）所示的深沟球轴承。

② 主要承受轴向载荷，如图 7-6-1（b）所示的推力球轴承。

③ 同时承受径向载荷和轴向载荷，如图 7-6-1（c）所示的圆锥滚子轴承。

二、滚动轴承的代号

滚动轴承常用基本代号表示，基本代号由轴承类型代号、尺寸系列代号、内径代号构成。

1. 轴承类型代号

轴承类型代号用数字或字母表示，见表 7-6-1。

表 7-6-1　轴承类型代号（摘自 GB/T 272—1993）

代号	0	1	2		3	4	5	6	7	8	N	U	QJ
轴承类型	双列角接触球轴承	调心球轴承	调心滚子轴承	推力调心滚子轴承	圆锥滚子轴承	双列深沟球轴承	推力球轴承	深沟球轴承	角接触球轴承	推力圆柱滚子轴承	圆柱滚子轴承	外球面球轴承	四点接触球轴承

2. 尺寸系列代号

由轴承宽（高）度系列代号和直径系列代号组合而成，一般用两位数字表示（有时省略其中一位）。它的主要作用是区别内径（d）相同而宽度和外径不同的轴承，具体代号需查阅相关标准。

3. 内径代号

表示轴承的公称内径，一般用两位数字表示。

① 代号数字为 00、01、02、03 时，分别表示内径 d=10mm、12mm、15mm、17mm。

② 代号数字为 04～96 时，代号数字乘以 5，即得轴承内径。

③ 轴承公称内径为 1～9mm、22mm、28mm、32mm、500mm 或大于 500mm 时，用公称内径毫米数值直接表示，但与尺寸系列代号之间用“/”隔开，如“深沟球轴承 62/22，d=22mm”。

三、滚动轴承的画法

在装配图中滚动轴承的轮廓按外径 D、内径 d、宽度 B 等实际尺寸绘制，其余部分用简化画法或用示意画法绘制。在同一图样中，一般只采用其中的一种画法。常用滚动轴承的画法，见表 7-6-2。

表 7-6-2 常用滚动轴承的画法（摘自 GB/T 4459.7—1998）

名称、标准号和代号	主要尺寸数据	规定画法	特征画法	装配示意图
深沟球轴承 60000	D d B	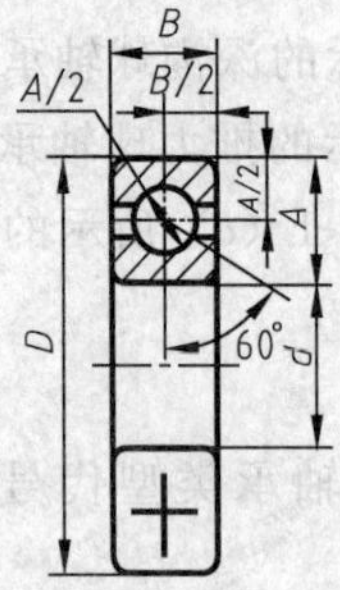 B, B/2, A/2, A, 60°, D, d	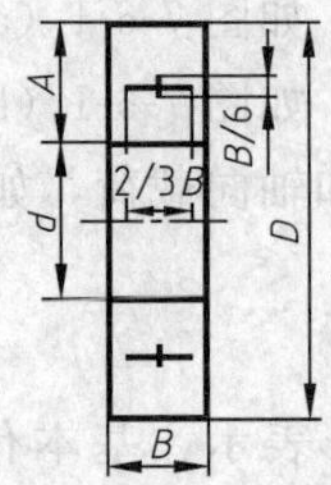 B/6, 2/3B, A, d, D, B	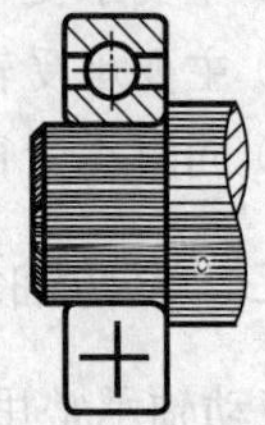
圆锥滚子轴承 30000	D d B T C	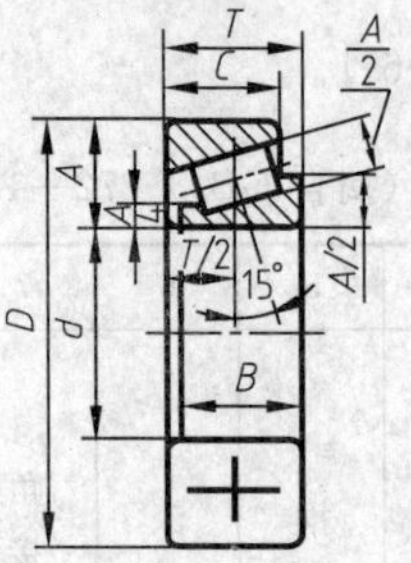 T, C, A/2, A, T/2, 15°, D, d, B	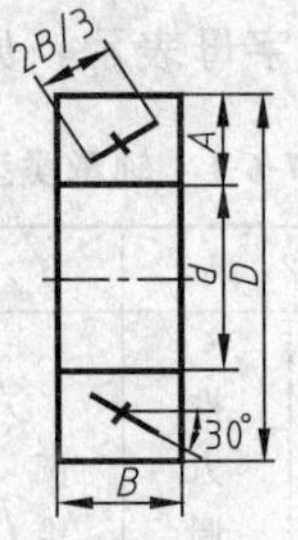 2B/3, A, d, D, 30°, B	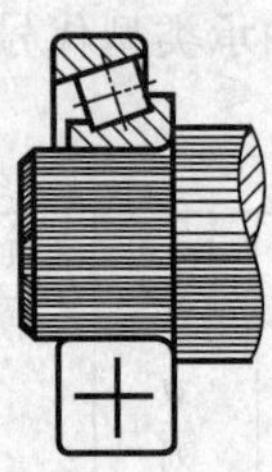
推力球轴承 50000	D d T	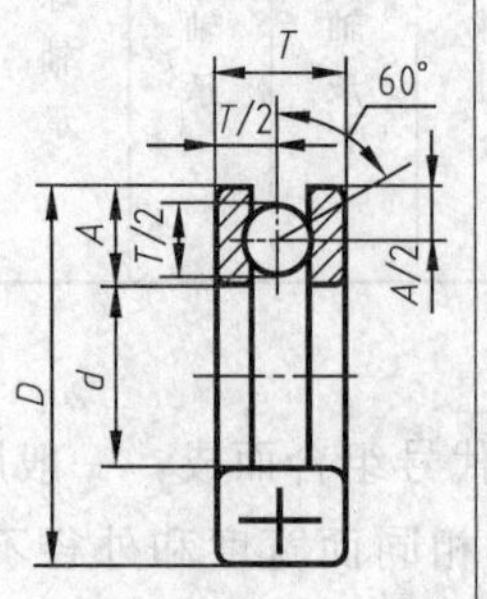 T, T/2, 60°, A, A/2, D, d	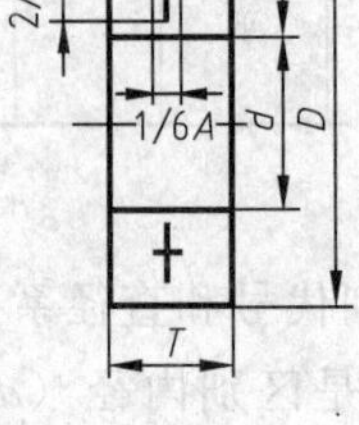 2/3A, A, 1/6A, d, D, T	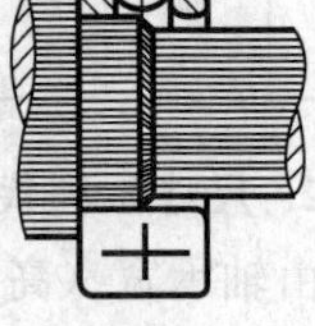

知识任务七　弹　簧

弹簧是在机械中广泛地用来减振、夹紧、储存能量和测力的零件。常用的弹簧如图 7-7-1 所示。本节主要介绍圆柱螺旋压缩弹簧各部分的名称、尺寸关系及其画法。

如图 7-7-2 所示，制造弹簧用的金属丝直径用 d 表示；弹簧的外径、内径和中径分别用 D_2、D_1 和 D 表示；节距用 p 表示；高度用 H_0 表示。

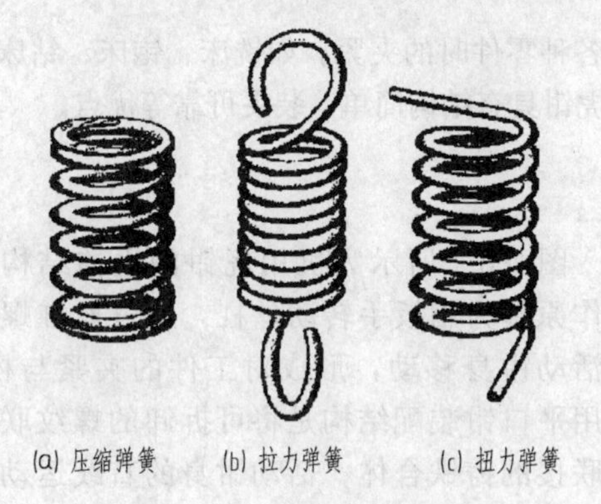

图 7-7-1　圆柱螺旋弹簧

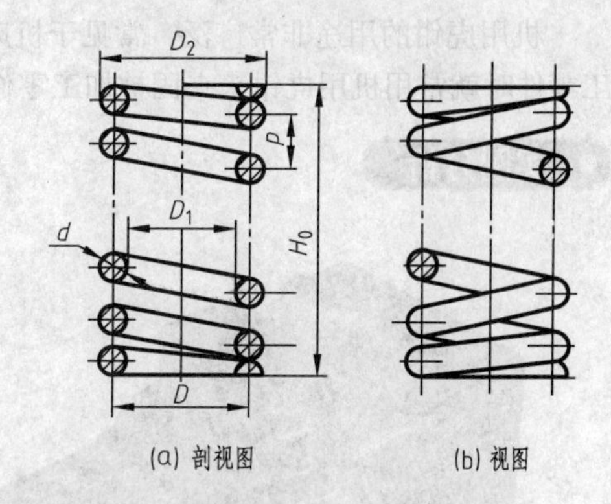

图 7-7-2　圆柱螺旋压缩弹簧的尺寸

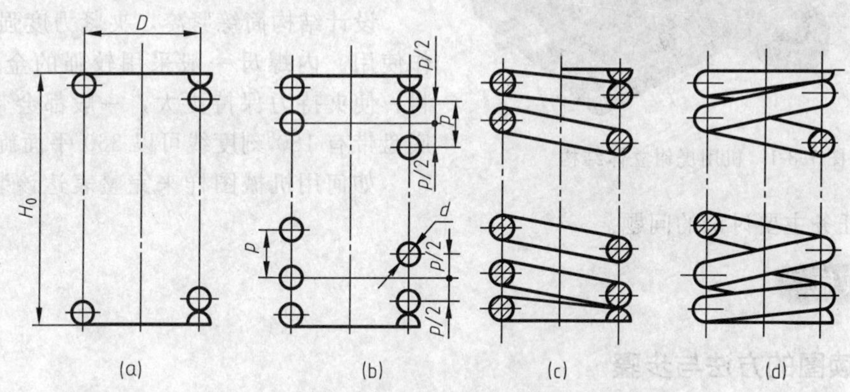

图 7-7-3　圆柱螺旋压缩弹簧的画图方法和步骤

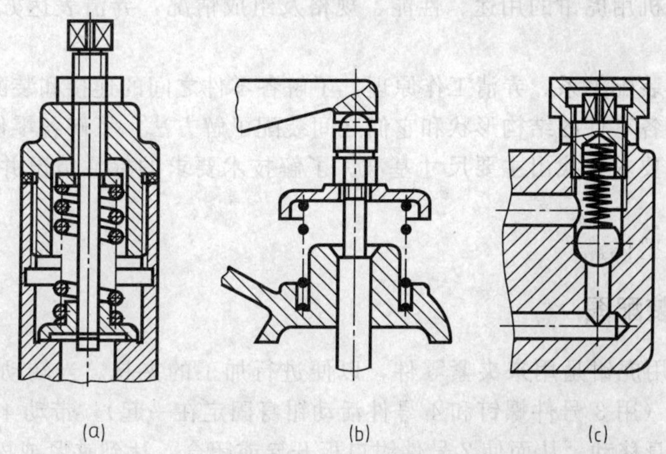

图 7-7-4　圆柱螺旋压缩弹簧在装配图中的画法

圆柱螺旋压缩弹簧的画图方法和步骤，如图 7-7-3 所示。

弹簧在装配图中的画法，如图 7-7-4 所示。

弹簧后面被遮挡住的零件轮廓不必画出，如图 7-7-4（a）所示。当弹簧的簧丝直径小于等于 2mm 时，端面可以涂黑表示，如图 7-7-4（b）所示。也可采用示意画法画出，如图 7-7-4（c）所示。

技能任务八　识读机用虎钳的装配图

机用虎钳的用途非常广泛，常见于机床上加工各种零件时的夹紧。如铣床、铯床、钻床上加工零件时就常用机用虎钳来夹固被加工零件。机用虎钳具有结构简单、装夹可靠等优点。

● 实例分析

图 7-8-1　机用虎钳立体结构

图 7-8-1 所示为机用虎钳的立体结构，其工作原理为用扳手转动丝杠，通过丝杠螺母带动活动钳身移动，形成对工件的夹紧与松开。机用平口钳装配结构是将可拆卸的螺纹联接和销联接的铸铁合体；活动钳身的直线运动是由螺旋运动转变的；工作表面是螺旋副、导轨副及间隙配合的轴和孔的摩擦面。

设计结构简练紧凑，夹紧力度强，易于操作使用。内螺母一般采用较强的金属材料材料，使夹持力保持更大，一般都会带有底盘，底盘带有 180°刻度线可以 360°平面旋转。

如何用机械图样来完整表达该装配体呢？这将是本任务主要讨论的问题。

● 任务实施

一、读图的方法与步骤

① 概括了解。了解机用虎钳的用途、性能、规格及组成情况，弄清表达方法的投影关系和表达意图。

② 分析工作原理、装配关系。弄清工作原理，了解各零件之间的连接和装配关系。

③ 分析零件。弄清各零件的结构形状和它们之间装配了解方法，了解各零件的作用。

④ 分析尺寸、技术要求。找出主要尺寸基准。了解技术要求的标注情况并弄懂它们的表达含义。

⑤ 归纳总结，想象整体。

二、看机用虎钳装配图

（1）工作原理　机用虎钳是用来夹紧零件，以便进行加工的夹具。当转动 8 号件螺杆时，通过 9 号件方螺母（用 3 号件螺钉和 4 号件活动钳身固定在一起），带动 4 号件活动钳身，沿着 1 号件固定钳身移动，从而使 2 号件钳口板开启或闭合，达到夹紧或松开被夹紧件

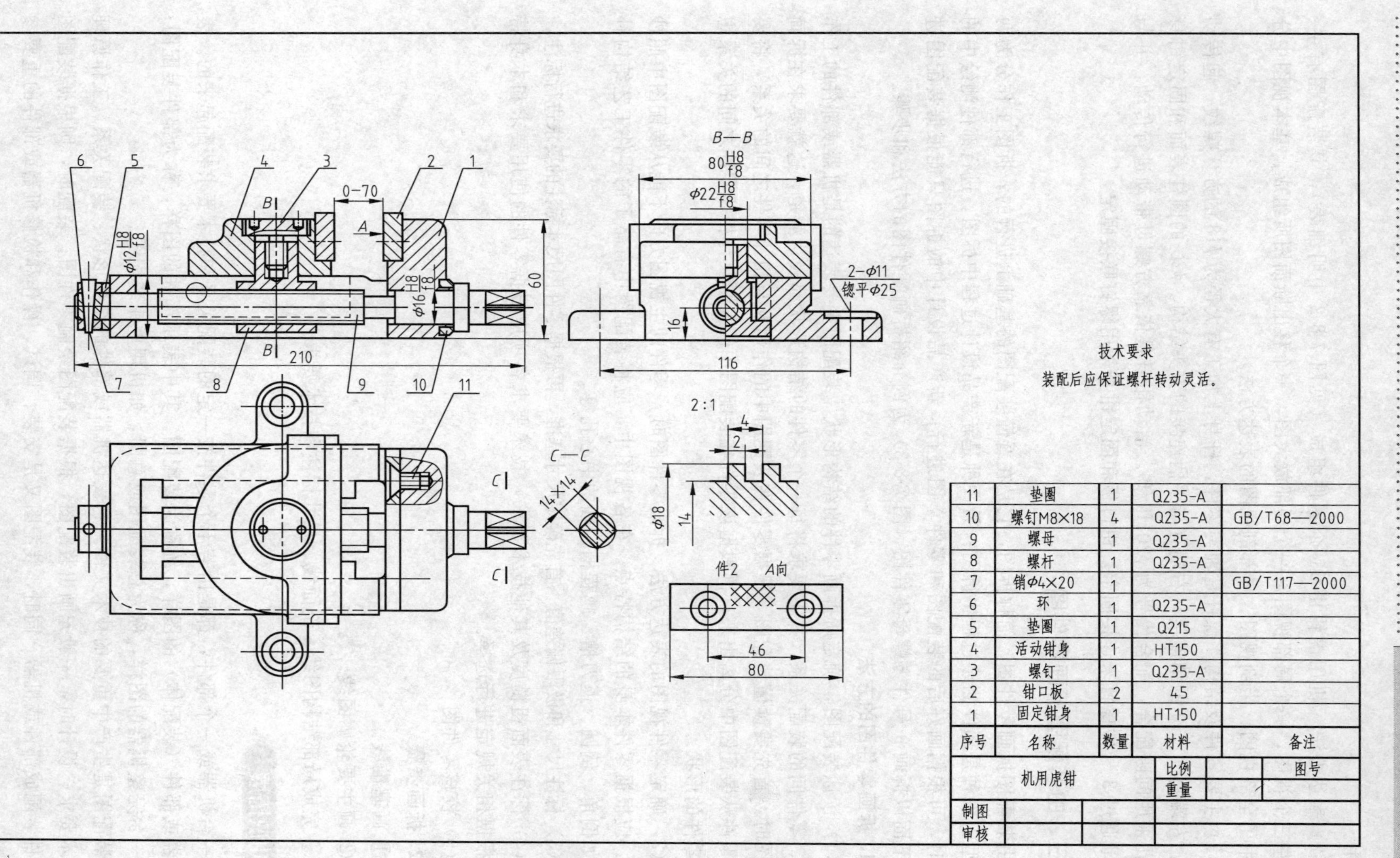

图 7-8-2　机用虎钳的装配图

的作用。

(2) 表达方法　机用虎钳由 11 个零件组成（见图 7-8-2 中明细表），其装配图有主、俯、左三个视图，一个局部视图，一个局部放大图，一个移出断面图所组成，基本视图中分别采用了全剖视图、半剖视图、局部剖视图的表达方法。

(3) 主要零件及结构　螺杆是轴类零件，杆身上加工有大径为 $\phi18$ 的方牙螺纹，起传动作用。左端有 4×10 的销连接，右端有与手柄连接的方头结构。$\phi20$ 的圆柱表面和固定钳身上的孔采用间隙配合，配合代号为 $\phi20H9/f9$。活动钳身是依靠方螺母带动进行传动，并与方螺母通过 3 号件螺钉来连接固定。钳口板和固定钳身采用螺钉联接固定。

三、由装配图拆画零件图

由装配图拆画零件图，简称拆图，它是在看懂装配图的基础上进行的。拆图工作分为两种类型：一种是部件测绘过程中拆图；另一种是新产品设计过程中拆图。进行部件测绘中的拆图时，可根据画好后的装配图和零件草图进行；新产品设计中的拆图只能根据装配图进行。下面以拆画 9 号件方螺母零件图（图 7-8-3）为例介绍拆画零件图的方法和步骤。

1. 拆画零件图的方法

(1) 读懂装配图，确定所拆画零件的结构形状　装配图主要表达的是机器或部件的工作原理、零件间的装配关系，并不要求将每一个零件的结构形状都表达清楚，这就要求在拆画零件图时，首先要读懂装配图，根据零件在装配图中的作用及与相邻零件之间的关系，将要拆的零件从装配图中分离出来，再根据该零件在装配图中的投影及与相邻零件之间的关系想象出零件的形状。

(2) 确定零件视图的表达方法　拆画零件图时，零件的主视图方向不能从装配图中照抄照搬，应根据零件本身的结构特点。在各视图中，应将装配图中省略了的零件工艺结构补全，如倒角、倒圆、退刀槽、越程槽、轴的中心孔等。

(3) 标注尺寸和极限偏差值　首先确定尺寸基准，再根据零件图尺寸标注的要求进行标注。

(4) 标注表面粗糙度及其他技术要求　技术要求各项应根据零件的使用要求和本身特点，根据相关规定进行选择。

(5) 校核零件图

2. 拆画步骤

① 画基准线。

② 画主要轮廓图线。

③ 完成局部结构图线、剖面线、尺寸标注和技术要求。

知识拓展

一台机器或一个部件，都是由若干个零件按一定的装配关系和技术要求装配起来的。表示机器或部件（装配体）的图样，统称为装配图。其中表示部件的图样，称为部件装配图；表示一台完整机器的图样，称为总装配图或总图，如机用虎钳装配图。

装配图是生产中重要的技术文件。它表达机器或部件的结构形状、装配关系、工作原理和技术要求。设计时，一般先画出装配图，根据装配图绘制零件图；装配时，则根据装配图把零件装配成部件或机器。同时，装配图又是安装、调试、操作和检修机器或部件的重要参考资料。

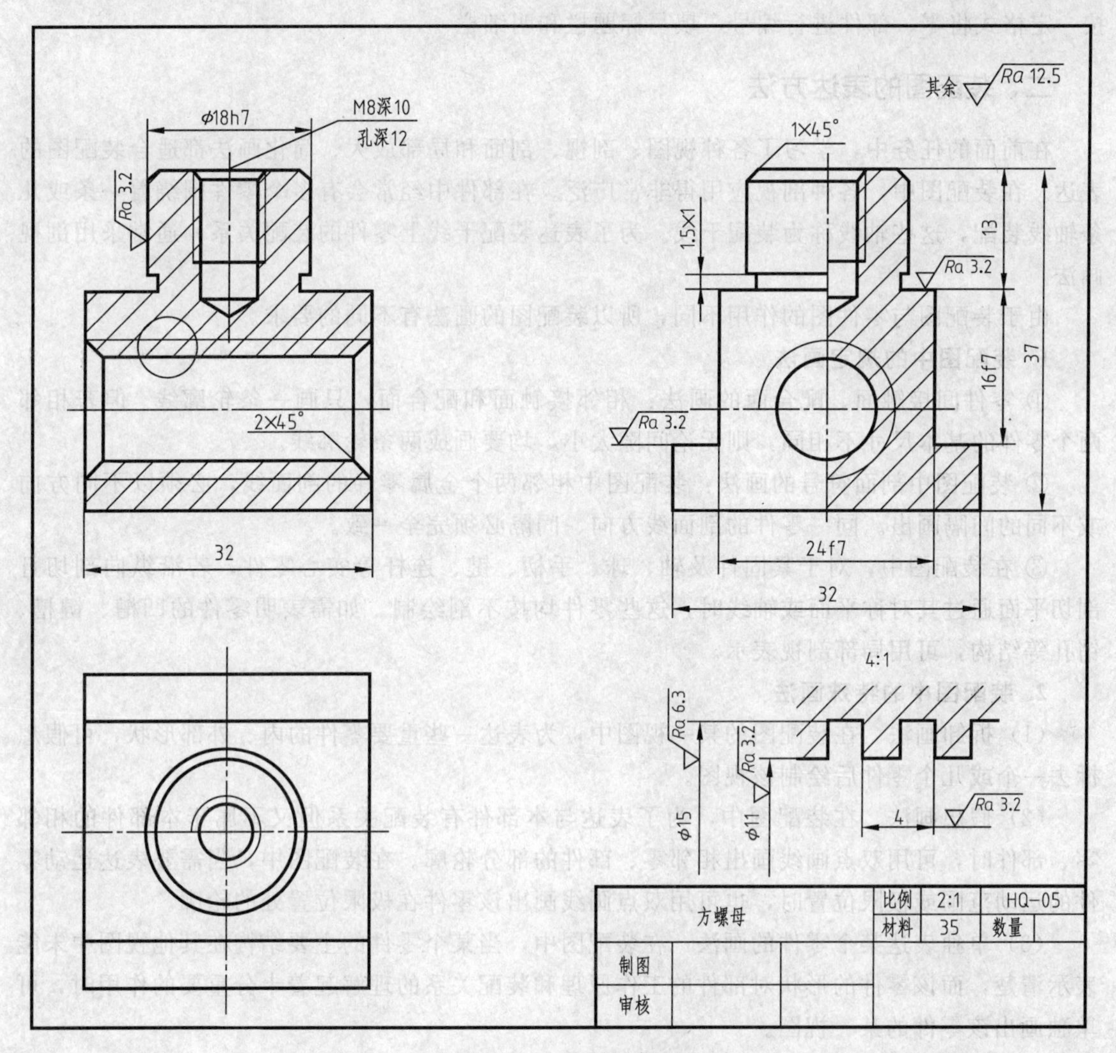

图 7-8-3　方螺母零件图

一、装配图的作用和内容

在产品或部件的设计过程中，一般是先设计画出装配图，然后再根据装配图进行零件设计，画出零件图；在产品或部件的制造过程中，先根据零件图进行零件加工和检验，再依据装配图所制定的装配工艺规程将零件装配成机器或部件；在产品或部件的使用、维护及维修过程中，也经常要通过装配图来了解产品或部件的工作原理及构造。

熟悉并阅读减速器装配图，由图可以看出，一张完整的装配图应具有下列内容。

(1) 一组视图　一组视图正确、完整、清晰地表达产品或部件的工作原理、各组成零件间的相互位置和装配关系及主要零件的结构形状。

(2) 必要的尺寸　标注出反映产品或部件的规格、外形、装配、安装所需的必要尺寸和一些重要尺寸。

(3) 技术要求　在装配图中用文字或国家标准规定的符号注写出该装配体在装配、检验、使用等方面的要求。

(4) 零、部件序号、标题栏和明细栏　按国家标准规定的格式绘制标题栏和明细栏，并按一定格式将零、部件进行编号，填写标题栏和明细栏 。

二、装配图的表达方法

在前面的任务中，学习了各种视图、剖视、剖面和局部放大、简化画法都适合装配图的表达。在装配图中，各种剖视应用得非常广泛。在部件中经常会有多个零件围绕着一条或几条轴线装配，这些轴线称为装配干线。为了表达装配干线上零件的装配关系，通常采用剖视画法。

由于装配图与零件图的作用不同，所以装配图的画法有不同的要求。

1. 装配图中的规定画法

① 零件间接触面、配合面的画法：相邻接触面和配合面，只画一条轮廓线。但若相邻两个零件的基本尺寸不相同，则无论间隙大小，均要画成两条轮廓线。

② 装配图中剖面符号的画法：装配图中相邻两个金属零件的剖面线，必须以不同方向或不同的间隔画出。同一零件的剖面线方向、间隔必须完全一致。

③ 在装配图中，对于紧固件及轴、球、手柄、键、连杆等实心零件，若沿纵向剖切且剖切平面通过其对称平面或轴线时，这些零件均按不剖绘制。如需表明零件的凹槽、键槽、销孔等结构，可用局部剖视表示。

2. 装配图中的特殊画法

(1) 拆卸画法　在装配图的某一视图中，为表达一些重要零件的内、外部形状，可假想拆去一个或几个零件后绘制该视图。

(2) 假想画法　在装配图中，为了表达与本部件有装配关系但又不属于本部件的相邻零、部件时，可用双点画线画出相邻零、部件的部分轮廓。在装配图中，当需要表达运动零件的运动范围或极限位置时，也可用双点画线画出该零件在极限位置处的轮廓。

(3) 单独表达某个零件的画法　在装配图中，当某个零件的主要结构在其他视图中未能表示清楚，而该零件的形状对部件的工作原理和装配关系的理解起着十分重要的作用时，可单独画出该零件的某一视图。

(4) 简化画法

① 在装配图中，若干相同的零、部件组，可详细地画出一组，其余只需用点画线表示其位置即可。

② 在装配图中，零件的工艺结构，如倒角、圆角、退刀槽、拔模斜度、滚花等均可不画。

三、装配图的其他规定

1. 装配图的一般规定

① 装配图中所有的零、部件都必须编写序号。

② 装配图中一个部件可以只编写一个序号；同一装配图中相同的零、部件只编写一次。

③ 装配图中零、部件序号，要与明细栏中的序号一致。

2. 装配图序号的编排方法

① 装配图中编写零、部件序号的常用方法有三种，见 GB/T 4458.2—2003。

② 同一装配图中编写零、部件序号的形式应一致。

③ 指引线应自所指部分的可见轮廓引出，并在末端画一圆点。如所指部分轮廓内不便

画圆点时，可在指引线末端画一箭头，并指向该部分的轮廓。

④ 指引线可画成折线，但只可曲折一次。

⑤ 一组紧固件以及装配关系清楚的零件组，可以采用公共指引线。

⑥ 零件的序号应沿水平或垂直方向按顺时针或逆时针方向排列，序号间隔应尽可能相等。

3. 装配图的标题栏及明细栏

(1) 标题栏（GB/T 10609.1—1989）　装配图中标题栏格式与零件图中相同。

(2) 明细栏（GB/T 10609.2—1989）　明细栏是机器或部件中全部零件的详细目录，应紧接在标题栏上方并对齐，按顺序地由下向上填写。如位置不够时，可在标题栏左方继续列表，若零件过多，在图中列不下明细栏时，也可另外用纸填写。

对于标准件，应将其名称连同规格尺寸填写在明细栏中，在备注栏中写明标准代号，对于常用件应注明主要数据（如齿轮的模数、齿数等）。

4. 装配图的技术要求

(1) 装配要求　装配后必须保证的精度以及装配时的要求。

(2) 检验要求　装配过程中及装配后必须保证其精度的各种检验方法。

(3) 使用要求　对装配体的基本性能、维护、保养、使用时的要求。

四、装配图的绘制方法

1. 拟定表达方案

(1) 选择主视图　画装配图时，部件大多按工作位置放置。主视图方向应选择反映部件主要装配关系及工作原理的方位，主视图的表达方法多采用剖视的方法。

(2) 选择其他视图　其他视图的选择以进一步准确、完整、简便地表达各零件间的结构形状及装配关系为原则，因此多采用局部剖、拆去某些零件后的视图、断面图等表达方法。

2. 装配图画图步骤

① 选比例、定图幅、布图。

② 按装配关系依次绘制主要零件的投影。

③ 绘制部件中的连接、密封等装置的投影。

④ 标注必要的尺寸、编序号、填写明细表和标题栏，写技术要求。

综合模块

综合测绘

知识任务一　机械零件测绘一般方法

一、常用测绘基本知识

1. 零件测绘的概念

借助测量工具（或仪器）对机械零件或部件进行测量，并绘出其工作图的全过程称为零件测绘。

测绘与设计不同，测绘是先有实物，再画出图样；而设计一般是先有图样后有样机。如果把设计工作看成是构思实物的过程，那么测绘工作可以说是一个认识实物和再现实物的过程。

测绘往往对某些零件的材料、特性要进行多方面的科学分析鉴定，甚至研制。因此，多数测绘工作带有研究的性质，基本属于产品研制范畴。

零件测绘的对象通常是单个或多个机械零件、机器或部件，因此根据测绘对象不同，零部件测绘分为零件测绘和部件测绘。零部件测绘也可简称为“测绘”。零件测绘是指对已有零件进行分析，确定其表达方案，绘制零件草图，测量尺寸，最后整理出零件工作图（简称零件图）的过程。

2. 零件测绘的种类

（1）设计测绘　测绘目的是为了设计。根据需要对原有设备的零件进行更新改造，这些测绘多是从设计新产品或更新原有产品的角度进行的。

（2）机修测绘　测绘目的是为了修配。当零部件损坏时，无图样和资料可查，需要对坏零件进行测绘。

（3）仿制测绘　测绘目的是为了仿制。为了学习先进，取长补短，常需要对先进的产品进行测绘，制造出更好的产品。

3. 零件草图的绘制

零件测绘工作常在机器设备的现场进行，受条件所限，一般先绘制出零件草图，然后根据零件草图整理出零件工作图。因此，零件草图决不是潦草图。

要正确理解草图的概念，徒手绘制的图样称为草图，它不需借助绘图工具，而是通过目测来估计物体的形状和大小，最终徒手绘制的图样。在讨论设计方案、技术交流及现场测绘中，经常需要快速地绘制出草图，徒手绘制草图是工程技术人员必须具备的基本技能。零件草图的内容与零件工作图相同，只是线条、字体等为徒手绘制。徒手图应做到：线型分明、比例均匀、字体端正、图面整洁。

二、零件测绘的步骤

零件的测绘步骤可按以下几方面进行。

(1) 了解和分析零件　了解零件的工作情况如名称、材料、用途、结构形状、大致加工方法、结构特点。

(2) 画零件草图　根据分析情况，确定零件的表达方案，徒手目测比例画出零件草图，并标注尺寸界线和尺寸线。

(3) 测量尺寸并填写尺寸数值　集中测量草图上所需要的各类尺寸，填写尺寸数字、技术要求和标题栏。

(4) 根据零件草图，整理画出零件工作图。

三、零部件测绘注意事项

1. 如何了解和分析测绘对象

① 了解该零件的名称、用途和材料。

② 对零件的结构形状进行分析。必要时，还应弄清它们在部件中的功用以及与其他零件间的装配连接关系。

③ 分析该零件的加工工艺。因为不同的加工顺序或加工方法对零件结构形状的表达、基准选择和尺寸标注都会有影响。

如果测绘的对象是一部机器或部件，应先对被测绘机器或部件外形进行仔细观察和分析，了解其外形进行结构特点。收集并参阅测绘对象的相关资料，如产品说明书（内容包括产品名称、型号、性能、使用说明）、产品样本（其中有产品的外形照片、结构简图等）、产品合格证（一般标有该产品的主要技术要求）、产品维修手册（一般有产品的结构拆卸图），以便概括了解该部件的性能、用途、工作原理、功能结构等特点以及各零件的装配关系。

2. 草图绘制基础

草图是指不使用绘图工具和仪器，以目测比例徒手绘制的图样。草图是工程人员进行交流、记录、构思、创作和测绘的有力工具，也是工程技术人员和工科学生必须掌握的基本技能之一。

(1) 画草图的基本要求

① 画线要稳，图线要清晰。

② 目测实物各部分比例要均匀。

③ 绘图速度要快，中途不要频繁停顿。

④ 绘制草图的铅笔要软些（用B或2B），笔尖削成圆锥形。

(2) 握笔的方法　画草图时，手握笔要比平时写字的位置高并放松，这样运笔时比较灵活且稳定。笔杆与纸面成45°～60°，握笔稳而有力。直线画法画直线时，手腕轻靠纸面，沿着画线方向移动，尽量保证图线的平直。

(3) 徒手画直线　徒手画直线时应做到以下几点：画线时视线略超前一些，不宜盯着笔尖，眼睛要注意终点方向；直线画得要直，粗细均匀，尽量一笔画成。画水平线，图纸可放斜一点，将图纸转动到画线最为顺手的位置，从左向右用笔，如图 8-1-1（a）所示。画垂直线时，自上而下运笔，如图 8-1-1（b）所示。画斜线的运笔方向以顺手为原则。若与水平线相近，自左向右，若与垂直线相近，则自上向下运笔，如图 8-1-1（c）所示可以转动图纸到便于画线的位置。画短线时常以手腕运笔，画长线时则以手臂带动手腕运笔。

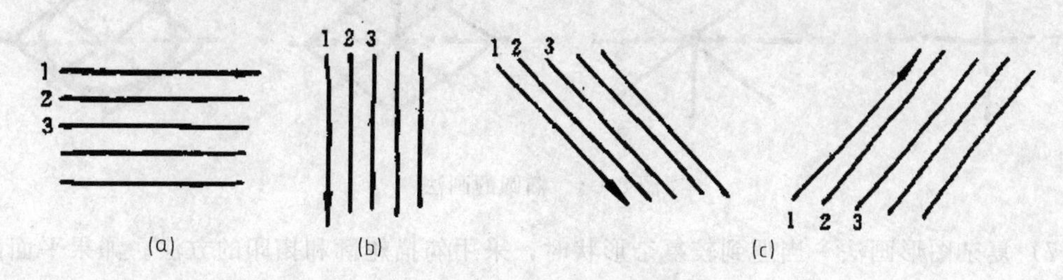

图 8-1-1　徒手画直线

（4）圆和曲线的画法　画小圆时，先定出圆心的位置，过圆心画出互相垂直的两条中心线，再在对称中心线上距圆心等于半径处目测截取四点，过四点分段画成，如图 8-1-2（a）所示。画稍大的圆时，可加画一对十字线，并同时截取四点，过八点画圆，如图 8-1-2（b）所示。

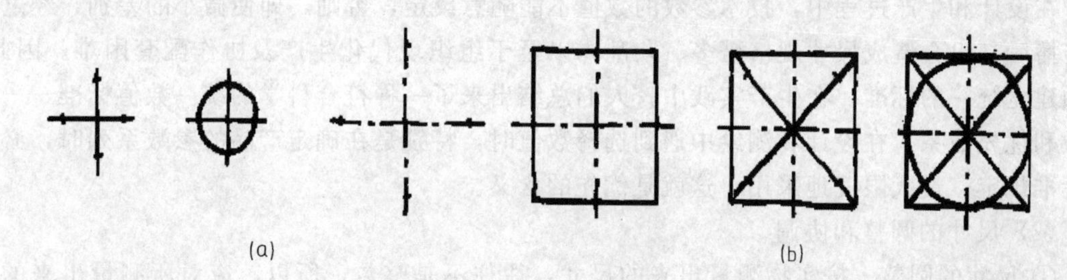

图 8-1-2　徒手画圆

（5）角度的画法　画 45°线时，以 1∶1 做出直角边，就可得到 45°斜线，如图 8-1-3（a）所示。画 30°、60°等特殊角度的斜线时，只要按图 8-1-3（b）所示，以 3∶5 为直角边，连接斜边即可。若需画 10°角，应首先画出 30°角，再等分其对边三等分，连到角上，即可得 10°角度线。

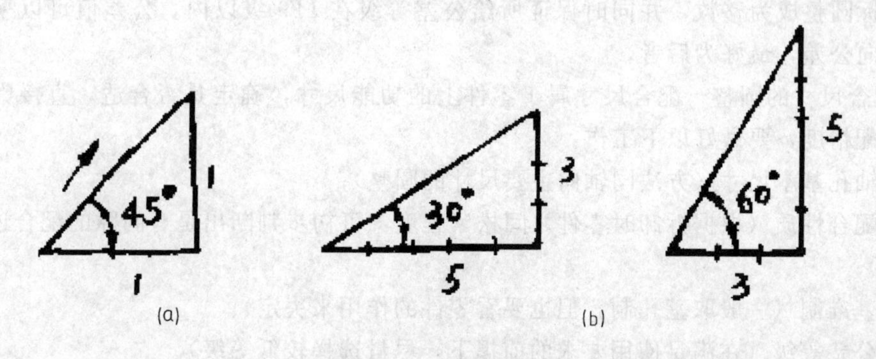

图 8-1-3　角度的画法

(6) 椭圆及圆角的画法　画椭圆时，应先画出对称线（中心线）、然后画出长短轴的距离，作棱形，然后在棱形内做内切扁圆，即可代替椭圆，如图 8-1-4 所示。画圆角时，应先在画圆角处画出一个方形，然后用弧线连接对角线。

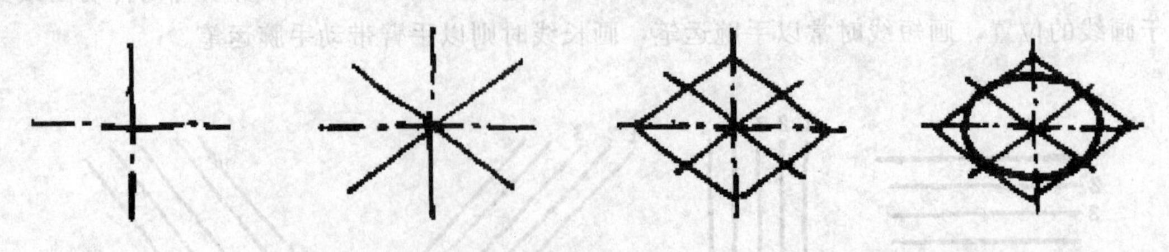

图 8-1-4　椭圆的画法

(7) 复杂图形画法　当遇到较复杂形状时，采用勾描轮廓和拓印的方法。如果平面能接触纸面时，用色描法，直接用铅笔沿轮廓画出线来。

(8) 为了便于控制图形大小比例和各图形间的关系，可利用方格纸画草图。

3. 测绘中的尺寸圆整

(1) 优先数和优先数系　当设计者选定一个数值作为某种产品的参数指标时，这个数值就会按照一定的规律，向一切有关的制品传播扩散。如螺栓尺寸一旦确定，与其相配的螺母就定了，进而传播到加工、检验用的机床和量具，继而又传向垫圈、扳手的尺寸等。由此可见，在设计和生产过程中，技术参数的数值不能随意设定，否则，即使微小的差别，经过反复传播后，也会造成尺寸规格繁多、杂乱，以至于组织现代化生产及协作配套困难。因此，必须建立统一的标准。在生产实践中，人们总结出来了一种符合科学的统一数值标准——优先数和优先数系。在设计和测绘中遇到选择数值时，特别是在确定产品的参数系列时，必须按标准规定，最大限度地采用，这就是优先的含义。

(2) 尺寸的圆整和协调

① 尺寸的圆整　按实物测量出来的尺寸，往往不是整数，所以，应对所测量出来的尺寸进行处理、圆整。尺寸圆整后，可简化计算，使图形清晰，更重要的是可以采用更多的标准刀量具，缩短加工周期，提高生产效率。

轴向主要尺寸（功能尺寸）的圆整可根据实测尺寸和概率论理论，考虑到零件制造误差是由系统误差与随机误差造成的，其概率分布应符合正态分布曲线，故假定零件的实际尺寸应位于零件公差带中部，即当尺寸只有一个实测值时，就可将其当成公差中值，尽量将基本尺寸按国标圆整成为整数，并同时保证所给公差等级在 IT9 级以内。公差值可以采用单向公差或双向公差，最好为后者。

② 配合尺寸的圆整　配合尺寸属于零件上的功能尺寸，确定是否合适，直接影响产品性能和装配精度，要做好以下工作：

确定轴孔基本尺寸（方法同轴向主要尺寸的圆整）；

确定配合性质（根据拆卸时零件之间松紧程度，可初步判断出是有间隙的配合还是有过盈的配合）；

确定基准制（一般取基孔制，但也要看零件的作用来决定）；

确定公差等级（在满足使用要求的前提下，尽量选择较低等级）。

③ 一般尺寸的圆整　一般尺寸为未注公差的尺寸，公差值可按国标未注公差规定或由

企业统一规定。圆整这类尺寸，一般不保留小数，圆整后的基本尺寸要符合国标规定。

(3) 尺寸协调　在零件图上标注尺寸时，必须注意把装配在一起的有关零件的测绘结果加以比较，并确定其基本尺寸和公差，不仅相关尺寸的数值要相互协调，而且，在尺寸的标注形式上也必须采用相同的标注方法。

(4) 被测零件技术要求的确定

① 确定形位公差　在测绘时，如果有原始资料，则可照搬。在没有原始资料时，由于有实物，可以通过精确测量来确定形位公差。但要注意两点，其一，选取形位公差应根据零件功用而定，不可采取只要能通过测量获得实测值的项目，都注在图样上。其二，随着国外科技水平尤其是工艺水平的提高，不少零件从功能上讲，对形位公差并无过高要求，但由于工艺方法的改进，大大提高了产品加工的精确性，使要求不甚高的形位公差提高到很高的精度。因此，在测绘中，不要盲目追随实测值，应根据零件要求，结合我国国标所确定的数值，合理确定。

② 表面粗糙度的确定　根据实测值来确定测绘中可用相关仪器测量出有关的数值，再参照我国国标中的数值加以圆整确定。

4. 常用拆卸工具

为进一步了解机器或部件内部各零件的装配情况以满足测绘的需要，必须要拆卸机器或部件。拆卸工作要借助工具来完成，常用的拆卸工具有以下几种。

(1) 扳手类　扳手的种类很多，包括呆扳手、梅花扳手、活扳手、套筒扳手和内六角扳手等。其中呆扳手、梅花扳手、活扳手、套筒扳手用于紧固和拆卸一定尺寸范围内的六角头或方头螺栓、螺母。内六角扳手则专门用于紧固和拆卸内六角螺钉。

(2) 钳子类　钳子类包括钢丝钳、尖嘴钳、挡圈钳和管子钳等。其中，钢丝钳和尖嘴钳常用于夹持、剪断或弯曲金属薄片、细圆柱形件等；尖嘴钳则适合于狭小工作空间夹持小零件和切断或扭曲细金属丝；挡圈钳常用于安装和拆卸挡圈；管子钳用于紧固和拆卸圆形管状工件。

(3) 螺钉旋具类　螺钉旋具俗称螺丝刀或起子，包括一字槽旋具和十字槽旋具。前者常用于拆卸或紧固各种标准的一字槽螺钉，后者用于拆卸或紧固各种标准的十字槽螺钉。

四、零部件测绘的应用

1. 修复零件与改造已有设备

在维修机器或设备时，如果其某一零件损坏，在无备件与图样的情况下，就需要对损坏的零件进行测绘，画出图样以满足该零件再加工的需要；有时为了发挥已有设备的潜力，对已有设备进行改造，也需要对部分零件进行测绘后，进行结构上的改进而配制新的零件或机构，以改变机器设备的性能，提高机器设备的效率。

2. 设计新产品

在设计新机械产品时，有一种途径是对已有实物产品进行测绘，通过对测绘对象的工作原理、结构特点、零部件加工工艺、安装维护等方面进行分析，取人之长、补己之短，从而设计出比同类产品性能更优的新产品。

3. 仿制产品

对于一些引进的新机械或设备（无专利保护），因其性能良好而具有一定的推广应用价值，由于缺乏技术资料和图纸，通常可通过测绘机器设备的所有零部件，获得生产这种新机械或设备的有关技术资料，以便组织生产。这种仿制速度快，经济成本低。

4. “机械制图”实训教学

零部件测绘是各类工科院校、高职院校“机械制图”教学中的一个十分重要的实践性教学环节。其目的是加强对学生实践技能的训练，培养学生的工程意识和创新能力。同时也是对“机械制图”课程内容进行综合运用的全面训练，有效锻炼和培养学生的动手能力、理论运用于实践的能力以及与人合作的精神。

知识任务二　机械零件测绘仪器

一、常用测绘仪器

在测绘图上，必须完整地记入尺寸、所用材料、加工面的粗糙度、精度以及其他必要的参数和指标。一般测绘图上的尺寸，都是用量具在零、部件的各个表面上测量出来的。因此，我们必须熟悉量具和量仪的种类、规格和用途。量具或检验的工具，称为计量器具，其中比较简单的称为量具；具有传动放大或细分机构的称为量仪。

一般的测绘工作使用的量具有以下几种。

简易量具：用于测量精度要求不高的尺寸，比如塞尺、钢直尺、卷尺和卡钳等。

游标量具：用于测量精密度要求较高的尺寸，有游标卡尺、高度游标卡尺、深度游标卡尺、齿厚游标卡尺和公法线游标卡尺等。

千分量具：用于测量高精度要求的尺寸，有内径千分尺、外径千分尺和深度千分尺等。

平直度量具：水平仪，用于水平度测量。

角度量具：有直角尺、角度尺和正弦尺等，用于角度测量。

这里仅简单介绍钢直尺、卡钳、游标卡尺及其千分尺的使用方法。

图 8-2-1 为几种常用的测量工具。

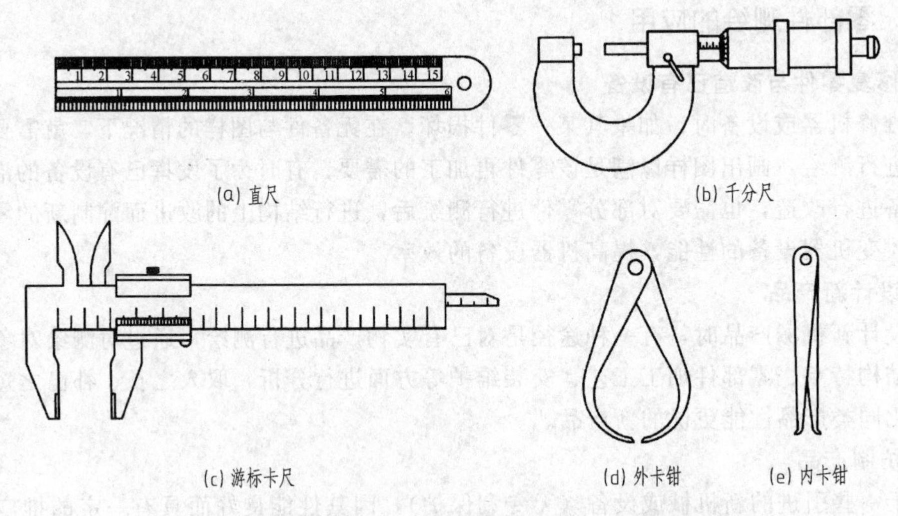

图 8-2-1　常用测量工具

二、钢直尺和内、外卡钳

1. 钢直尺

钢直尺是采用不锈钢薄板制成的刻度尺，尺面上刻有公制刻度线，刻线间隔一般为1mm。钢直尺是最简单的长度量具，它的长度有150mm、300mm、500mm和1000mm四种规格，图8-2-2为150 mm钢直尺。钢尺的测量误差比较大，在0.25～0.5mm之间，用于测量一般精度的线性尺寸，测量结果不太准确。这是由于钢直尺的刻线间距为1mm，而刻线本身的宽度就有0.1～0.2mm，所以测量时读数误差比较大，只能读出毫米数，即它的最小读数值为1mm，比1mm小的数值，只能估计而得。

2. 钢直尺使用方法

测量时，直尺有刻度的一边要与被测量的线性尺寸平行，0刻度线对准被测量线性尺寸的起点，线性尺寸的终点所对应的刻度即为线性尺寸的读数值。使用钢直尺时，应以左端的零刻度线为测量基准，这样不仅便于找正测量基准，而且便于读数。测量时，尺要放正，不得前后左右歪斜。否则，从直尺上读出的数据会比被测的实际尺寸偏大。为求精确测量结果，可将直角尺翻转180°再测量一次，取二次读数算术平均值为其测量结果，可消除角尺本身的偏差。用钢直尺测圆截面直径时，被测面应平，使尺的左端与被测面的边缘相切，摆动尺子找出最大尺寸，即为所测直径。

图 8-2-2　150mm钢直尺

3. 钢直尺的测量

钢直尺主要用于测量零件的长度、宽度等尺寸（图8-2-3）。

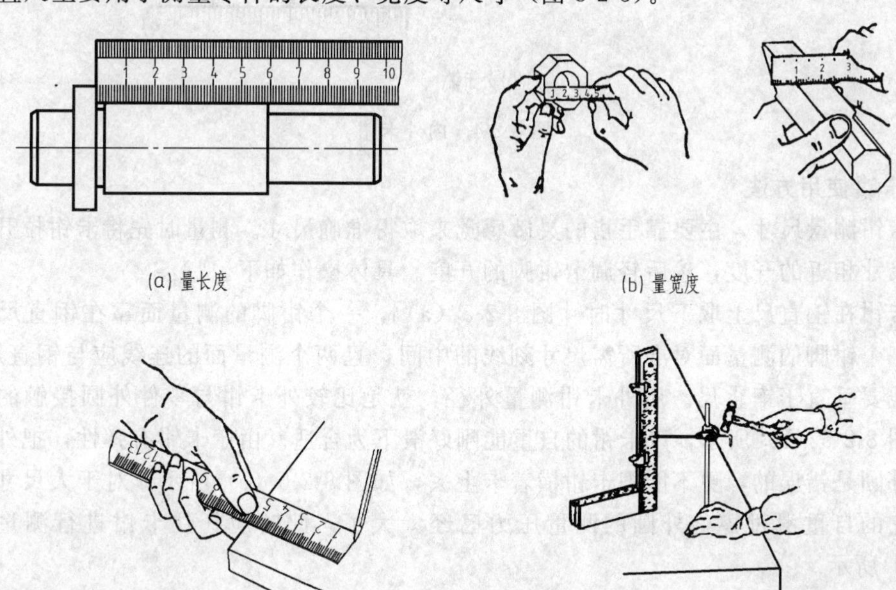

图 8-2-3　钢直尺的测量

用钢直尺直接去测量零件的直径尺寸（轴径或孔径），测量精度较差。其原因是：除了钢直尺本身的读数误差比较大以外，还由于钢直尺无法正好放在零件直径的正确位置。所以，零件直径尺寸的测量，也可以利用钢直尺和内外卡钳配合起来进行。

三、卡钳

1. 卡钳

卡钳是间接量具，没有刻度值，必须与钢尺或其他带有刻度的量具结合使用才能读出尺寸。卡钳结构简单，使用方便，按用途不同可分为内卡钳、外卡钳两种。外卡钳多用于测量回转体的外径和平行面间的距离，如图 8-2-4（b）所示。内卡钳用于测量回转体内径和凹槽距离，如图 8-2-4（a）所示。凡不适于用游标卡尺测量的，用钢直尺、卷尺也无法测量的尺寸，均可用卡钳进行测量。

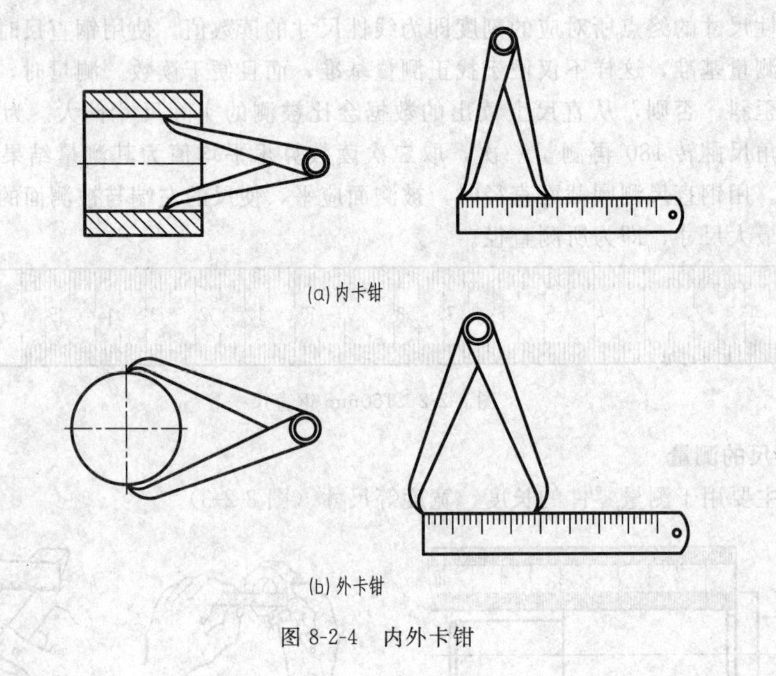

(a) 内卡钳

(b) 外卡钳

图 8-2-4　内外卡钳

2. 卡钳使用方法

用卡钳测量尺寸，主要靠手指的灵敏感觉来取得准确尺寸。测量时先将卡钳拉开到与被测零件尺寸相近的开度，然后轻调卡钳脚的开度。具体操作如下。

外卡钳在钢直尺上取下尺寸时［图 8-2-5（a）］，一个钳脚的测量面靠在钢直尺的端面上，另一个钳脚的测量面对准所需尺寸刻线的中间，且两个测量面的连线应与钢直尺平行，人的视线要垂直于钢直尺。用外卡钳测量外径，就是比较外卡钳与零件外圆接触的松紧程度，如图 8-2-5（b）所示，以卡钳的自重能刚好滑下为合适。由于卡钳有弹性，把外卡钳用力压过外圆是错误的，更不能把卡钳横着卡上去，如图 8-2-5（c）所示。对于大尺寸的外卡钳，靠它的自重滑过零件外圆的测量压力已经太大了，此时应托住卡钳进行测量，如图 8-2-5（d)所示。

内卡钳测量内径时，将卡钳插入孔或槽边缘部分，使两钳脚测量面的连线垂直相交于内孔轴线，一个钳脚靠在孔壁上，另一个钳脚由孔口略偏里面一些逐渐向外试量，并沿孔壁的四周方向摆动，经过反复调整，直到卡脚摆动的距离最小，手指有轻微摩擦的感觉，此时内卡钳的开口尺寸就是内孔直径。最后保持卡钳脚的开度不变，在直尺上读取尺寸。

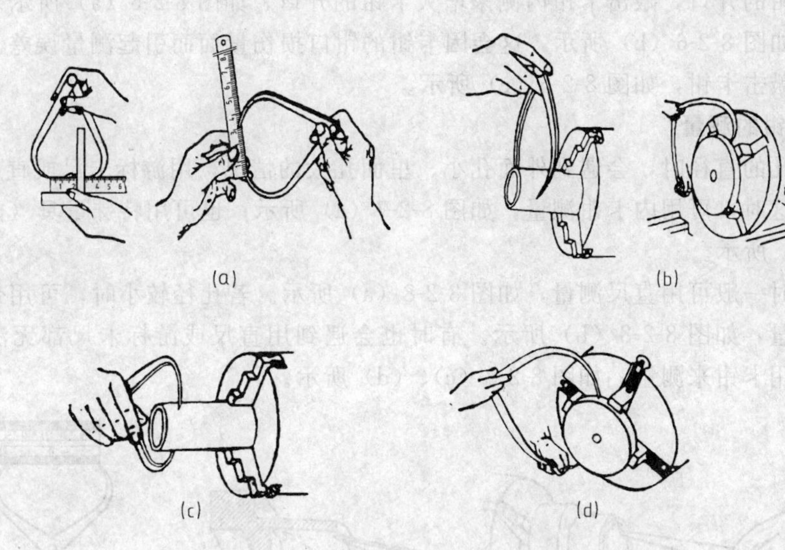

图 8-2-5　外卡钳在钢直尺上取尺寸和测量方法

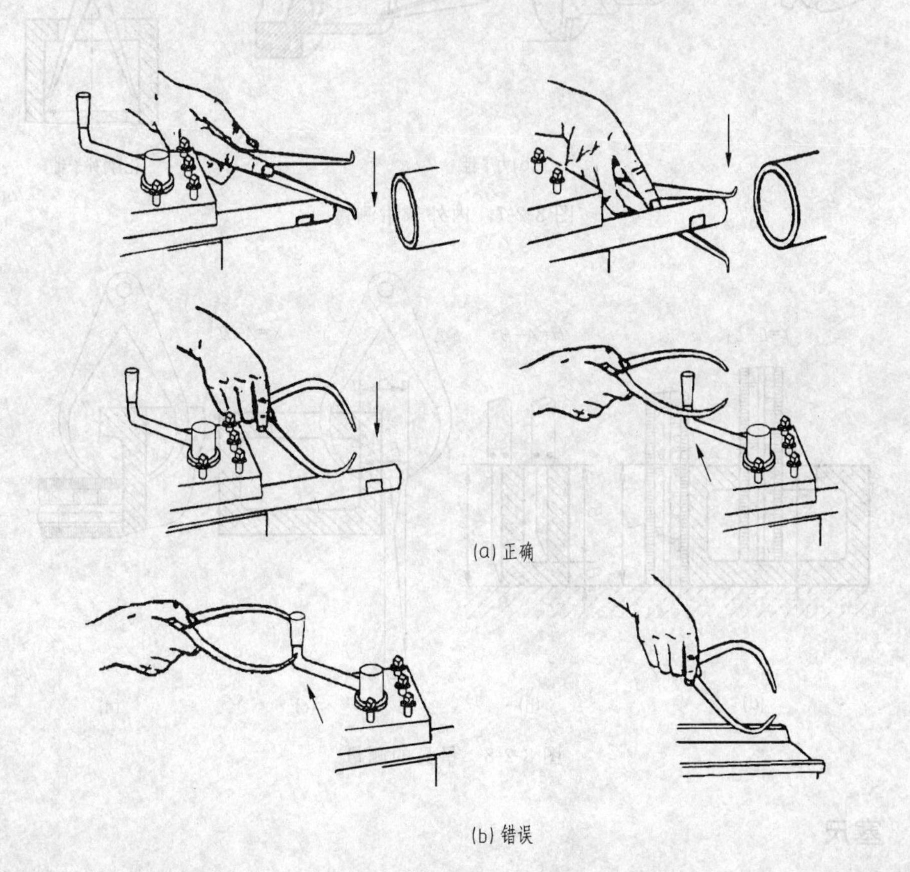

图 8-2-6　卡钳开度的调节

3. 卡钳开度的调节

钳口形状对测量精确性影响很大，应注意经常修整钳口的形状。调节卡钳的开度时，应轻轻敲击卡钳脚的两侧面。先用两手把卡钳调整到和工件尺寸相近的开口，然后轻敲卡钳的外侧来减小卡钳的开口，敲击卡钳内侧来增大卡钳的开口，如图 8-2-6（a）所示。但不能直接敲击钳口，如图 8-2-6（b）所示，这会因卡钳的钳口损伤量面而引起测量误差。更不能在机床的导轨上敲击卡钳，如图 8-2-6（c）所示。

4. 内外卡钳的测量

测量阶梯孔的直径时，会遇到外面孔小、里面孔大的情况，用游标卡尺或直尺无法测量大孔的直径。这时，可用内卡钳测量，如图 8-2-7（a）所示；也可用特殊量具（内外卡钳），如图 8-2-7（b）所示。

测量壁厚时一般可用直尺测量，如图 8-2-8（a）所示。若孔径较小时，可用带测量深度的游标卡尺测量，如图 8-2-8（b）所示。有时也会遇到用直尺或游标卡尺都无法测量的壁厚，这时则需用卡钳来测量，如图 8-2-8（c）、（d）所示。

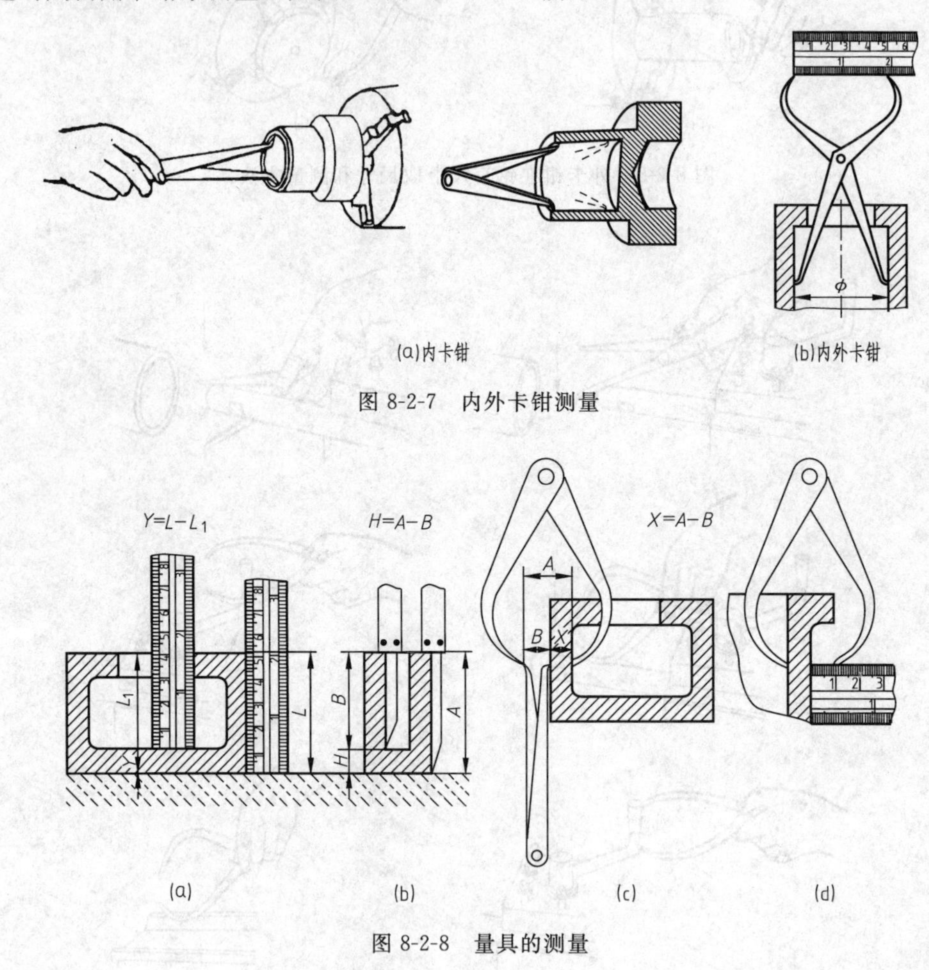

图 8-2-7 内外卡钳测量

图 8-2-8 量具的测量

四、塞尺

塞尺又称厚薄规或间隙片，主要用来检验机床的特别紧固面和紧固面、活塞和气缸、活塞环槽和活塞环、十字头滑板和导板、进排气阀顶端和摇臂、齿轮啮合间隙等两个结合面之间的间隙大小。塞尺是由许多层厚薄不一的薄钢片组成（图 8-2-9），按照塞尺的组别制成一把一把的塞尺，每把塞尺中的每片具有两个平行的测量平面，且都有厚度标记，以供组合使用。

测量时，根据结合面间隙的大小，用一片或数片重叠在一起塞进间隙内。例如用 0.03mm 的一片能插入间隙，而 0.04mm 的一片不能插入间隙，这说明间隙在 0.03～0.04mm 之间，所以塞尺也是一种界限量规。

使用塞尺时必须注意下列几点。

① 根据结合面的间隙情况选用塞尺片数，但片数愈少愈好。

② 测量时不能用力太大，以免塞尺遭受弯曲和折断。

③ 不能测量温度较高的工件。

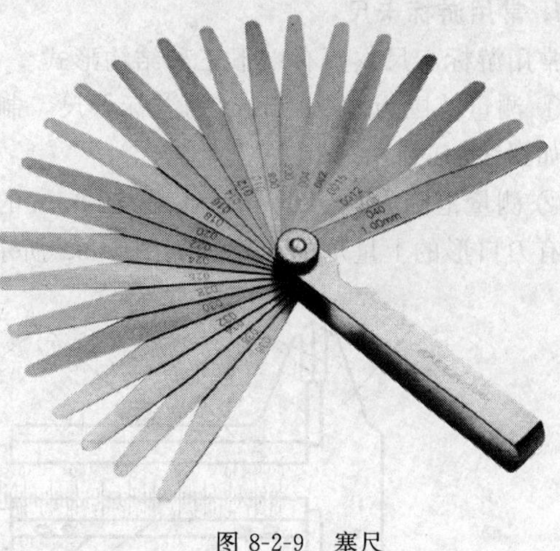

图 8-2-9 塞尺

知识任务三 游 标 卡 尺

游标卡尺是工业中常用的一种测量零件外径、内径、长度、宽度、厚度、深度和孔距的量具。由主尺和附在主尺上能滑动的游标两部分构成，具有结构简单、使用方便、精度中等和测量的尺寸范围大等特点。游标上部有一紧固螺钉，可将游标固定在尺身上的任意位置。在游标与尺身之间有一弹簧片，利用弹簧片的弹力使游标与尺身靠紧。尺身和游标处有内外测量爪，利用内测量爪可以测量槽的宽度和管的内径，同时利用外测量爪可以测量零件的厚度和管的外径。将深度尺与游标尺连在一起，可以测槽和筒的深度。

一、游标卡尺种类

应用游标读数原理制成的量具有游标卡尺、高度游标卡尺、深度游标卡尺、游标量角尺（如万能量角尺）和齿厚游标卡尺等，应用范围非常广泛。

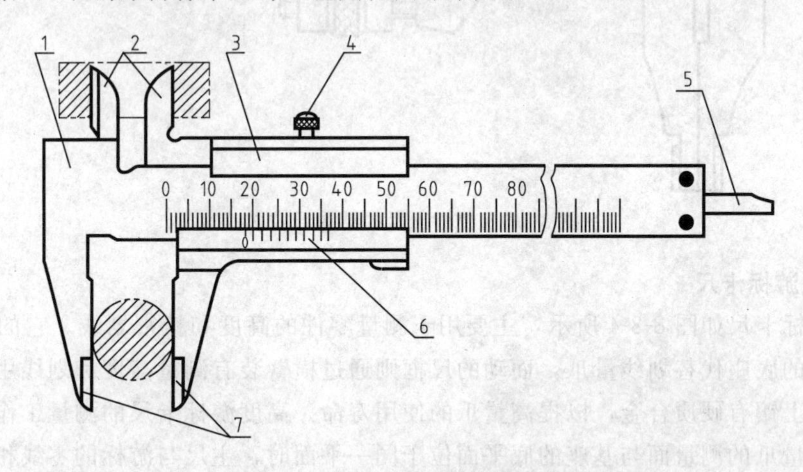

图 8-3-1 游标卡尺的结构形式之一

1—尺身；2—上量爪；3—尺框；4—紧固螺钉；5—深度尺；6—游标；7—下量爪

1. 常用游标卡尺

常用游标卡尺主要有以下三种结构形式。

① 测量范围为 0～125mm 的游标卡尺，制成带有刀口形的上下量爪和带有深度尺的形式，如图 8-3-1 所示。

② 测量范围为 0～200mm 和 0～300mm 的游标卡尺，可制成带有内外测量面的下量爪和带有刀口形的上量爪的形式，如图 8-3-2 所示。

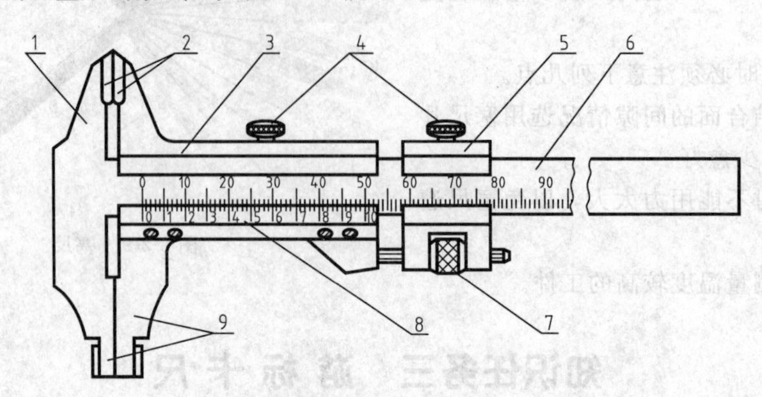

图 8-3-2 游标卡尺的结构形式之二

1—尺身；2—上量爪；3—尺框；4—紧固螺钉；5—微动装置；
6—主尺；7—微动螺母；8—游标；9—下量爪

③ 测量范围为 0～200mm 和 0～300mm 的游标卡尺，也可制成只带有内外测量面的下量爪的形式，如图 8-3-3 所示。而测量范围大于 300mm 的游标卡尺，只制成这种仅带有下量爪的形式。

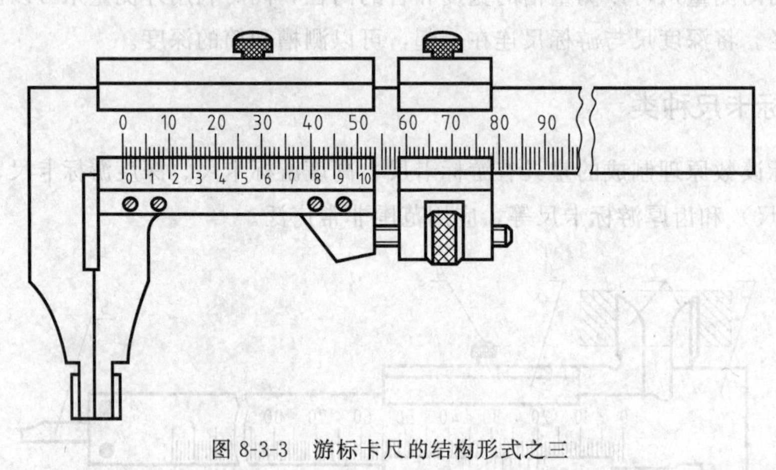

图 8-3-3 游标卡尺的结构形式之三

2. 高度游标卡尺

高度游标卡尺如图 8-3-4 所示，主要用于测量零件的高度和精密划线。它的结构特点是用质量较大的底座代替划线量爪，而动的尺框则通过横臂装有测量高度和划线用的量爪，量爪的测量面上镶有硬质合金，以提高量爪的使用寿命。高度游标卡尺的测量工作，应在平台上进行。当量爪的测量面与基座的底平面位于同一平面时，主尺与游标的零线相互对准。所以在测量高度时，量爪测量面的高度，就是被测量零件的高度尺寸，它的具体数值，与游标卡尺一样可在主尺（整数部分）和游标（小数部分）上读出。应用高度游标卡尺划线时，调好划线高度，用紧固螺钉把尺框锁紧后，也应在平台上进行先调整再进行划线。

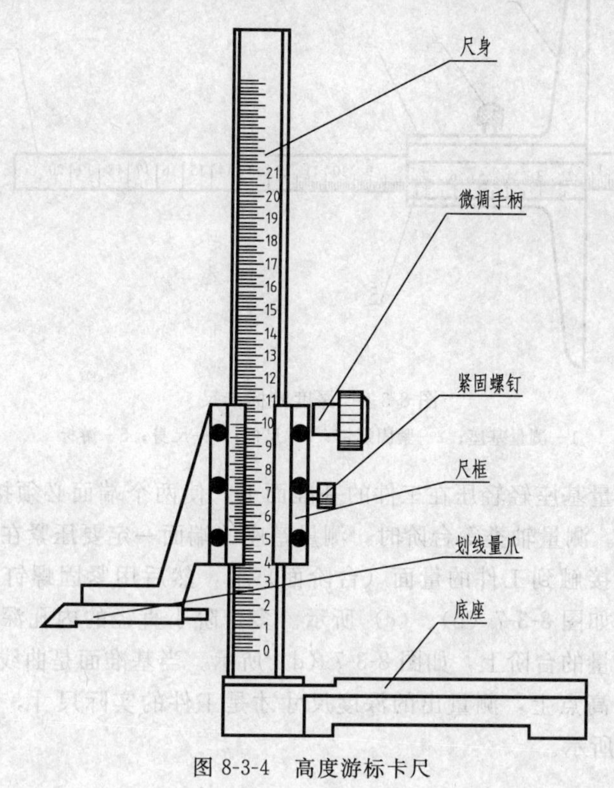

图 8-3-4　高度游标卡尺

图 8-3-5 为高度游标卡尺的应用。

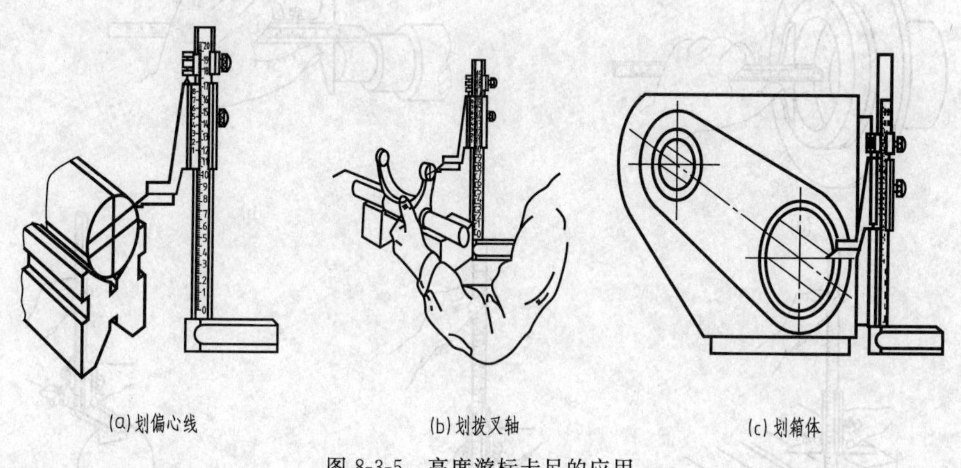

图 8-3-5　高度游标卡尺的应用

3. 深度游标卡尺

深度游标卡尺如图 8-3-6 所示，主要用来测量零件的深度尺寸、台阶的高低和槽的深度，规格有 0～100mm、0～150mm、0～300mm、0～500mm，精度为 0.02mm、0.01mm。它的结构特点是尺框 3 的两个量爪连成一起成为一个带游标测量基座 1，基座的端面和尺身 4 的端面就是它的两个测量面。如测量内孔深度时应把基座的端面紧靠在被测孔的端面上，使尺身与被测孔的中心线平行，伸入尺身，则尺身端面至基座端面之间的距离，就是被测零件的深度尺寸。它的读数方法和游标卡尺完全一样。

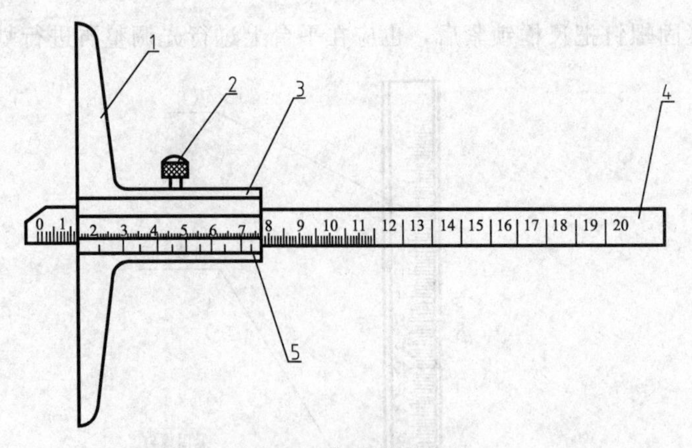

图 8-3-6　深度游标卡尺

1—测量基座；2—紧固螺钉；3—尺框；4—尺身；5—游标

测量时，先把测量基座轻轻压在工件的基准面上，使两个端面必须接触工件的基准面，如图 8-3-7（a）所示。测量轴类等台阶时，测量基座的端面一定要压紧在基准面，再移动尺身，直到尺身的端面接触到工件的量面（台阶面）上，然后用紧固螺钉固定尺框，提起卡尺，读出深度尺寸，如图 8-3-7（b）、（c）所示。多台阶小直径的内孔深度测量，要注意尺身的端面是否在要测量的台阶上，如图 8-3-7（d）所示。当基准面是曲线时，测量基座的端面必须放在曲线的最高点上，测量出的深度尺寸才是工件的实际尺寸，否则会出现测量误差，如图 8-3-7（e）所示。

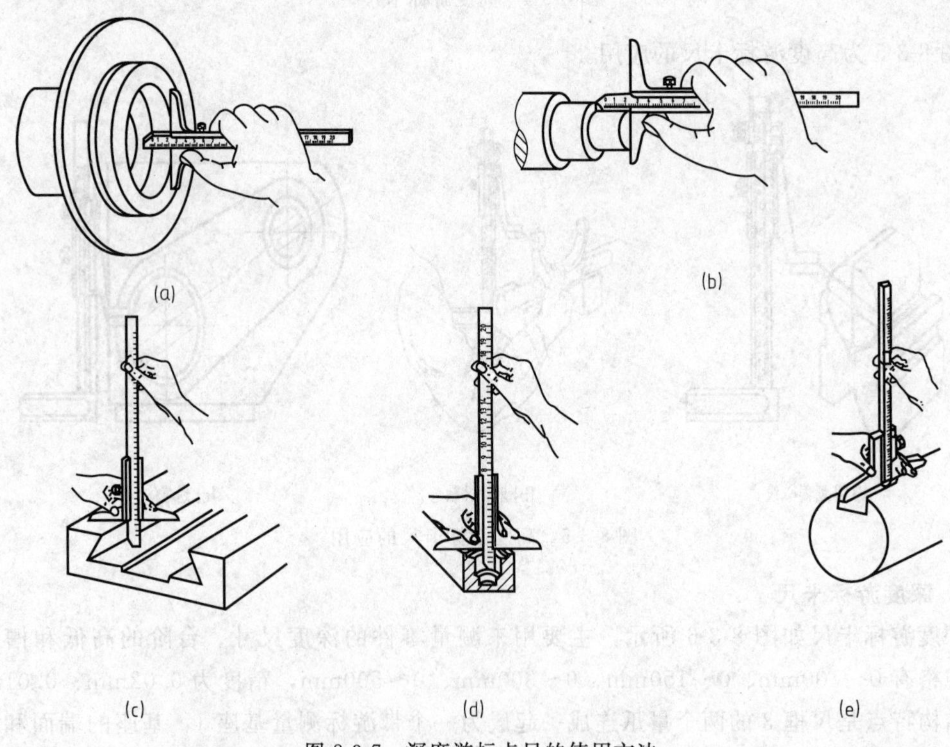

图 8-3-7　深度游标卡尺的使用方法

4. 齿厚游标卡尺

齿厚游标卡尺（图 8-3-8）是用来测量齿轮（或蜗杆）的弦齿厚和弦齿顶。这种游标卡尺由两个互相垂直的主尺组成，因此它就有两个游标。A 的尺寸由垂直主尺上的游标调整；B 的尺寸由水平主尺上的游标调整。刻线原理和读法与一般游标卡尺相同。

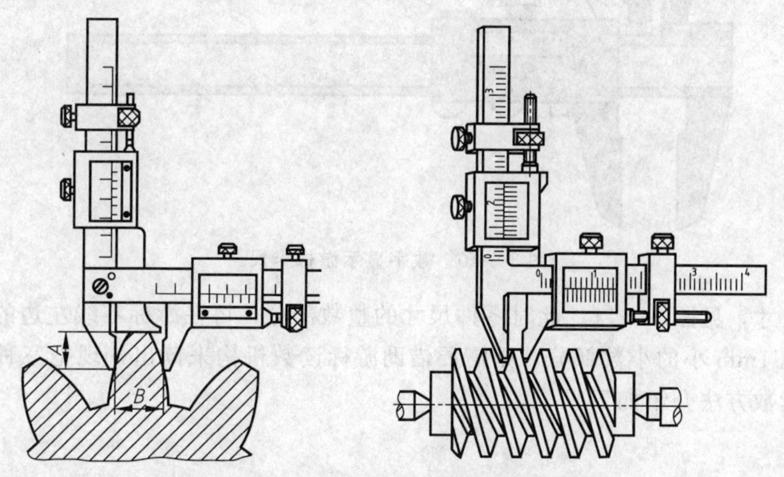

图 8-3-8　齿厚游标卡尺测量齿轮与蜗杆

测量蜗杆时，把齿厚游标卡尺读数调整到等于齿顶高（蜗杆齿顶高等于模数 m_s），法向卡入齿廓，测得的读数是蜗杆中径（d_2）的法向齿厚。但图纸上一般注明的是轴向齿厚，必须进行换算。法向齿厚 S_n 的换算公式如下：

$$S_n=\frac{\pi m_s}{2}\cos\tau$$

以上所介绍的各种游标卡尺都存在一个共同的问题，就是读数不很清晰，容易读错，有时不得不借放大镜将读数部分放大。现有游标卡尺采用无视差结构，使游标刻线与主尺刻线处在同一平面上，消除了在读数时因视线倾斜而产生的视差；有的卡尺装有测微表成为带表卡尺（图 8-3-9），便于读数准确，提高了测量精度；更有一种带有数字显示装置的游标卡尺（图 8-3-10），这种游标卡尺在零件表面上量得尺寸时，就直接用数字显示出来，使用极为方便。

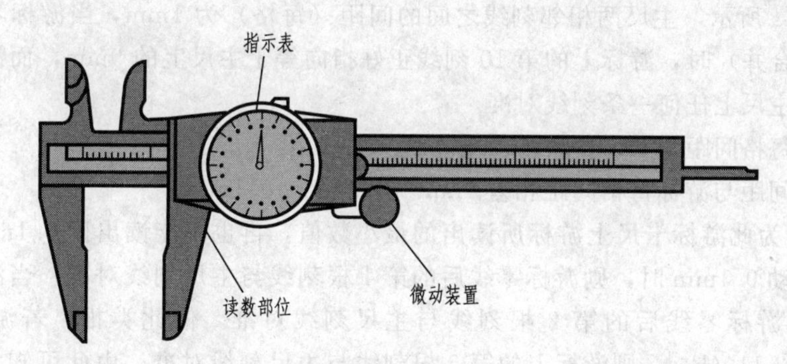

图 8-3-9　带表卡尺

二、游标卡尺读数方法

游标卡尺的读数机构，是由主尺和游标两部分组成。当活动量爪与固定量爪贴合时，游标上的“0”刻度线（简称游标零线）对准主尺上的“0”刻线，此时量爪之间的距离为“0”，见图 8-3-11。当尺框向右移动到某一位置时，固定量爪与活动量爪之间的距离，就是

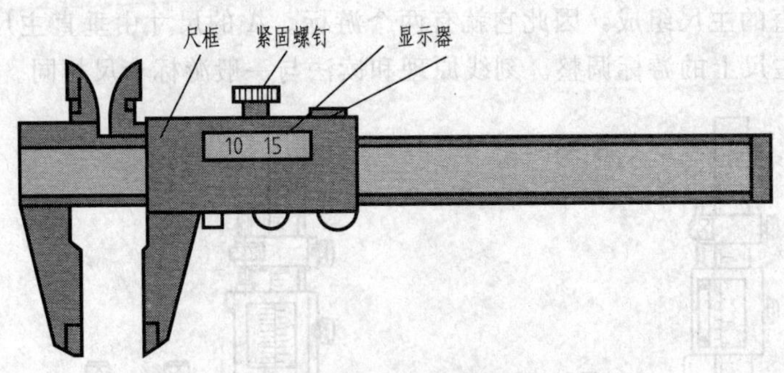

图 8-3-10 数字显示游标卡尺

零件的测量尺寸，见图 8-3-11。此时零件尺寸的整数部分，可在游标零线左边的主尺刻线上读出来，而比 1mm 小的小数部分，则需要借助游标读数机构来读出，现把三种游标卡尺的读数原理和读数方法介绍如下。

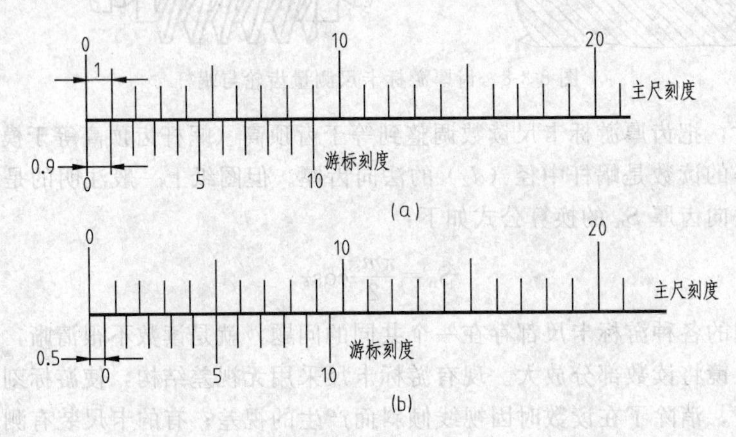

图 8-3-11 游标读数原理

1. 游标读数值为 0.1mm 的游标卡尺

如图 8-3-11 所示，主尺两相邻刻线之间的间距（每格）为 1mm，当游标零线与主尺零线对准（两爪合并）时，游标上的第 10 刻线正好指向等于主尺上的 9mm，而游标上的其他刻线都不会与主尺上任何一条刻线对准。

因此游标每格间距为 9mm/10＝0.9mm。

主尺每格间距与游标每格间距相差 1mm－0.9mm＝0.1mm。

0.1mm 即为此游标卡尺上游标所读出的最小数值，再也不能读出比 0.1mm 小的数值。当游标向右移动 0.1mm 时，则游标零线后的第 1 根刻线与主尺刻线对准。当游标向右移动 0.2mm 时，则游标零线后的第 2 根刻线与主尺刻线对准，依此类推。若游标向右移动 0.5mm［图 8-3-11（b）］，则游标上的第 5 根刻线与主尺刻线对准。由此可知，游标向右移动不足 1mm 的距离，虽不能直接从主尺读出，但可以由游标的某一根刻线与主尺刻线对准时，该游标刻线的次序数乘其读数值而读出其小数值。例如，图 8-3-11（b）所示的尺寸即为：5×0.1＝0.5mm。

另有一种读数值为 0.1mm 的游标卡尺，是将游标上的 10 格对准主尺的 19mm，则游标每格为 19mm/10＝1.9mm，使主尺 2 格与游标 1 格相差 2－1.9＝0.1mm。这种增大游标间距的方法，其读数原理并未改变，但使游标线条清晰，更容易看准读数。

2. 游标读数值为 0.05mm 的游标卡尺

主尺每小格 1mm，游标上的 20 格刚好等于主尺的 39mm，则游标每格间距为 39mm/20＝1.95mm。

主尺 2 格间距与游标 1 格间距相差 2－1.95＝0.05mm。

0.05mm 即为此种游标卡尺的最小读数值。

3. 游标读数值为 0.02mm 的游标卡尺

主尺每小格 1mm，当两爪合并时，游标上的 50 格刚好等于主尺上的 49mm，则游标每格间距为 49mm/50＝0.98mm。

主尺每格间距与游标每格间距相差 1－0.98＝0.02mm。

0.02mm 即为此种游标卡尺的最小读数值。

三、游标卡尺使用方法

量具使用得是否合理，不但影响量具本身的精度，且直接影响零件尺寸的测量精度，甚至发生质量事故，对国家造成不必要的损失。所以，我们必须重视量具的正确使用，对测量技术精益求精，务使获得正确的测量结果，确保产品质量。使用游标卡尺测量零件尺寸时，必须注意下列几点。

测量前应把卡尺擦干净，检查卡尺的两个测量面和测量刃口是否平直无损，把两个量爪紧密贴合时，应无明显的间隙，同时游标和主尺的零位刻线要相互对准。这个过程称为校对游标卡尺的零位。

移动尺框时，活动要自如，不应过松或过紧，更不能有晃动现象。用固定螺钉固定尺框时，卡尺的读数不应有所改变。在移动尺框时，不要忘记松开固定螺钉，亦不宜过松以免脱落。

测量外尺寸时，两下卡脚应张开到略大于被测尺寸后自由进入工件，然后移动游标尺用轻微的压力使两下卡脚轻轻夹住工件，此时两卡脚之间的开度即为被测尺寸。

测量内尺寸时，两上卡脚应张开到略小于被测尺寸，再慢慢移动游标尺，张开两卡脚并轻轻地接触零件的内表面，便可读出工件尺寸。

在测量深度时，把主尺端面紧靠在被测工件的端面上，再向零件孔（或槽）内移动游标尺，使测深直尺头部和孔（槽）底部轻接触，然后拧紧螺钉，锁定游标，取出卡尺读取尺寸。

为了获得正确的测量结果，可以多测量几次。即在零件的同一截面上的不同方向进行测量。对于较长零件，则应当在全长的各个部位进行测量，务使获得一个比较正确的测量结果。

四、用游标卡尺测量 T 形槽的宽度

用游标卡尺测量 T 形槽的宽度如图 8-3-12 所示。测量时将量爪外缘端面的小平面贴在零件凹槽的平面上，用固定螺钉把微动装置固定，转动调节螺母，使量爪的外测量面轻轻地与 T 形槽表面接触，并放正两量爪的位置（可以轻轻地摆动一个量爪，找到槽宽的垂直位置），读出游标卡尺的读数（在图 8-3-12 中用 A 表示）。但由于它是用量爪的外测量面测量内尺寸的，卡尺上所读出的读数 A 是量爪内测量面之间的距离，因此必须加上两个量爪的厚度 b，才是 T 形槽的宽度。所以，T 形槽的宽度 $L=A+b$。

五、用游标卡尺测量孔中心线与侧平面之间的距离

用游标卡尺测量孔中心线与侧平面之间的距离 L 时，先要用游标卡尺测量出孔的直径 D，再用刃口形量爪测量孔的壁面与零件侧面之间的最短距离，如图 8-3-13 所示。

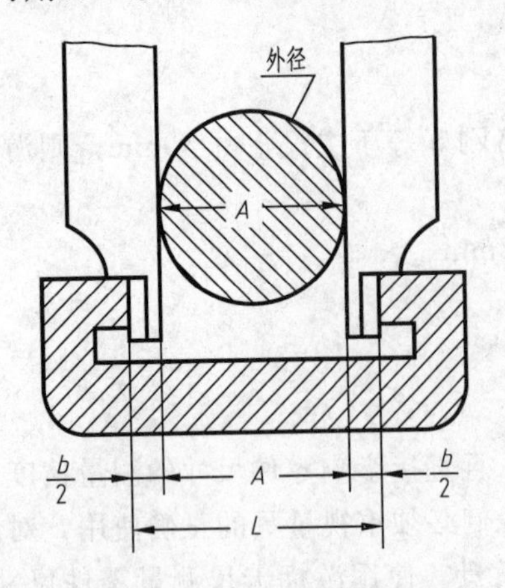

图 8-3-12　测量 T 形槽的宽度

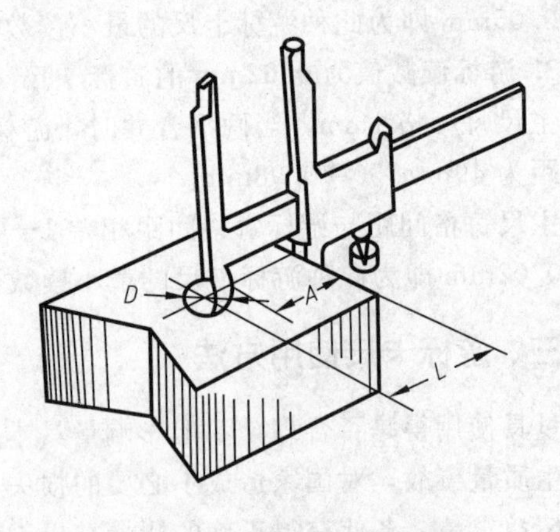

图 8-3-13　测量孔与测面距离

此时，卡尺应垂直于侧平面，且要找到它的最小尺寸，读出卡尺的读数 A，则孔中心线与侧平面之间的距离为：

$$L=A+\frac{D}{2}$$

六、用游标卡尺测量两孔的中心距

用游标卡尺测量两孔的中心距有两种方法：一种是先用游标卡尺分别量出两孔的内径 D_1 和 D_2，再量出两孔内表面之间的最大距离 A，如图 8-3-14 所示，则两孔的中心距为：

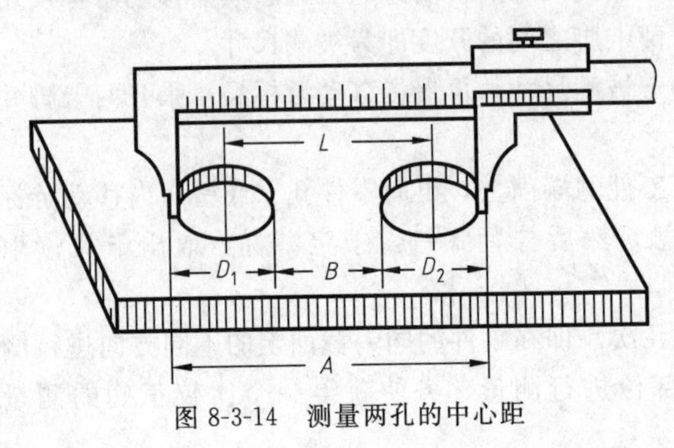

图 8-3-14　测量两孔的中心距

$$L=A-\frac{1}{2}(D_1+D_2)$$

另一种测量方法，也是先分别量出两孔的内径 D_1 和 D_2，然后用刃口形量爪量出两孔内表面之间的最小距离 B，则两孔的中心距

$$L=B+\frac{1}{2}(D_1+D_2)$$

知识任务四　螺旋测微量具

螺旋测微器类的量具是利用螺旋副进行测量的一种机械式读图装置。这类量具除了外径千分尺外，还有内径千分尺、深度千分尺。它们的测量精度比游标卡尺高，并且测量比较灵活，因此，当加工精度要求较高时多被应用。

一、螺旋测微器的分类

1. 机械式千分尺

机械式千分尺简称千分尺，是利用精密螺纹副原理测长的手携式通用长度测量工具。千分尺的品种很多，改变千分尺测量面形状和尺架等就可以制成不同用途的千分尺，如用于测量内径、螺纹中径、齿轮公法线或深度等的千分尺。

2. 电子千分尺

电子千分尺也称数显千分尺，测量系统中应用了光栅测长技术和集成电路等。电子千分尺是20世纪70年代中期出现的，用于外径测量。

3. 螺旋测微器的具体类型

(1) 游标读数外径千分尺　用于普通的外径测量。

(2) 小头外径千分尺　适用于测量钟表精密零件。

(3) 尖头外径千分尺　它的结构特点是两测量面为45°椎体形的尖头。它适用于测量小沟槽，如钻头、直立铣刀、偶数槽丝锥的沟槽直径及钟表齿轮齿根圆直径尺寸等。

(4) 壁厚千分尺　它的结构特点是有球形测量面和平测量面及特殊形状的尺架，适用于测量管材壁厚的外径千分尺。

(5) 板厚千分尺　是指具有球形测量面和平测量面及特殊形状的尺架，适用于测量板材厚度的外径千分尺。

(6) 带测微表头千分尺　它的结构特点是由测微头代替普通外径千分尺的固定测砧。用它对同一尺寸的工件进行分选检查很方便，而且示值比较稳定。测量范围有0～25mm、25～50mm、50～75mm和75～100mm四种，它主要用于尺寸比较测量。

(7) 大平面侧头千分尺　其测量面直径比较大(12.5mm)，并可以更换，故测量面与被测工件间的压强较小。适用于测量弹性材料或软金属制件，如金属箔片、橡胶和纸张等的厚度尺寸。

(8) 大尺寸千分尺　其特点是可更换测砧或可调整测杠，这对减少千分尺数量、扩大千分尺的使用范围是有好处的。

(9) 翻字式读数外径千分尺　其在微分筒上开有小窗口，显示0.1mm读数。

(10) 电子数字显示式外径千分尺　是指利用电子测量、数字显示及螺旋副原理对尺架上两测量面间分隔的距离进行读数的外径千分尺。

由于螺旋测微器的种类比较多，在这里主要以外径千分尺为例来介绍螺旋测微器的结构和功能。

二、外径千分尺基本知识点

1. 结构

各种千分尺的结构大同小异，常用外径千分尺主要是测量工件的外径和外尺寸。千分尺结构由尺架、测微螺杆、旋钮、微调旋钮、小砧、可动刻度和固定刻度等组成。图8-4-1是测量范围为0～15mm的外径千分尺。固定测砧和测微螺杆的测量面上都镶有硬质合金，以提高测量面的使用寿命。尺架的两侧面覆盖着绝热板，使用千分尺时，手拿在绝热板上，防止人体的热量影响千分尺的测量精度。

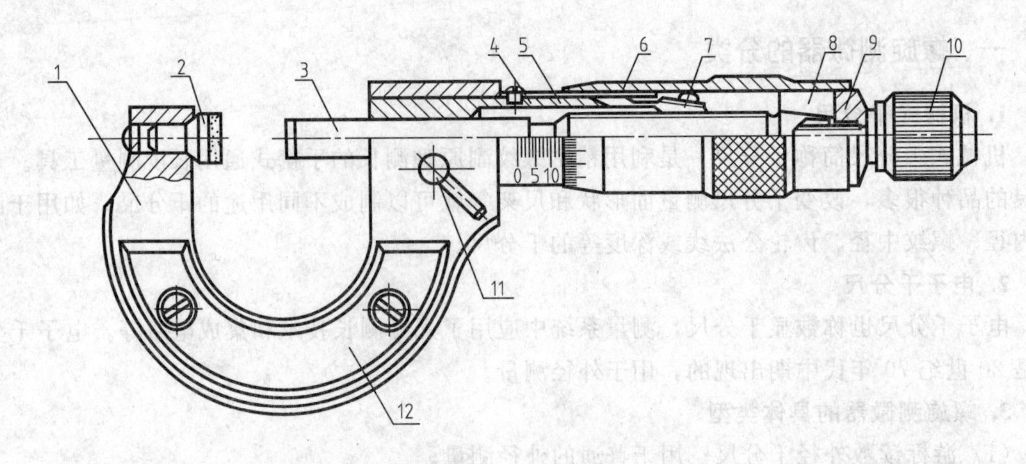

图 8-4-1 外径千分尺

1—尺架；2—固定测砧；3—测微螺杆；4—螺纹轴套；5—固定刻度套筒；6—微分筒；
7—调节螺母；8—接头；9—垫片；10—测力装置；11—锁紧螺钉；12—绝热板

2. 原理和使用

外径千分尺（简称千分尺），测量精度可达 0.02mm，属于精确量具。它是依据螺旋放大的原理制成的，即螺杆在螺母中旋转一周，螺杆便沿着旋转轴线方向前进或后退一个螺距的距离。因此，沿轴线方向移动的微小距离，就能用圆周上的读数表示出来。螺旋测微器的精密螺纹的螺距是 0.5mm，可动刻度有 50 个等分刻度，可动刻度旋转一周，测微螺杆可前进或后退 0.5mm，因此旋转每个小分度，相当于测微螺杆前进或后退 0.5/50＝0.01mm。可见，可动刻度每一小分度表示 0.01mm，所以以螺旋测微器可准确到 0.01mm。由于还能再估读一位，可读到毫米的千分位，故又名千分尺，由于千分位的数字是估读的，所以不是很精确。

外径千分尺在使用时，千分尺使用前首先校对调整“0”位。然后旋转微分筒，将千分尺两测量面之间的距离（外尺寸）调整到略大于被测尺寸后，将被测量部位置于千分尺的两个测量面之间。旋转微分筒，使两测量面将要接触被测量点后开始旋转棘轮（测力装置），使两测量面密切接触被测量点，此时棘轮发出“咔、咔”声表示已拧到头了，此时可读取测量值。测量读数完毕后退尺时，应旋转微分筒，而不要使用旋转棘轮，以防拧松测力装置影响“0”位。

使用千分尺进行尺寸测量时，当小砧和测微螺杆并拢时，可动刻度的零点若恰好与固定刻度的零点重合，旋出测微螺杆，并使小砧和测微螺杆的面正好接触待测长度的两端，那么测微螺杆向右移动的距离就是所测的长度。这个距离的整毫米数由固定刻度上读出，小数部分则由可动刻度读出。

3. 千分尺的读数方法

(1) 先读固定套筒上的整数尺寸　微分筒的棱边所指示的固定套筒上的上排刻度整数值，即为测量值以 1mm 作为单位的整数部分（必须注意不可遗漏，应读出的 0.5mm 的刻度线值）。

(2) 再读微分筒上的小数尺寸　读出微分筒圆周上与固定套筒的水平基准线（中线）对齐的刻度线数值，乘以 0.01 便是微分筒上的尺寸。若固定套筒的水平基准线（中线）介于微分筒的两个刻线之间，则小数的最后一位数可进行估算。

(3) 读取总测量值　将上述两部分值相加，即得被测量值。

4. 外径千分尺读数

在图 8-4-2 中，固定刻度数为 4.5mm；可动刻度读数为 40.9（格）×0.01mm＝0.409mm；待测长度为 4.5mm＋0.409mm＝4.909mm（其中 0.9 格为估读格数；0.009 估计位）。

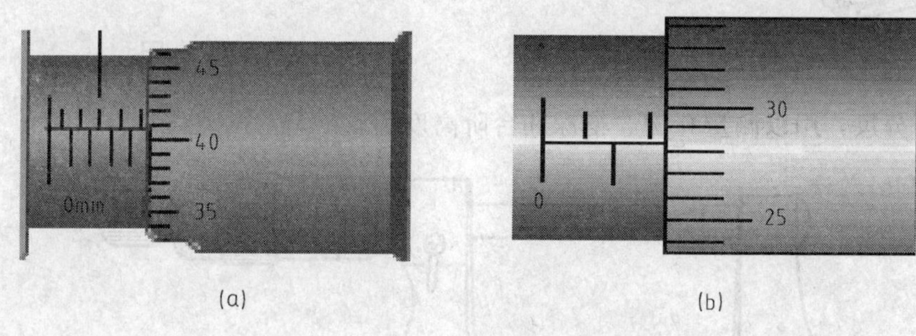

图 8-4-2　外径千分尺读数

在图 8-4-2 中，d＝1.5mm＋28.3×0.01mm＝1.783mm。

三、公法线长度千分尺

公法线长度千分尺如图 8-4-3 所示。测量范围（mm）：0～25，25～50，50～75，75～100，100～125，125～150。读数值（mm）为 0.01。测量模数 m（mm）≥1。主要用于测量外啮合圆柱齿轮的两个不同齿面公法线长度，也可以在检验切齿机床精度时，按被切齿轮的公法线检查其原始外形尺寸。它的结构与外径百分尺相同，所不同的是在测量面上装有两个带精确平面的量钳（测量面）来代替原来的测砧面。

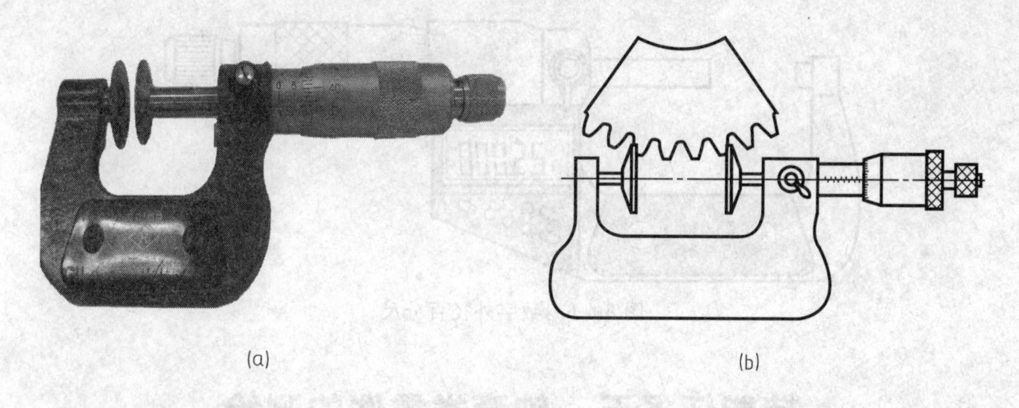

图 8-4-3　公法线长度千分尺

四、壁厚外径千分尺

壁厚外径千分尺如图 8-4-4 所示。测量范围（mm）：0～10，0～15，0～25，25～50，50～75，75～100。读数值（mm）为 0.01。主要用于测量精密管形零件的壁厚。壁厚外径千分尺的测量面镶有硬质合金，以提高使用寿命。

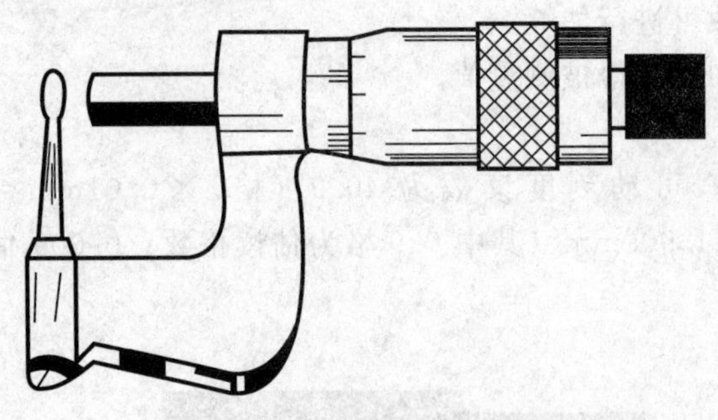

图 8-4-4 壁厚外径千分尺

五、尖头千分尺

尖头千分尺如图 8-4-5 所示，主要用来测量零件的厚度、长度、直径及小沟槽。如钻头和偶数槽丝锥的沟槽直径等。测量范围（mm）：0～25，25～50，50～75，75～100。读数值（mm）为 0.01。

六、深度百分尺

深度百分尺，用以测量孔深、槽深和台阶高度等。

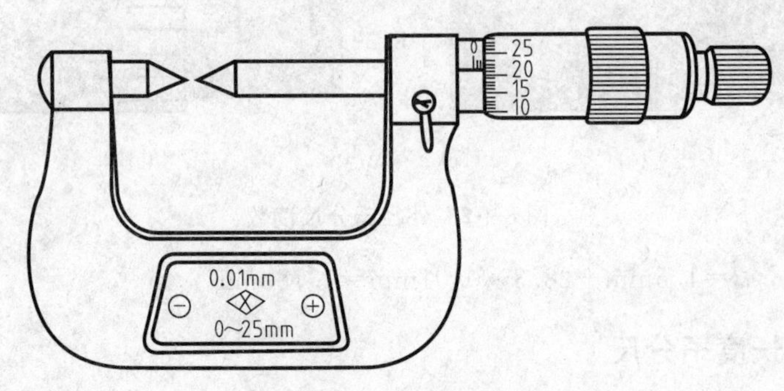

图 8-4-5 尖头千分尺

七、数字外径百分尺

数字外径百分尺如图 8-4-6 所示。其用数字表示读数，使用更为方便。在固定套筒上还刻有游标，利用游标可读出 0.002mm 或 0.001mm 的读数值。

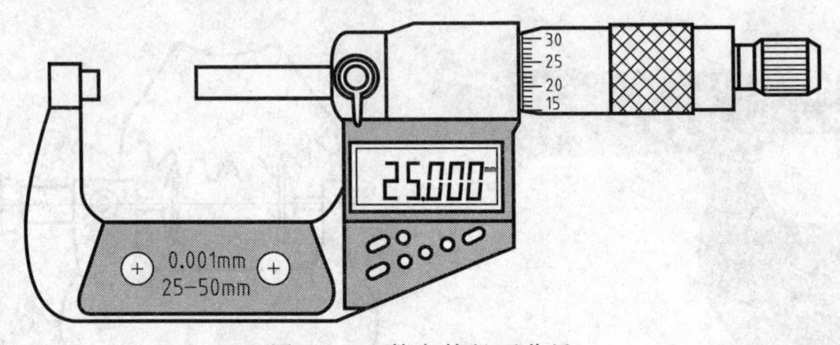

图 8-4-6 数字外径百分尺

技能任务五 轴套类零件的测绘

一、轴套类零件

零件是组成机器或部件的不可拆卸的最小单元。不同的零件有不同的形状结构，如何用一组图形准确无误地把其表达出来，是画零件图首先要考虑的问题。首先要根据零件的结构特点，选用适当的表达方法，在完整、清楚、准确地把零件表达出来的前提下，画图方案应尽可能简洁。其次要考虑便于看图，特别是便于加工。一般来说，应把零件按正常加工或安装位置摆放，并选择一个形状特征最明显的方向作主视图的投影方向，再酌情考虑其他视图以及各个视图应采用什么样的表达方法。

根据零件的功用与主要结构，将零件分为轴套类零件、轮盘类零件、叉架类零件和箱体类零件。零件测绘时，需要把握两个基本要求：一是确保零件测绘的准确性，二是还原零件的原形特征。

轴套类零件是轴类零件和套类零件的统称。轴套类零件在机器或部件中用来安装、支承回转零件（如齿轮、皮带轮等），并传递动力，同时又通过轴承与机器的机架连接起到定位作用。

轴套类零件的结构特征：轴类零件主要由同轴圆柱体、圆锥体等回转体组成，长度远大于直径。零件上常有台阶、螺纹、键槽、退刀槽、砂轮越程槽、销孔、中心孔、倒角和倒圆等结构。套类零件通常是长圆筒状，内孔和外表面常加工有越程槽、油孔、键槽等结构，内、外端面均有倒角。

二、轴类零件的测绘

1. 对轴类零件进行仔细分析

① 了解该轴零件的名称和用途。

② 鉴定该轴零件是由什么材料制成的。

③ 对该轴零件进行结构分析。轴零件的每个结构都有一定的功用，如螺纹、键槽所在的回转面、圆锥结构、切槽所在的回转面、螺纹上的通孔、键槽、切槽等，所以必须弄清楚它们的功用。这项工作对破旧、磨损和带有某些缺陷的零件测绘尤为重要。在分析的基础上，把它改正过来，只有这样，才能完整、清晰、简便地表达它们的结构形状，并且完整、合理地标注它们的尺寸。

④ 对测绘轴零件进行工艺分析。因为同一轴类零件可以按照不同的加工顺序制造，其结构形状的表达、基准的选择和尺寸的标注也不一样。

⑤ 拟制定该轴零件的表达方案。通过上述分析，对该零件的认识更深刻一些，在此基础上再来确定主视图、视图数量和表达方式。

2. 画草图

经分析以后，就可以画草图，具体步骤如下。

① 在图纸上定出各视图的位置。画出各视图的基准线、中心线。安排各个视图的位置时，要考虑到各视图间应留有标注尺寸的地方，留出右下角标题栏的位置。

② 详细地画出轴类零件的外部及内部的结构形状。

③ 标注出轴类零件各表面粗糙度符号，选择基准和画尺寸界线、尺寸线及箭头。经过仔细校对后，将全部轮廓线描深，画出剖面符号。熟练时，也可一次画好。

3. 测量尺寸

绘制出草图后，确定要测量的尺寸。测量尺寸之前，要根据被测量尺寸的精度选择测量工具。线性尺寸的主要测量工具有千分尺、游标卡尺和钢直尺等。千分尺的测量精度在IT5～IT9之间，游标卡尺的测量精度在IT10以下，钢直尺一般用来测量非功能尺寸。轴类零件的测量尺寸主要有以下几类。

（1）轴径尺寸的测量　由测量工具直接测量的轴径尺寸要经过圆整，使其符合国家标准推荐的尺寸系列，与轴承配合的轴径尺寸要和轴承的内孔系列尺寸相匹配。

（2）轴径长度尺寸的测量　轴径长度尺寸一般为非功能尺寸，用测量工具测量出的数据圆整成整数即可。需要注意的是，长度尺寸要直接测量，不要各段轴的长度累加计算总长。

（3）键槽尺寸的测量　键槽尺寸主要有槽宽、深度和长度，从外观即可判断与之配合的键的类型，根据测量出槽宽、深度和长度的值，结合轴径的公称尺寸，查阅 GB/T 1096—2003 取标准值。

（4）螺纹尺寸的测量　螺纹大径的测量可用游标卡尺，螺距的测量可用螺纹规，在没有螺纹规时可用薄纸压痕法，多测量几次去标准值。

4. 标准

定出技术要求，并将尺寸数字、技术要求记入图中。

5. 画出零件工作图的方法步骤

轴零件草图是现场测绘的，测绘的时间不允许太长，有些问题只要表达清楚就可以了，不一定是最完善的。因此，在绘制轴零件图时，需要对零件草图进行审查核对。有些问题需要设计、计算和选用，如倒角、退刀槽、圆角、螺纹、表面粗糙度、尺寸公差、形位公差、材料及表面处理等；经过复查、补充、修改后，才开始画零件图。画零件图的具体步骤如下。

（1）对轴零件草图进行审查校核　表达方案是否完整、清晰和简便；轴零件上的结构形状是否有多、有少、损坏、瑕疵等情况；轴零件上的倒角、退刀槽、圆角需要查表选用；尺寸标注是否完整、合理和清晰；技术要求是否满足零件的性能要求，而且经济效益较好。

（2）开始画轴零件工作图。

三、输出轴的测绘

测绘图 8-5-1 所示的一级圆柱齿轮减速器上的输出轴。

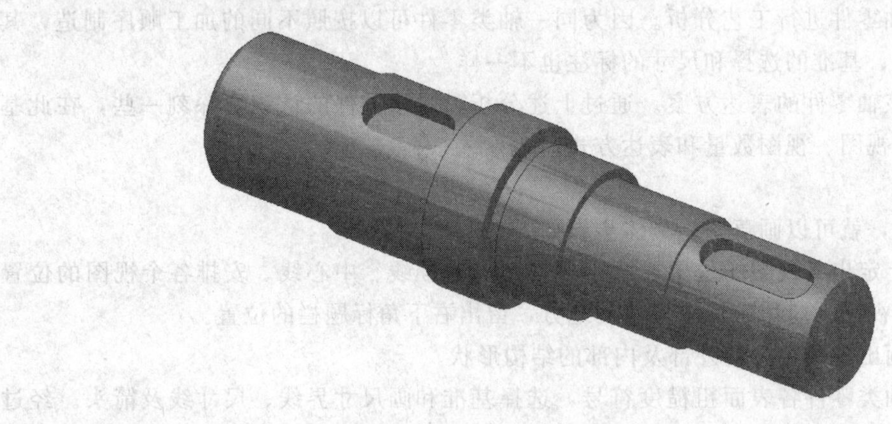

图 8-5-1　输出轴

实例分析

1. 对轴进行分析和了解

该零件是一级圆柱齿轮减速器上的传动轴，作用是支承其上的大齿轮，并装有轴承、键等标准件和其他定位零件。经形体分析，该轴由六段不同轴径的圆柱构成，表面有越程槽、两个键槽，两端面均有倒角，如图 8-5-1 所示。

2. 绘制轴零件草图（图 8-5-2）。

（1）确定轴零件的表达方案　根据轴类零件的结构特征，一般选取一个基本视图（主视图），零件轴线水平放置。局部细节结构常用局部视图、局部剖视图、断面图及局部放大图等表达。

（2）绘制草图　按以上所述的步骤，绘制出草图，如图 8-5-2 所示。

3. 测量尺寸

选择测量轴尺寸的工具。

① 直线尺寸的测量，如图 8-5-3 所示。

② 回转体内外直径的测量如图 8-5-4 所示，可用内外卡钳测量。

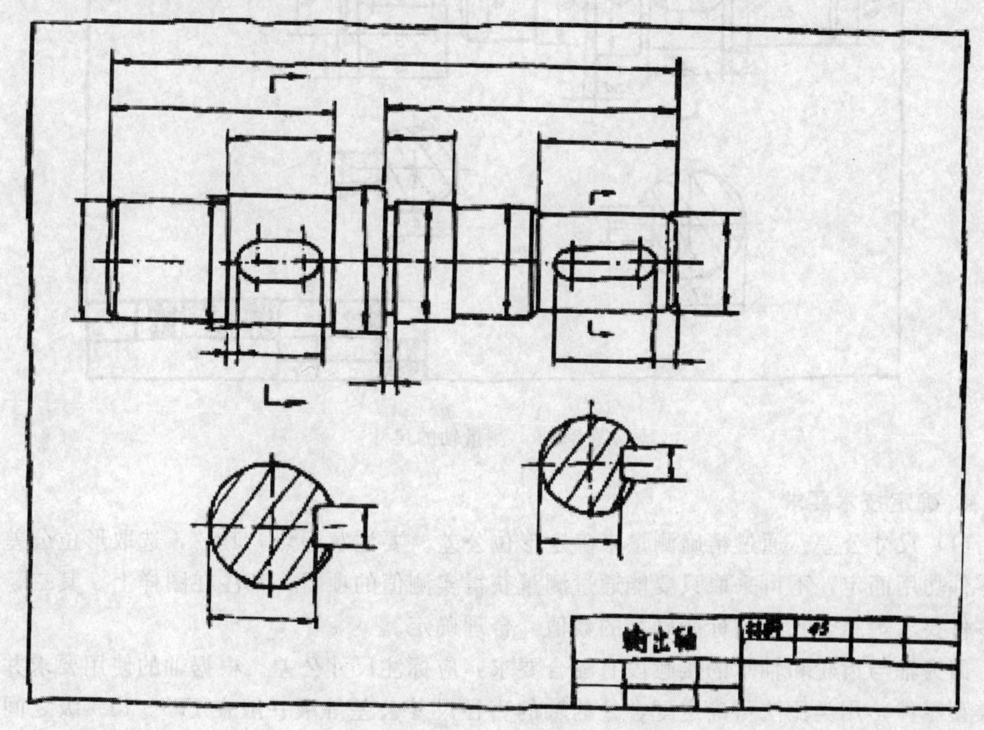

图 8-5-2　轴的零件草图

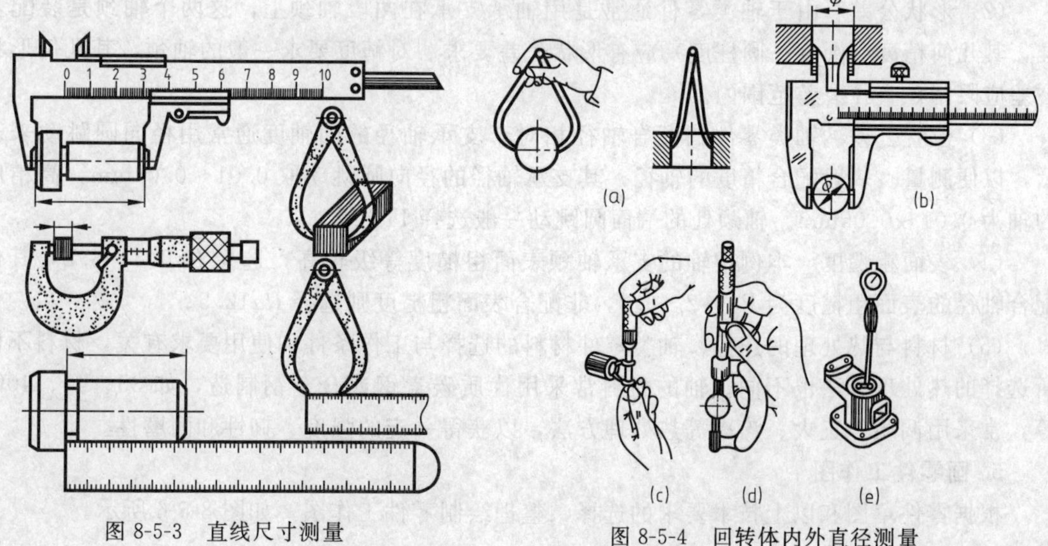

图 8-5-3　直线尺寸测量

图 8-5-4　回转体内外直径测量

根据草图中的尺寸标注要求，分别测量输出轴的各部分尺寸并在草图上标注，如图8-5-5所示。

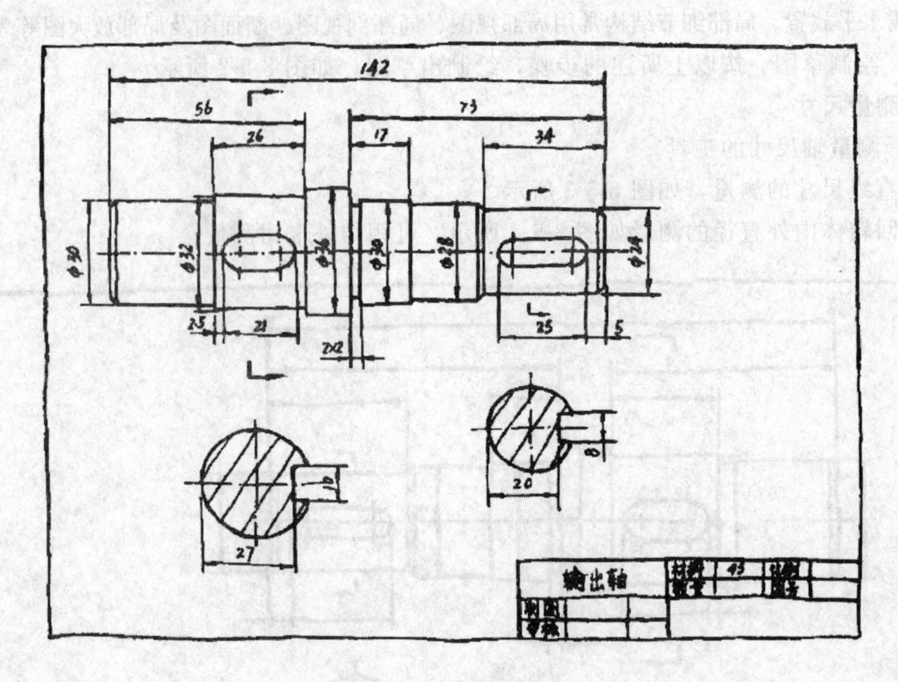

图 8-5-5　测量轴的尺寸

4. 确定技术要求

(1) 尺寸公差　通过精确测量来确定形位公差。要注意两点，其一，选取形位公差应根据零件功用而定，不可采取只要能通过测量获得实测值的项目，都注在图样上。其二，应根据零件要求，结合我国国标所确定的数值，合理确定。

因为轴与齿轮和轴承的接触段有配合要求，应标注尺寸公差。根据轴的使用要求并参考同类型零件，用类比法可确定配合处的轴的直径尺寸公差等级一般在 IT5～IT9 级之间，本图中轴与轴承内径的配合处尺寸公差带选为 k6，与齿轮孔的配合尺寸公差带选为 k6。

(2) 形状公差　由于轴类零件通常是用轴承支承在两段轴颈上，这两个轴颈是装配基准，其几何精度（圆度、圆柱度）应有形状公差要求。对精度要求一般的轴颈，其几何形状公差应限制在直径公差范围内。

(3) 位置公差　轴类零件的配合轴径相对于支承轴径的同轴度通常用径向圆跳动来表示，以便测量。一般配合精度的轴径，其支承轴径的径向圆跳动取 0.01～0.03mm，高精度的轴为 0.01～0.05mm。轴颈处的端面圆跳动一般选择 IT7 级。

(4) 表面粗糙度　本例中轴的支承轴颈表面粗糙度等级较高，选择 Ra0.8～3.2，其他配合轴径的表面粗糙度为 Ra3.2～6.3，非配合表面粗糙度则选择 Ra12.5。

(5) 材料与热处理的选择　轴类零件材料的选择与工作条件和使用要求有关，材料不同所选择的热处理方法也不同。轴的材料常采用优质碳素钢或合金钢制造，如 35、45、40Cr 等，常采用调质、正火、淬火等热处理方法，以获得一定的强度、韧性和耐磨性。

5. 画零件工作图

根据零件草图和以上技术要求的选择，整理绘制零件工作图，如图 8-5-6 所示。

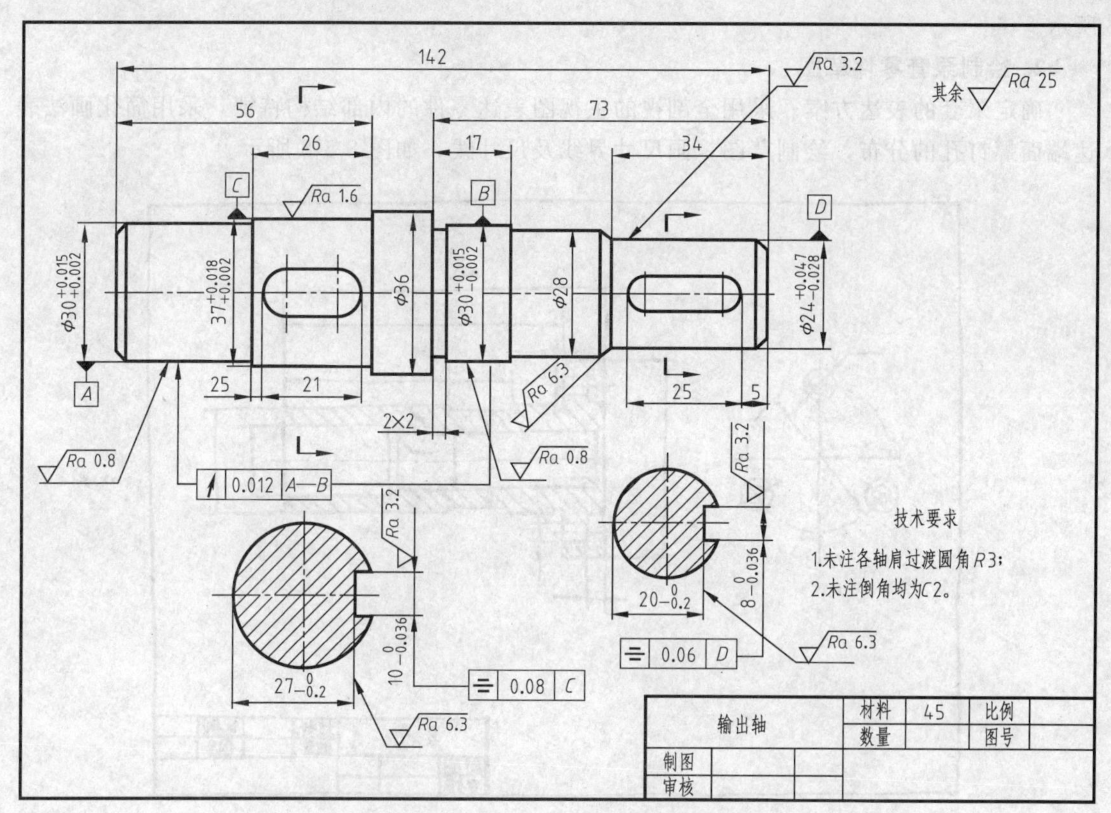

图 8-5-6 轴的零件工作图

四、泵套零件的测绘

测绘图 8-5-7 所示的泵套零件。

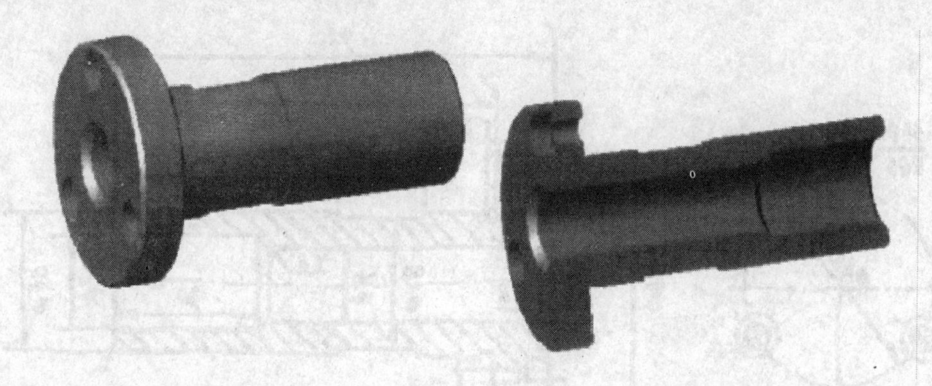

图 8-5-7 泵套

任务实施

1. 对泵套进行了解和分析

泵套是油泵上的一个零件，用来支承传动轴，并起到减小摩擦的作用。其内孔与轴配合，其外圆表面与泵座孔相配合，法兰盘上面有三个均匀分布的螺钉孔。其结构特点是它由不同轴径的空心圆柱构成，外表面有越程槽结构，孔口处及两外端面均有倒角，如图 8-5-7

所示。

2. 绘制泵套零件草图

确定泵套的表达方案。采用全剖视的主视图表达零件的内部结构特征，采用简化画法表达端面螺钉孔的分布，绘制草图，画尺寸界线及尺寸线，如图 8-5-8 所示。

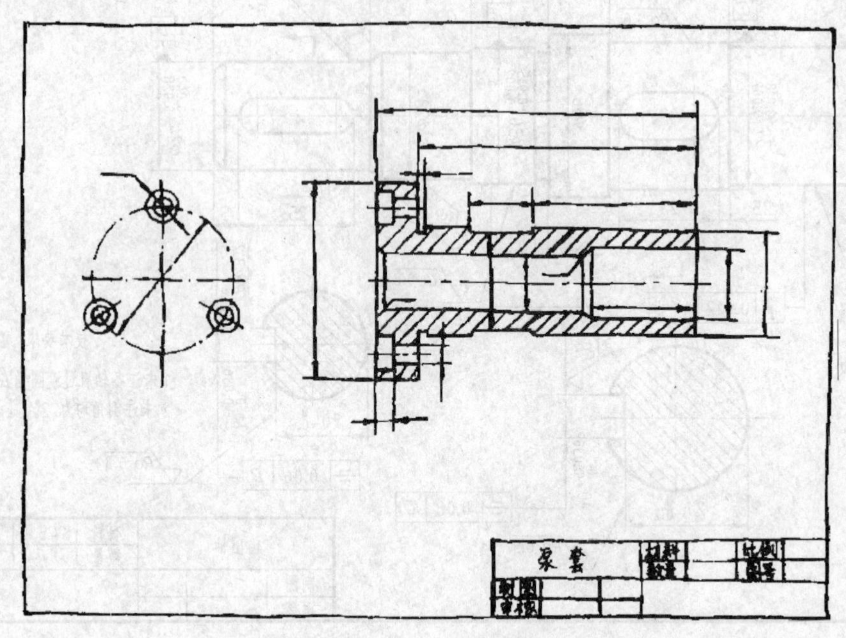

图 8-5-8　绘制泵套草图

3. 测量尺寸

分别测量泵套的各部分尺寸并在草图上标注，如图 8-5-9 所示。

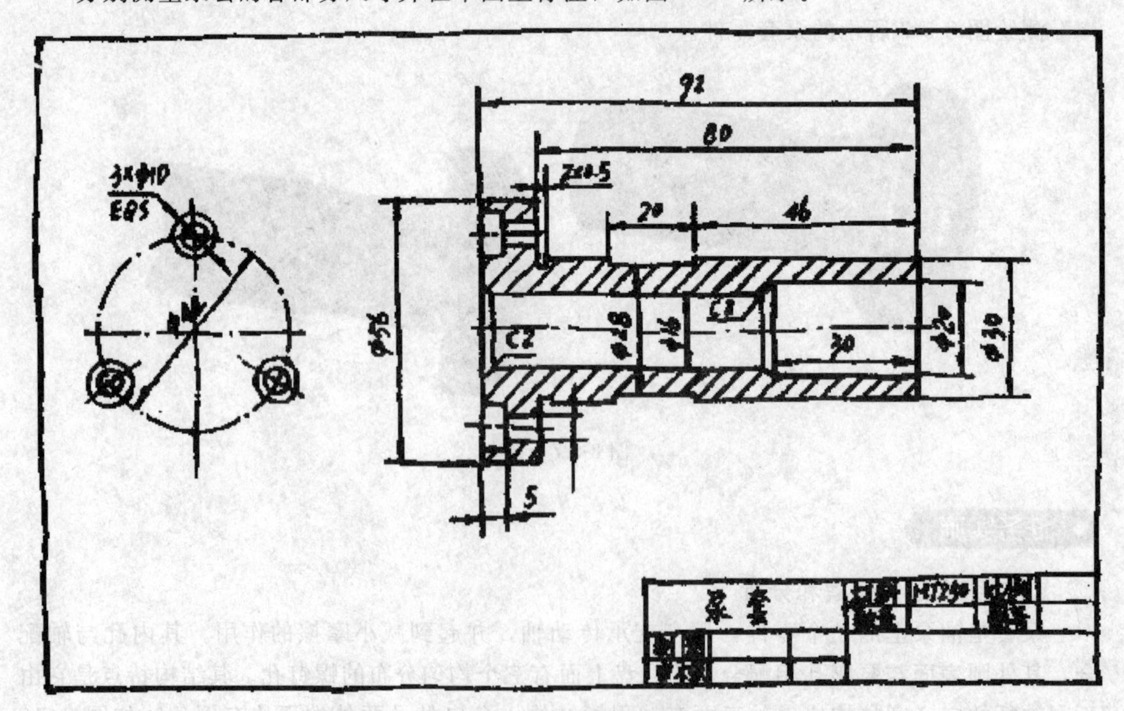

图 8-5-9　测量泵套的尺寸

4. 确定技术要求

（1）尺寸公差的选择　外圆表面是支承表面的套类零件，常用过盈配合或过渡配合与机座上的孔配合，外径公差等级一般取 IT6～IT7 级。套类零件的孔径尺寸公差一般为 IT7～ IT9 级，精密轴套孔尺寸公差为 IT6 级。本例公差带代号外圆表面取 h8，配合内孔取 H7。

（2）形状公差的选择　套类零件有配合要求的外表面，其圆度公差应控制在外径尺寸公差范围内，精密轴套孔的圆度公差一般为尺寸公差的 1/2～1/3，对较长的套筒零件除圆度要求之外，还应标注圆孔轴线的直线度公差。本例仅对外圆表面有圆度公差要求。

（3）位置公差的选择　套类零件内、外圆的同轴度要根据加工方法的不同选择不同的精度等级，如果套类零件的孔是将轴套装入机座后进行加工的，套的内、外圆的同轴度要求较低，如果是在装配前加工完成的，则套内孔对套外圆的同轴度要求较高，一般为 $\phi0.01$～0.05。本例对内、外圆有同轴度要求，法兰盘的左端面与外圆 $\phi30$ 的轴线有垂直度要求。

（4）表面粗糙度的选择　套类零件有配合要求的外表面粗糙度可选择 $Ra0.8$～1.6。孔的表面粗糙度一般为 $Ra0.8$～3.2，要求较高的精密套可达 $Ra0.1$。

（5）材料与热处理的选择　套类零件材料一般用钢、铸铁、青铜或黄铜制成。本例泵套采用铸铁 HT250。套类零件常采用退火、正火、调质和表面淬火等热处理方法。本例采用退火处理。

5. 画零件工作图

泵套零件工作图如图 8-5-10 所示。

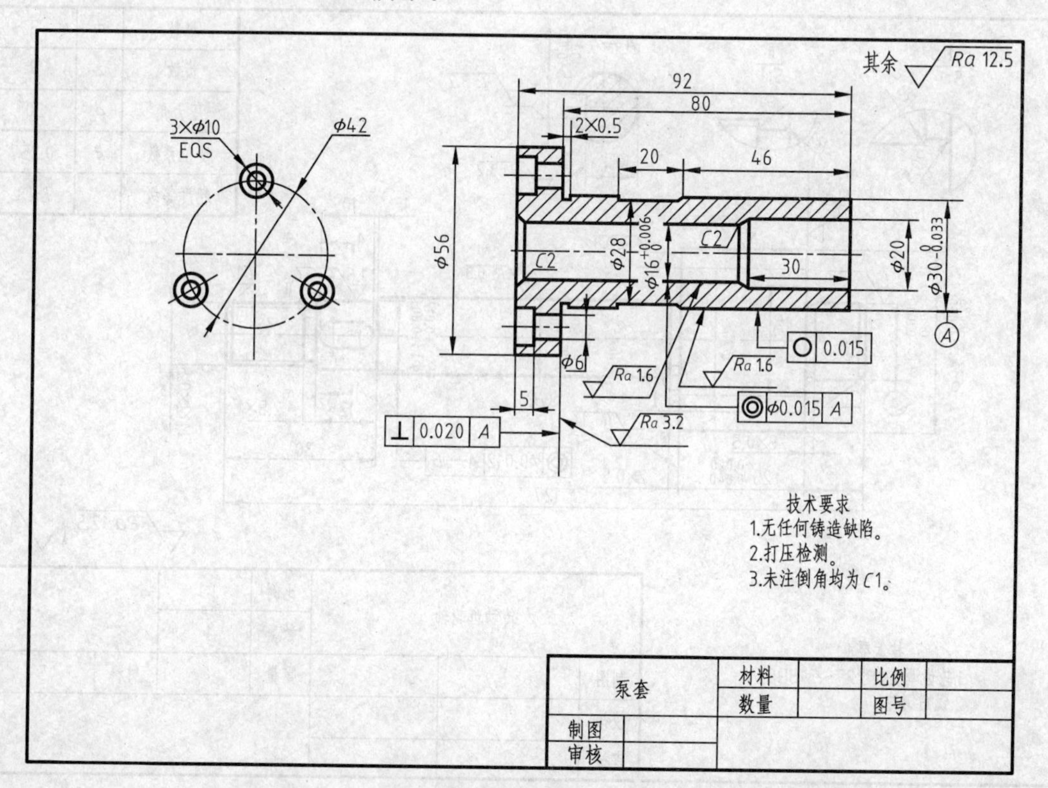

图 8-5-10　泵套零件工作图

知识拓展

轴套类零件多为回转体，一般长度大于直径，其主要作用是在机器上支承转动零件（齿轮、皮带轮等）并传递扭矩，一般通过滚动轴承安装在箱体上。图 8-5-11 所示齿轮轴即为轴类零件。

轴套类零件主要在车床（磨床）上加工，加工时零件呈水平位置装夹，故主视图一般画成水平，主视图投影方向垂直于轴线方向，且小头朝右以符合加工位置，这样既可把轴上各圆柱的相对位置和粗细表示清楚，同时轴肩、退刀槽、倒角等工艺结构反映得也很清楚。一般实心轴不剖，如轴上有键槽、凹坑、中心孔等结构，可采用局部剖视图。如图 8-5-12 所示的水泵轴左、右各有一螺纹孔可采用局部剖视图，左边键槽可采用断面图和局部视图予以表达。

图 8-5-13 和图 8-5-14 为齿轮轴和水泵轴的零件图。

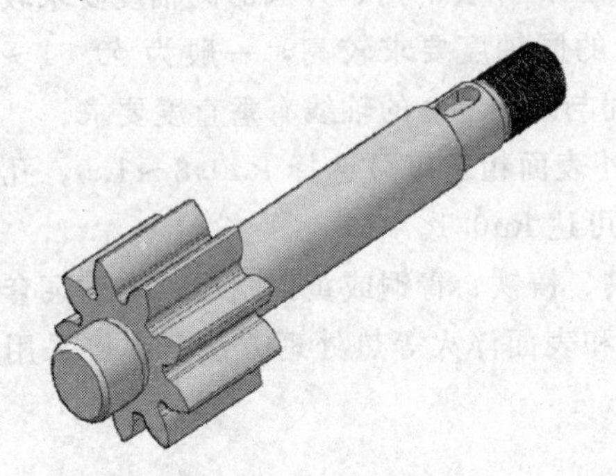

图 8-5-11　齿轮轴

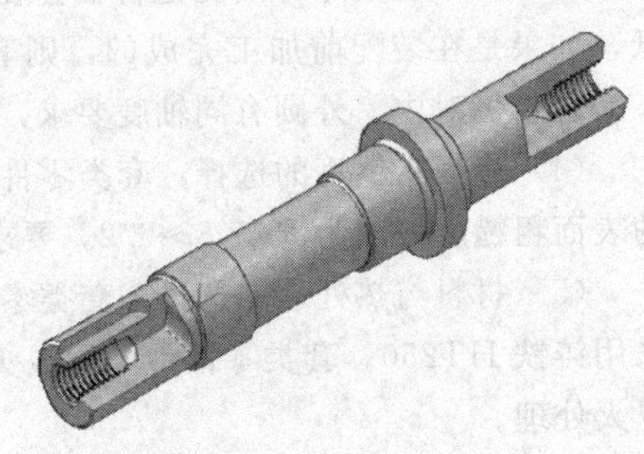

图 8-5-12　水泵轴

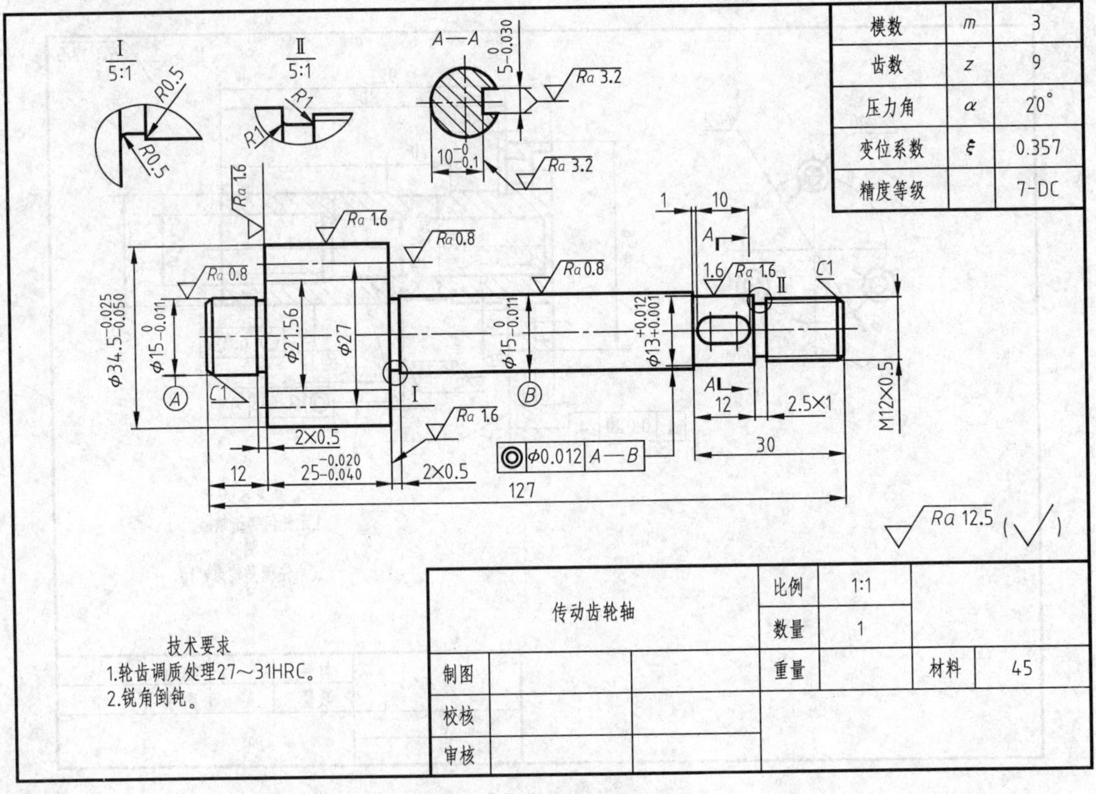

模数	m	3
齿数	z	9
压力角	α	20°
变位系数	ξ	0.357
精度等级		7-DC

图 8-5-13　齿轮轴零件图

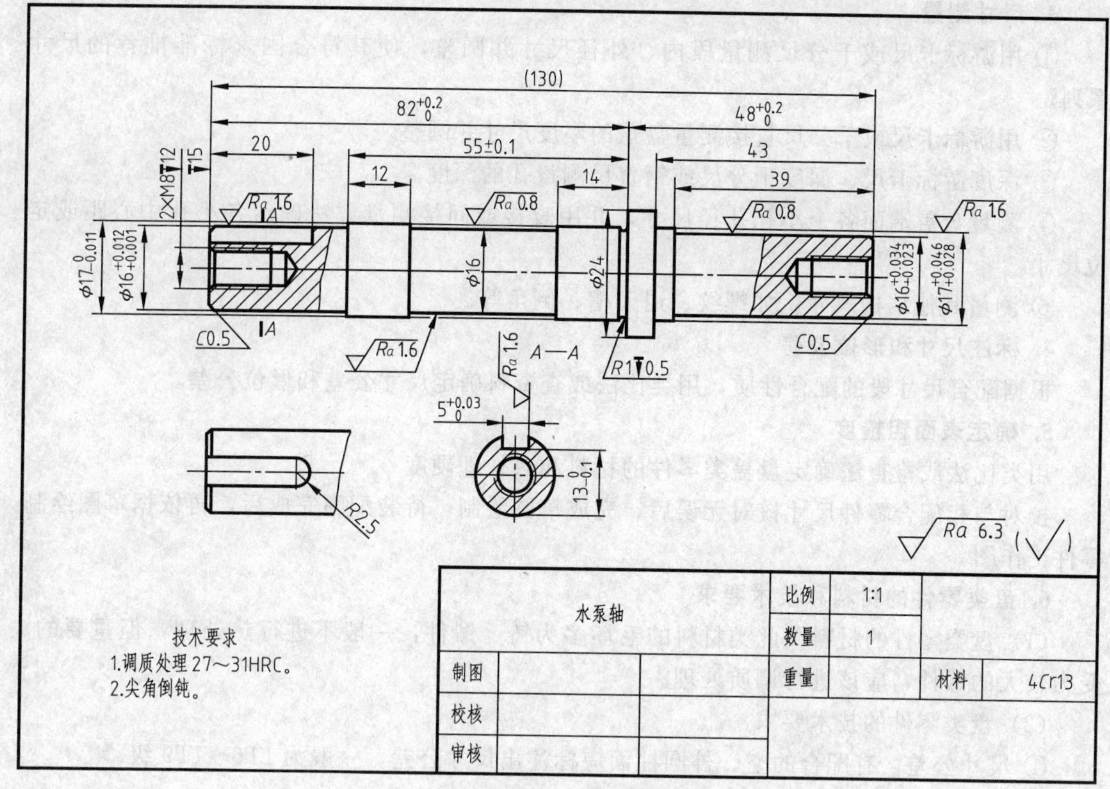

图 8-5-14　水泵轴零件图

技能任务六　轮盘类零件的测绘

一、轮盘类零件

轮盘类零件是轮类零件和盘盖类零件的统称，都是机器或部件上的常见零件。轮类零件的主要作用是连接、支承、轴向定位和传递动力，如齿轮、皮带轮、阀门手轮等；盘盖类零件的主要作用是定位、支承和密封，如电机、水泵、减速器的端盖等。

轮盘类零件的主体结构一般由同一轴线多个扁平的圆柱体组成，直径明显大于轴或轴孔，形似圆盘状。当然轮盘类零件也有非圆盘状的，如一些方形或不规则形状等。为加强零件的强度，常有肋板、轮辐等连接结构；为便于安装紧固，沿圆周均匀分布有螺栓孔或螺钉孔，此外还有销孔、键槽等标准结构。

二、盘类零件的测绘

盘类零件的测绘主要是确定各部分内外径、厚度、孔深及其他结构，测绘步骤如下。

1. 熟悉盘类零件

测绘之前首先要了解零件在机器中的用途、结构、各部位作用及与其他零件的关系。

2. 绘制盘类零件草图

绘制盘类零件轮廓外形草图，并画出各部分的尺寸线和尺寸界线。

3. 尺寸测量

① 用游标卡尺或千分尺测量段内、外径尺寸并圆整，使其符合国家标准推荐的尺寸系列。

② 用游标卡尺或千分尺直接测量盘盖的厚度尺寸并圆整。

③ 深度游标卡尺、深度千分尺或钢直尺测量孔的深度。

④ 测量盘盖端面各个小孔孔径尺寸，并用直接或间接测量方法确定各小孔中心距或定位尺寸。

⑤ 测量其他结构尺寸，如螺纹、退刀槽、倒角等。

4. 标注尺寸和形位公差

根据配合尺寸段的配合性质，用类比法或查资料确定尺寸公差和形位公差。

5. 确定表面粗糙度

用类比法或检查法确定盘盖类零件的材料和热处理硬度。

校对与相配合零件尺寸核对无误后，完成草图绘制，待装配图完成后，再依据草图绘制零件工作图。

6. 盘类零件的材料和技术要求

(1) 盘类零件的材料　此类材料的毛坯多为铸、锻件，一般不进行热处理，但重要的、受力较大的锻件，应该进行调质处理。

(2) 盘类零件的技术要求

① 尺寸公差　有配合的空、外圆柱面应标注出尺寸公差，一般为 IT6～IT9 级。

② 形位公差　与其他运动零件相接处的表面应该有平面度、平行度、垂直度要求。外圆柱面与内孔表面应有同轴度要求，一般为 IT7～IT9 级。

③ 表面粗糙度　一般情况下，配合表面粗糙度为 $Ra0.4$～1.6，非配合加工表面粗糙度为 $Ra6.3$～12.5。

④ 热处理　盘类零件根据材料、工作条件和使用要求不同，常用正火、调质、渗碳、表面淬火等热处理方法。

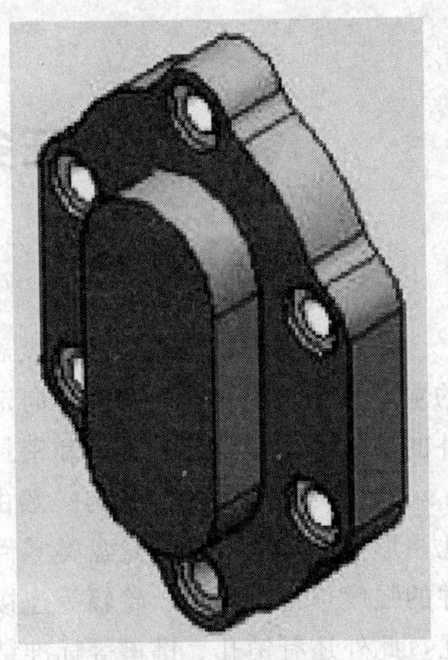

图 8-6-1　齿轮油泵盖

三、泵盖的测绘

测绘图 8-6-1 所示的轮盘类零件：泵盖。

实例分析

1. 测绘步骤

(1) 对泵盖进行了解和分析　泵盖为齿轮油泵的端盖，其形状特征是上下为两个半圆柱，中间有两个圆柱凸台，凸台内有两个盲孔，用以支承主动轴和从动轴。泵盖四周有 6 个螺钉孔、2 个销孔，有铸造圆角、倒角等工艺结构。

(2) 绘制泵盖零件草图　泵盖属于轮盘类零件，一般按加工位置，即将主要轴线以水平方向放置来选择主视图。一般选择两个基本视图，主视图常采用剖视来表达内部结构，另外根据其结构特征再选用一个左视图（或右视图）来表达轮盘零件的外形和安装孔的分布情况。有肋板、轮辐结构的可采用断面图来表达其断面形状，细小结构可采用局部放大图表达。本例的泵盖草图如图 8-6-2 所示。

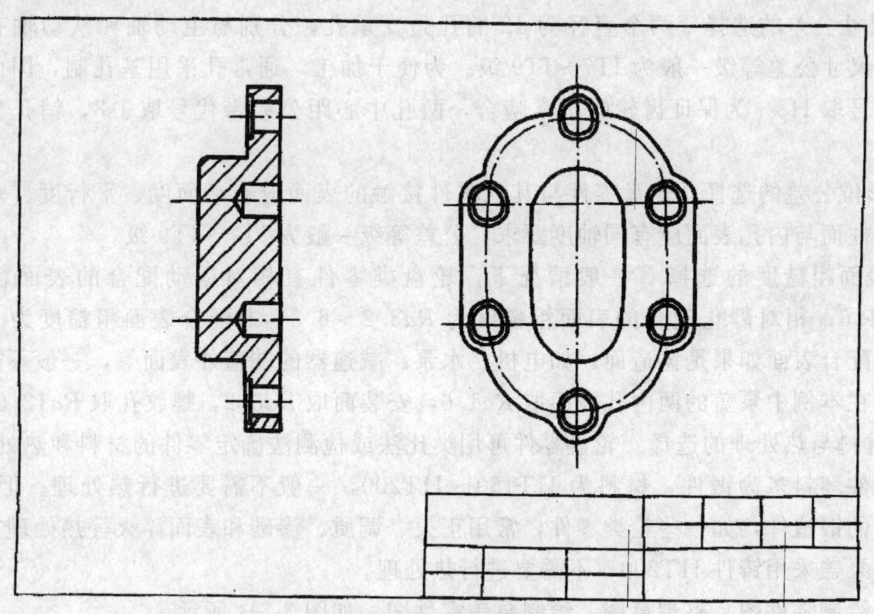

图 8-6-2　泵盖草图

（3）测量尺寸（图 8-6-3）　根据零件草图中的尺寸标注要求，分别测量泵盖零件的各部分尺寸并在草图上标注。轮盘类零件在标注尺寸时，通常以重要的安装端面或定位端面（配合或接触表面）作为轴向尺寸的主要基准，以中轴线作为径向尺寸的主要基准。本例中，以泵盖的安装端面为基准标注出各轴向尺寸。

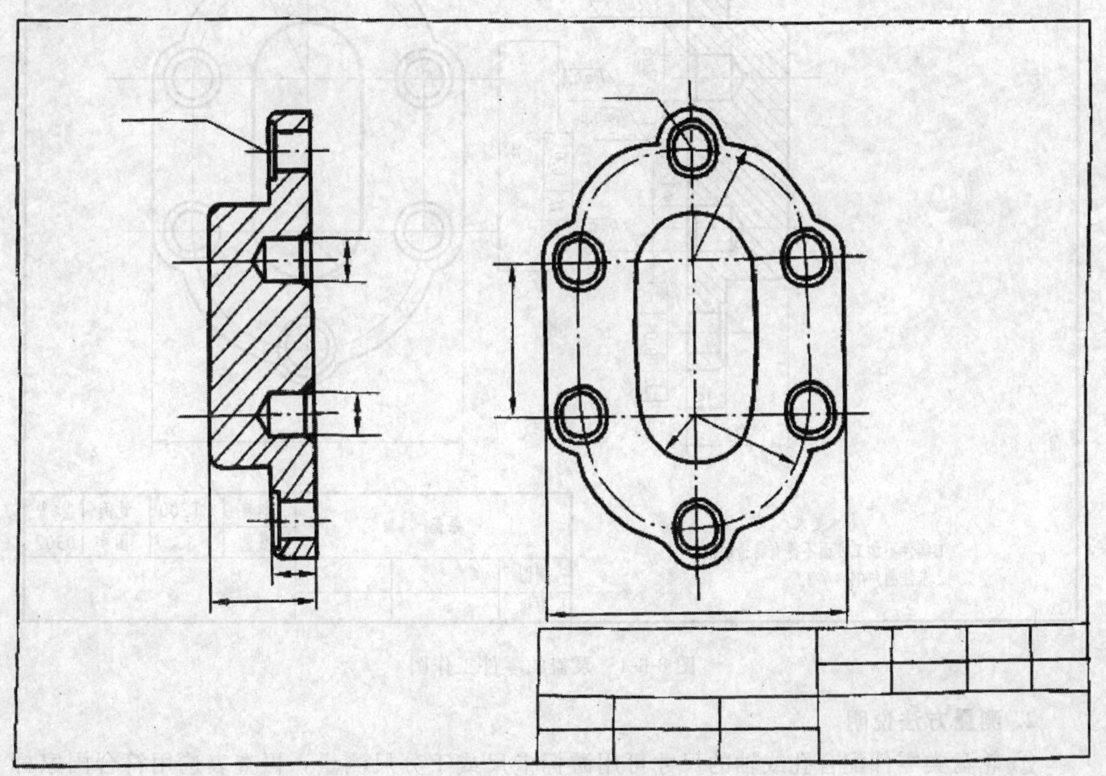

图 8-6-3　测量泵盖尺寸

（4）确定技术要求

① 尺寸公差的选择　两个直径为 12 的孔是支承孔，分别与主动轴和从动轴有间隙配合，孔径尺寸公差等级一般为 IT7～IT9 级。为便于加工，通常孔采用基孔制，因此两孔的公差带代号取 H8。为保证齿轮的正常啮合，两孔中心距公差带代号取 Js8，销孔公差带代号取 H7。

② 形位公差的选择　轮盘零件与其他零件接触的表面应有平面度、平行度、垂直度要求，外圆柱面与内孔表面应有同轴度要求，公差等级一般为 IT7～IT9 级。

③ 表面粗糙度的选择　一般情况下，轮盘类零件有相对运动配合的表面粗糙度为 *Ra*0.8～1.6，相对静止配合的表面粗糙度为 *Ra*3.2～6.3，非配合表面粗糙度为 *Ra*6.3～12.5。非配合表面如果是铸造面，如电机、水泵、减速器的端盖外表面等，一般不需要标注参数值。在本例中泵盖的两内孔表面取 *Ra*1.6，安装面取 *Ra*3.2，螺纹孔取 *Ra*12.5。

④ 材料与热处理的选择　轮盘零件可用类比法或检测法确定零件的材料和热处理方法。盘盖类零件坯料多为锻件，材料为 HT150～HT200，一般不需要进行热处理。但重要的、受力较大的锻造件，如一些轮类零件，常用正火、调质、渗碳和表面淬火等热处理方法。因此本例的泵盖采用铸件 HT200，不需要进行热处理。

（5）绘制零件图　整理草图，绘制泵盖零件图，如图 8-6-4 所示。

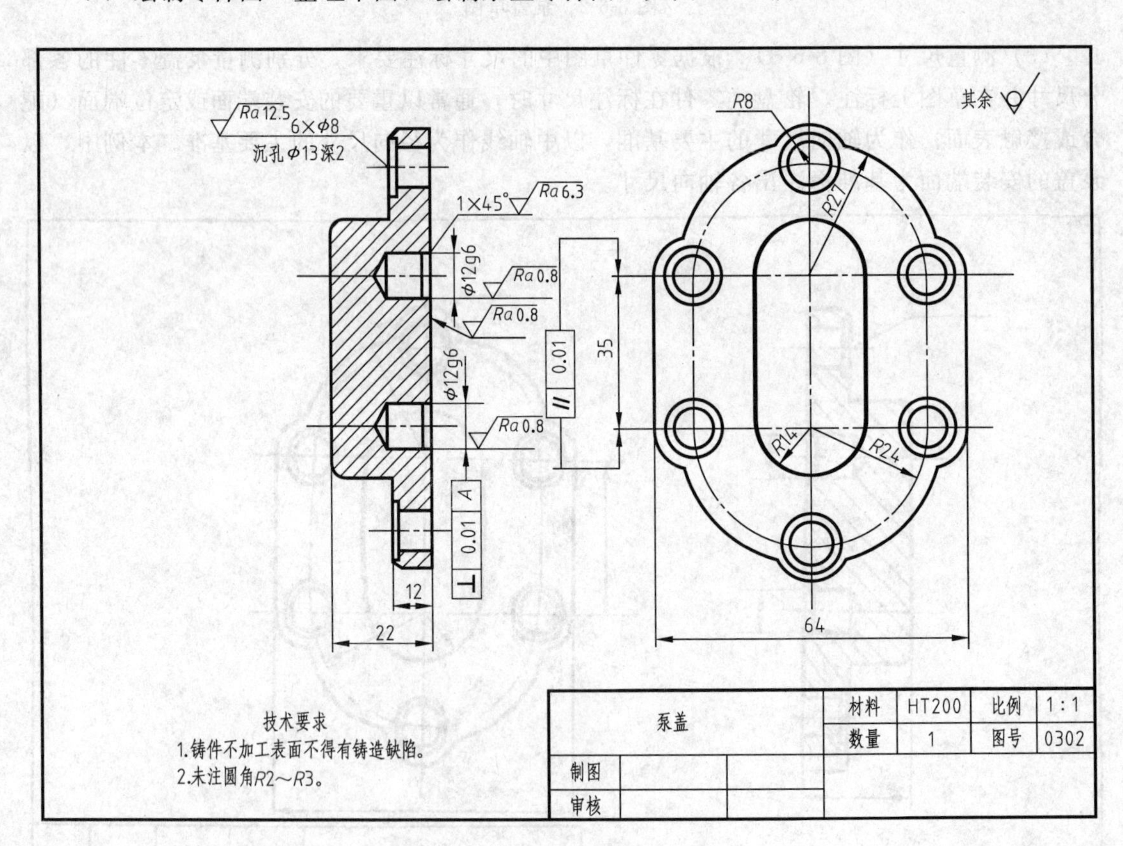

图 8-6-4　泵盖的零件工作图

2. 测量方法说明

① 轮盘类零件配合孔或轴的尺寸可用游标卡尺或千分尺测量，再查表选用符合国家标

准推荐的基本尺寸系列。

② 一般性的尺寸如轮盘零件的厚度、铸造结构尺寸可直接度量并圆整。

③ 与标准件配合的尺寸，如螺纹、键槽、销孔等测出尺寸后还要查表确定标准尺寸。工艺结构尺寸如退刀槽和越程槽、油封槽、倒角和倒圆等，要按照通用方法标注。

四、齿轮的测绘

测绘图 8-6-5 所示的齿轮。

图 8-6-5　直齿圆柱齿轮

● 实例分析

1. 分析齿轮

齿轮是机械传动中的常用零件，其主要作用是传递动力，改变转速和旋转方向。齿轮轮齿部分的参数已经标准化，在绘制时轮齿部分用特殊表示法画出，其余部分仍按投影视图表达。

2. 草图

绘制齿轮草图和参数表，标注各尺寸的尺寸界线和尺寸线（不标尺寸数字），如图 8-6-6 所示。

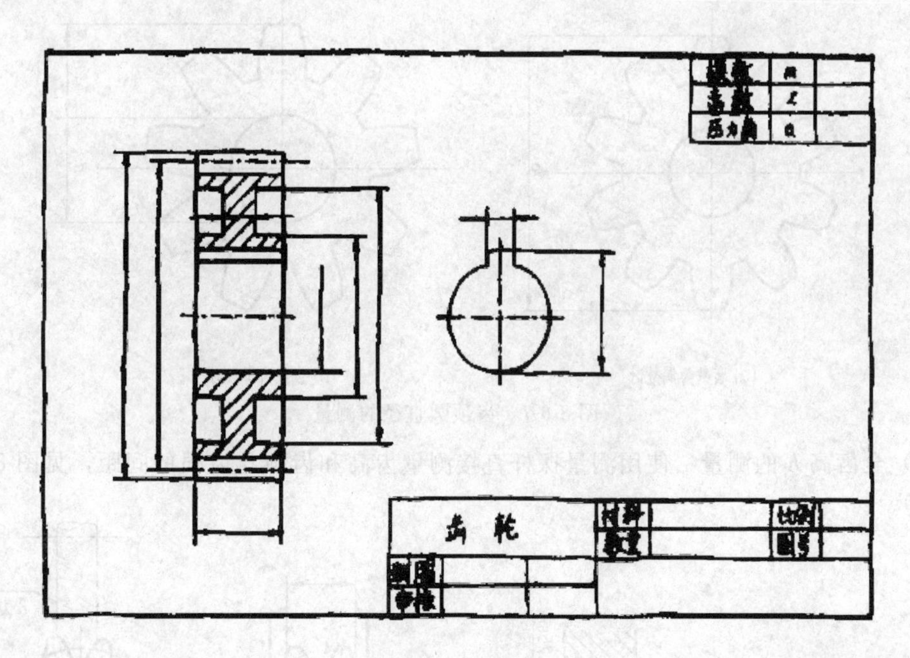

图 8-6-6　齿轮草图

3. 测量

数出齿数 $z=34$，测量齿顶圆直径 $d_a=89.8$mm。测量轮齿以外的其他外形结构尺寸。

（1）测量模数 m　$m=d_a/(z+2)=89.8/(34+2)=2.49$mm，从表 8-6-1 中选用最相近的模数 $m=2.5$mm。

表 8-6-1　标准模数（GB/T 1357—1987）

第一系列	0.1,0.12,0.15,0.2,0.25,0.3,0.4,0.5,0.6,0.8,1,1.25,1.5,2,2.5,3,4,5,6,8,10,12,16,20,25,32,40,50
第二系列	0.35,0.7,0.9,1.75,2.25,2.75,(3.25),3.5,(3.75),4.5,5.5,(6.5),7,9,(11),14,18,22,28,36,45

（2）测量齿顶圆 d_a　测量齿顶圆直径时，若齿数为偶数，则用游标卡尺直接量出齿顶圆直径 d_a，如图 8-6-7（a）所示；若齿数为奇数，用游标卡尺量出 e 和 d 值后，用公式 $d_a=2e+d$ 计算得到齿顶圆直径 d_a，如图 8-6-7（b）所示。也可根据表 8-6-2 得出：

齿顶圆直径 $d_a=m(z+2)=2.5\times(34+2)=90$（mm）

分度圆直径 $d=mz=2.5\times30=85$（mm）

齿根圆直径 $d_f=m(z-2.5)=2.5\times(34-2.5)=78.75$（mm）

表 8-6-2　直齿圆柱齿轮各部分尺寸计算公式

名　　称	代　　号	计 算 公 式
分度圆直径	d	$d=mz$
齿顶高	h_a	$h_a=m$
齿根高	h_f	$h_f=1.25m$
齿高	h	$h=2.25m$
齿顶圆直径	d_z	$d_z=m(z+2)$
齿根圆直径	d_f	$d_f=m(z-2.5)$
齿距	P	$P=\pi m$
中心距	a	$a=(d_1+d_2)/2=m(z_1+z_2)/2$

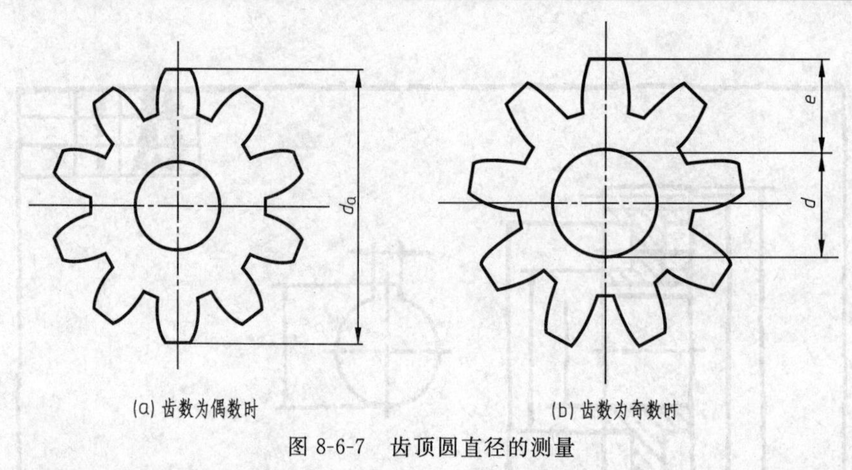

图 8-6-7　齿顶圆直径的测量

（3）全齿高 h 的测量　使用测量探杆直接测量齿高和齿顶与齿根的间距，见图 8-6-8 和图 8-6-9。

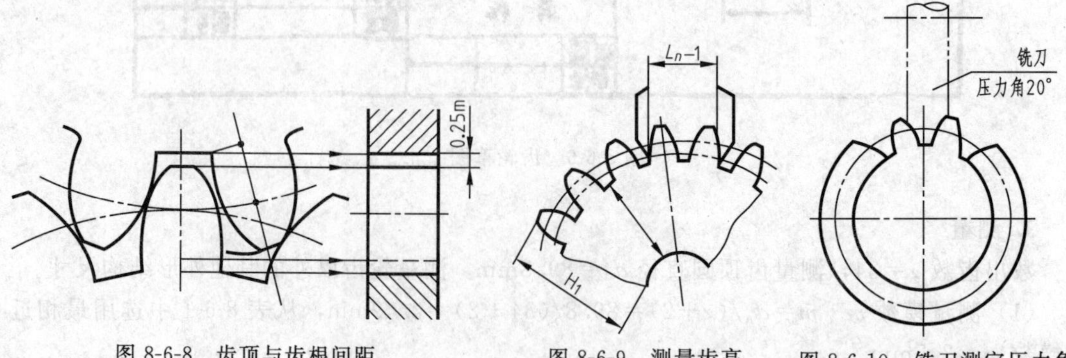

图 8-6-8　齿顶与齿根间距　　图 8-6-9　测量齿高　　图 8-6-10　铣刀测定压力角

（4）压力角的测定　铣刀压力角的测定见图 8-6-10。根据齿数，选用一把符合被测齿轮齿数范围的铣刀检验，当它们符合齿廓曲线时，则被测齿的压力角即为 20°。

4. 技术要求

用类比法确定齿轮的材料为 20CrMnTi。热处理：齿面高频淬火 50～55HRC。

5. 零件图

绘制齿轮零件图如图 8-6-11 所示。

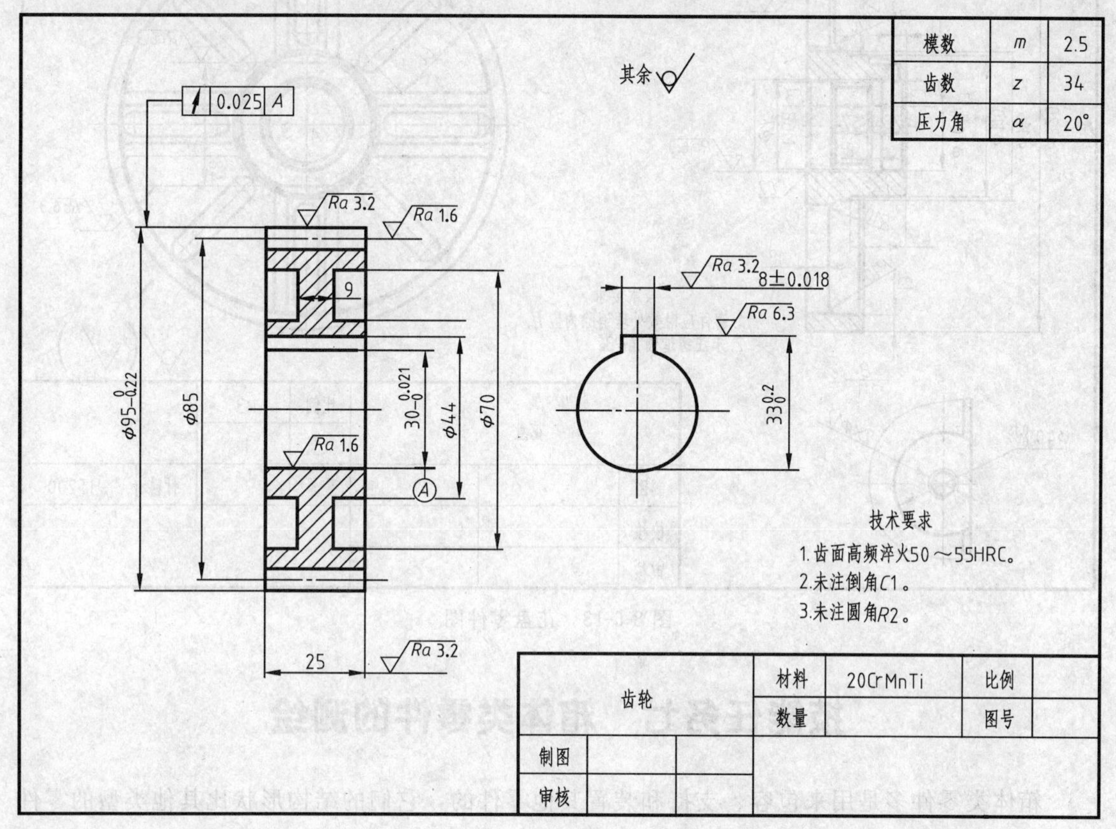

图 8-6-11　齿轮零件工作图

知识拓展

盘类零件多为扁平回转体，轮盘上常有筋、轮辐、减轻孔等结构，大部分工序在车床上加工，如轴承盖、花盘、法兰盘、齿轮、皮带轮等均属于这类零件。一般盘类零件形状较复杂，多采用两个视图表示：主视图采用全剖视图的方案，以反映轮缘、轮辐及轮毂三个部分的相对位置及轮毂内腔的形状，轴线画成水平以适应加工位置；左视图画出盘类零件的外形及筋、轮辐、孔等的分布。另外，根据轮盘零件的形状和结构的复杂程度，有时还需采用局部视图、局部放大图、断面图等。图 8-6-12 所示花盘采用相交平面剖切的主视图说明其形状结构，并且轴线画成水平，用左视图画出花盘外形及槽的分布，

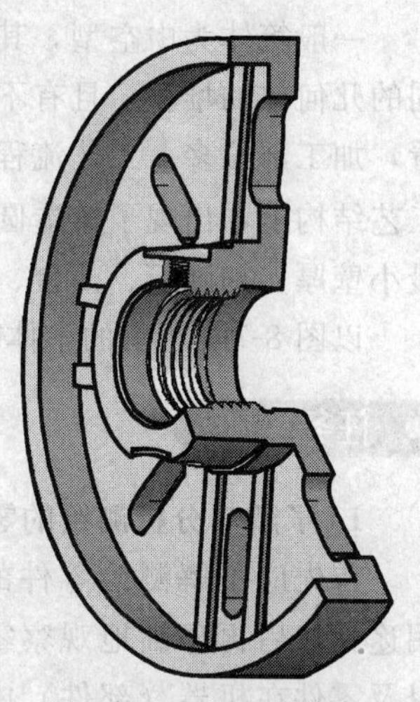

图 8-6-12　花盘立体图

另外，添加一个局部放大图说明螺纹孔的位置。图 8-6-13 为花盘零件图。

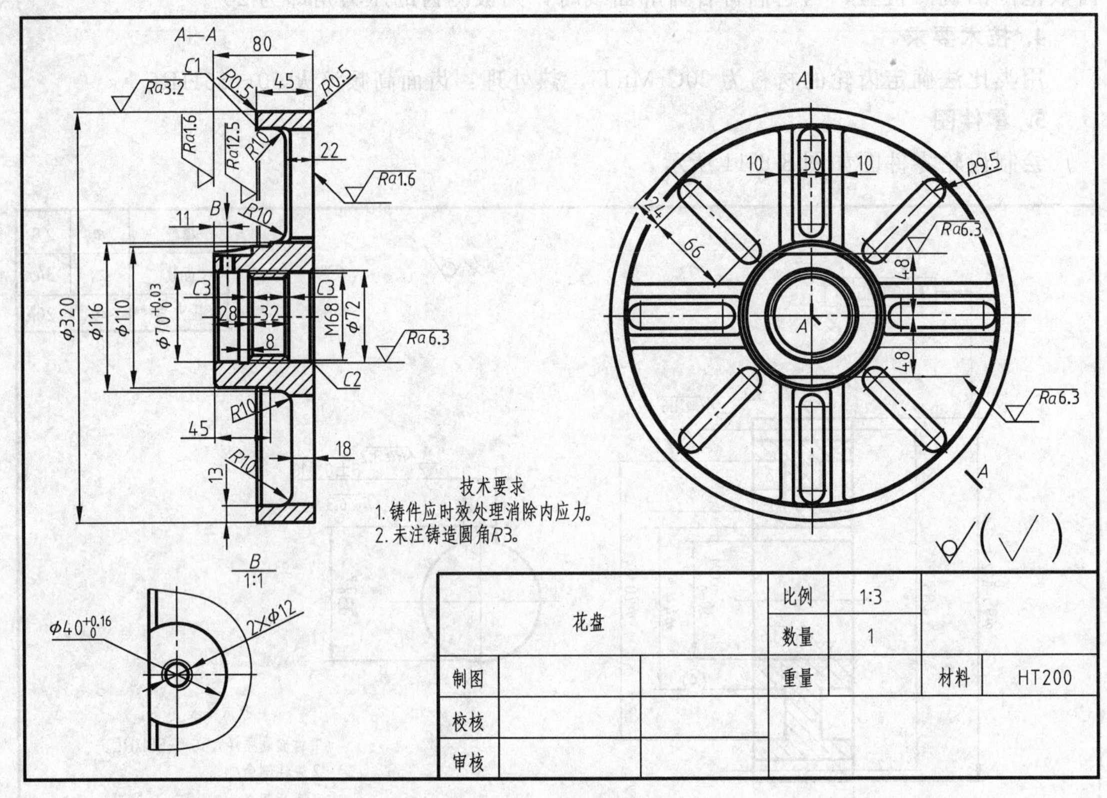

图 8-6-13　花盘零件图

技能任务七　箱体类零件的测绘

箱体类零件多是用来包容、支持和装置其他零件的，它们的结构形状比其他类型的零件复杂得多。

一般箱体为中空型，其结构大体可分为工作、安装和连接三部分。从形状上出现各种不同的几何体的堆积，且有不完整的锥、柱、球缘、凸台、凹坑、沟槽、斜孔等。从加工角度看，加工部位多，工艺流程长，工序种类多（车、铣、刨、磨、钻、缝、铰等）。所以，在工艺结构上，出现了铸造圆角、拔模斜度、最小壁厚、加强筋、凸台、凹坑等。

以图 8-7-1 所示的整体轴承为例。

任务实施

1. 了解与分析测绘的零件

首先应了解测绘零件的名称、材料及用途，然后再仔细地观察零件的形状结构以及零件在机器（部件）中的位置和所起的作用，并分析零件的制造工艺。

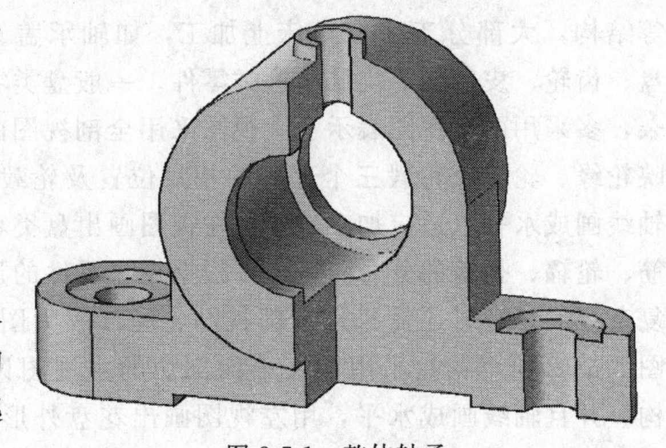
图 8-7-1　整体轴承

2. 绘制零件草图

① 首先把零件按安装或加工位置摆放好，然后选择最能反映形状特征的方向作为主视图的投影方向，并且结合零件的形状结构选择一个恰当的表达方法，然后再决定其他视图。在把零件表达清楚的前提下，表达方案尽可能简练。

② 按照零件的表达方案，首先在图纸上画各视图的定位线，如零件的轴线、中心线、主要基准面的轮廓线等，并画出标题栏。

③ 目测比例，徒手绘图。先画零件的主要轮廓线，再画次要轮廓线（图 8-7-2）。

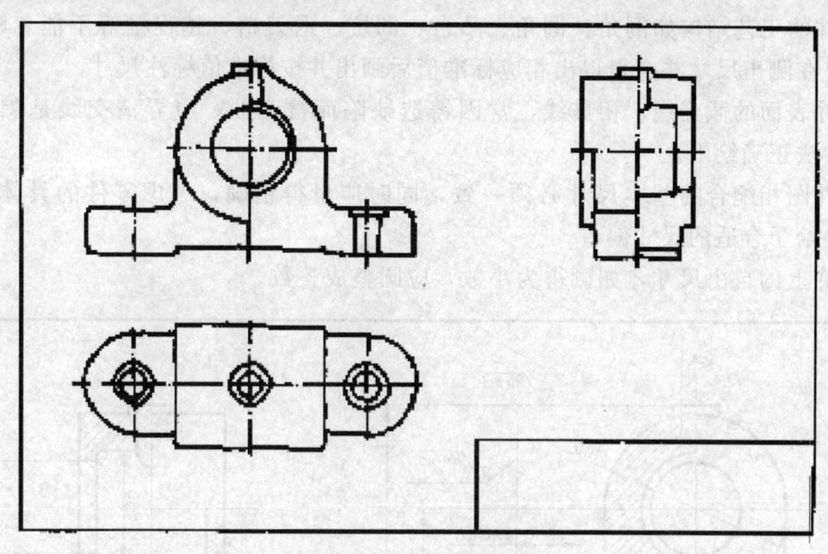

图 8-7-2　整体轴承草图

④ 选定尺寸基准，考虑零件需要标注的尺寸，画出全部尺寸界线、尺寸线及箭头。经仔细校核无误后，画上剖面线，并按规定线型加深。

⑤ 逐个量出尺寸，标注在图上。

⑥ 确定并标注表面粗糙度和技术要求，填写标题栏，最后检查全图（图 8-7-3）。

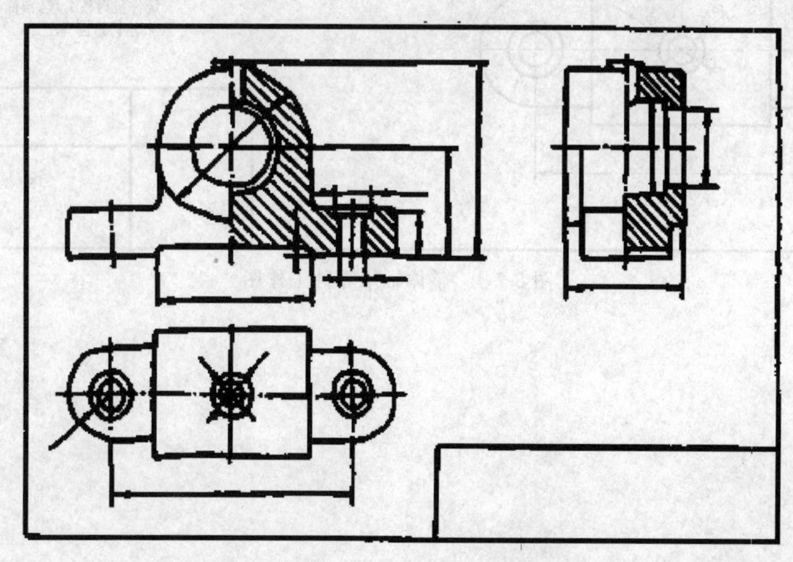

图 8-7-3　整体轴承测量

3. 绘制零件工作图

整理复核零件草图，在此基础上绘制正规零件工作图（图 8-7-4）。绘制时注意进一步完善与改进草图不全面的地方。从合理性角度出发，调整尺寸的标注，使零件加工方便。对零件的表面粗糙度与技术要求，仔细考虑零件的工作情况，通过设计计算，并查阅手册确定下来。

4. 测绘注意事项

① 测绘时应避免把砂眼、气孔、刀痕等零件缺陷及零件磨损、破损部分画出来。

② 零件的工艺结构如倒角、圆角、凸台、凹坑、退刀槽、越程槽等不能忽略，如为标准结构，应在测出尺寸并查表得出相应标准值后画出并按标准值标注尺寸。

③ 零件表面的截交线、相贯线，常因铸造缺陷而被歪曲，应弄清交线是怎样产生的，再用相应方法正确绘出。

④ 零件图相配合的基本尺寸必须一致，同时应量得精确，考虑零件的具体工作情况，查阅手册，给予合适的尺寸偏差。

⑤ 零件上的自由尺寸，如测得为小数，应圆整成整数。

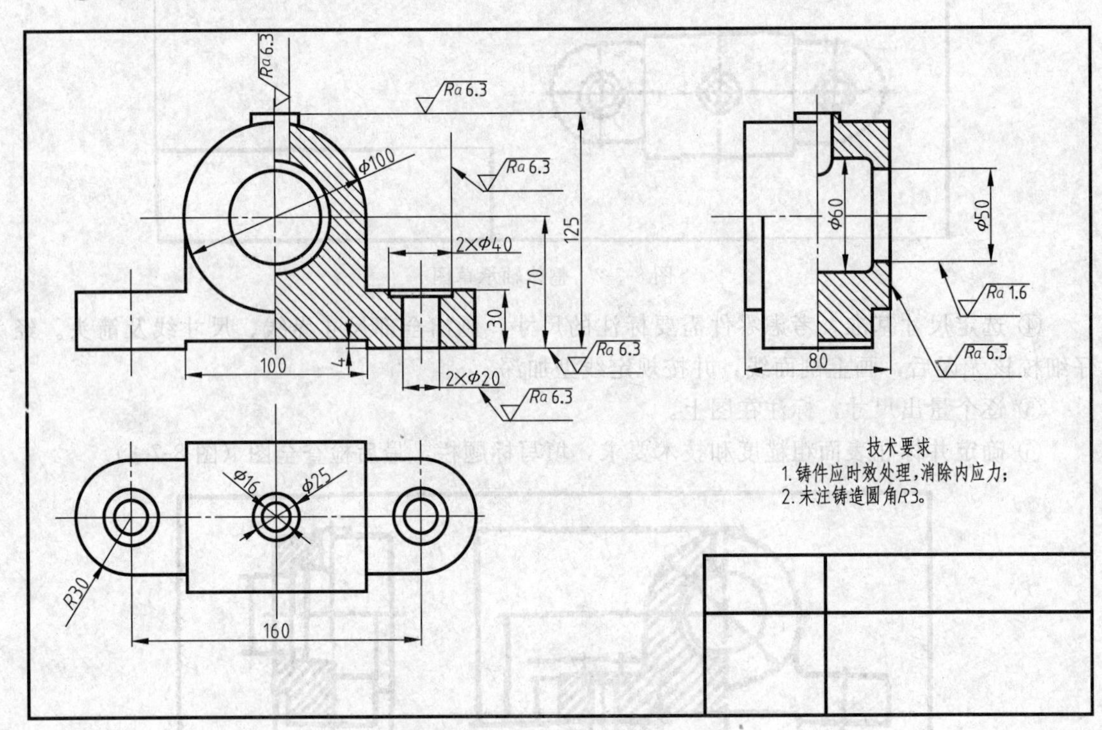

图 8-7-4 整体轴承零件工作图

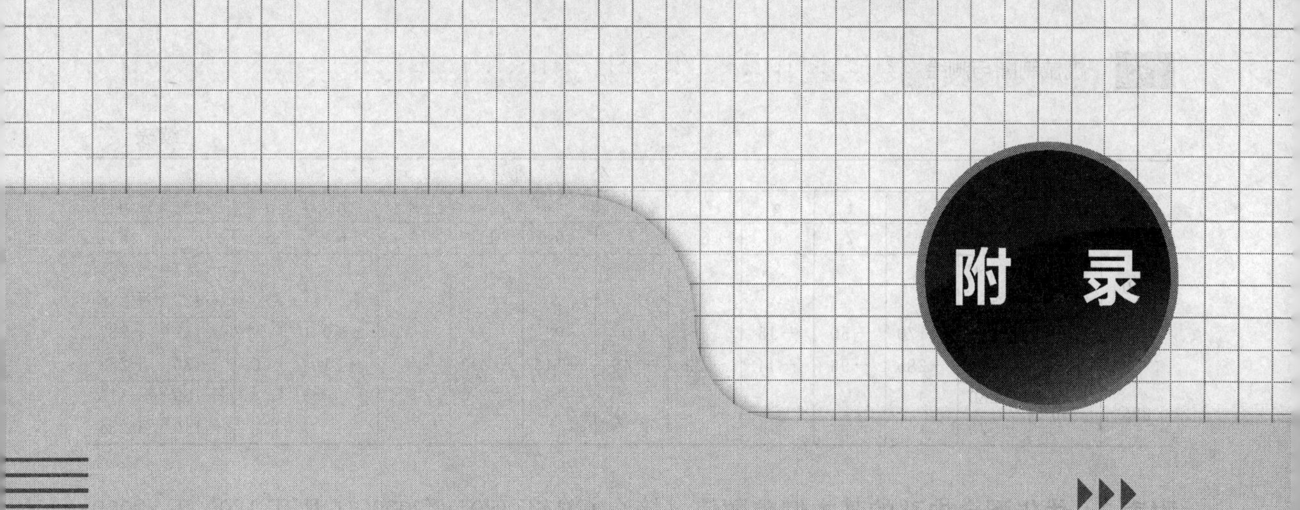

附表 1　优先配合中轴的基本偏差数值（摘自 GB/T 1801—2009、GB/T 1800.2—2009）

单位：μm

<table>
<tr><th colspan="2">公称尺寸
/mm</th><th colspan="13">公 差 带</th></tr>
<tr><th colspan="2"></th><th>c</th><th>d</th><th>f</th><th>g</th><th colspan="4">h</th><th>k</th><th>n</th><th>p</th><th>s</th><th>u</th></tr>
<tr><th>大于</th><th>至</th><th>11</th><th>9</th><th>7</th><th>6</th><th>6</th><th>7</th><th>9</th><th>11</th><th>6</th><th>6</th><th>6</th><th>6</th><th>6</th></tr>
<tr><td>—</td><td>3</td><td>−60
−120</td><td>−20
−45</td><td>−6
−16</td><td>−2
−8</td><td>0
−6</td><td>0
−10</td><td>0
−25</td><td>0
−60</td><td>+6
0</td><td>+10
+4</td><td>+12
+6</td><td>+20
+14</td><td>+24
+18</td></tr>
<tr><td>3</td><td>6</td><td>−70
−145</td><td>−30
−60</td><td>−10
−22</td><td>−4
−12</td><td>0
−8</td><td>0
−12</td><td>0
−30</td><td>0
−75</td><td>+9
+1</td><td>+16
+8</td><td>+20
+12</td><td>+27
+9</td><td>+31
+23</td></tr>
<tr><td>6</td><td>10</td><td>−80
−170</td><td>−40
−76</td><td>−13
−28</td><td>−5
−14</td><td>0
−9</td><td>0
−15</td><td>0
−36</td><td>0
−90</td><td>+10
+1</td><td>+19
+10</td><td>+24
+15</td><td>+32
+23</td><td>+37
+28</td></tr>
<tr><td>10</td><td>14</td><td rowspan="2">−95
−205</td><td rowspan="2">−50
−93</td><td rowspan="2">−16
−34</td><td rowspan="2">−6
−17</td><td rowspan="2">0
−11</td><td rowspan="2">0
−18</td><td rowspan="2">0
−43</td><td rowspan="2">0
−110</td><td rowspan="2">+12
+1</td><td rowspan="2">+23
+12</td><td rowspan="2">+29
+18</td><td rowspan="2">+39
+28</td><td rowspan="2">+44
+33</td></tr>
<tr><td>14</td><td>18</td></tr>
<tr><td>18</td><td>24</td><td rowspan="2">−110
−240</td><td rowspan="2">−65
−117</td><td rowspan="2">−20
−41</td><td rowspan="2">−7
−20</td><td rowspan="2">0
−13</td><td rowspan="2">0
−21</td><td rowspan="2">0
−52</td><td rowspan="2">0
−130</td><td rowspan="2">+15
+2</td><td rowspan="2">+28
+15</td><td rowspan="2">+35
+22</td><td rowspan="2">+48
+35</td><td>+54
+41</td></tr>
<tr><td>24</td><td>30</td><td>+61
+48</td></tr>
<tr><td>30</td><td>40</td><td>−120
−280</td><td rowspan="2">−80
−142</td><td rowspan="2">−25
−50</td><td rowspan="2">−9
−25</td><td rowspan="2">0
−16</td><td rowspan="2">0
−25</td><td rowspan="2">0
−62</td><td rowspan="2">0
−160</td><td rowspan="2">+18
+2</td><td rowspan="2">+33
+17</td><td rowspan="2">+42
+26</td><td rowspan="2">+59
+43</td><td>+76
+60</td></tr>
<tr><td>40</td><td>50</td><td>−130
−290</td><td>+86
+70</td></tr>
<tr><td>50</td><td>65</td><td>−140
−330</td><td rowspan="2">−100
−174</td><td rowspan="2">−30
−60</td><td rowspan="2">−10
−29</td><td rowspan="2">0
−19</td><td rowspan="2">0
−30</td><td rowspan="2">0
−74</td><td rowspan="2">0
−190</td><td rowspan="2">+21
+2</td><td rowspan="2">+39
+20</td><td rowspan="2">+51
+32</td><td>+72
+53</td><td>+106
+87</td></tr>
<tr><td>65</td><td>80</td><td>−150
−340</td><td>+78
+59</td><td>+121
+102</td></tr>
<tr><td>80</td><td>100</td><td>−170
−390</td><td rowspan="2">−120
−207</td><td rowspan="2">−36
−71</td><td rowspan="2">−12
−34</td><td rowspan="2">0
−22</td><td rowspan="2">0
−35</td><td rowspan="2">0
−87</td><td rowspan="2">0
−220</td><td rowspan="2">+25
+3</td><td rowspan="2">+45
+23</td><td rowspan="2">+59
+37</td><td>+93
+71</td><td>+146
+124</td></tr>
<tr><td>100</td><td>120</td><td>−180
−400</td><td>+101
+79</td><td>+166
+144</td></tr>
<tr><td>120</td><td>140</td><td>−200
−450</td><td rowspan="3">−145
−245</td><td rowspan="3">−43
−83</td><td rowspan="3">−14
−39</td><td rowspan="3">0
−25</td><td rowspan="3">0
−40</td><td rowspan="3">0
−100</td><td rowspan="3">0
−250</td><td rowspan="3">+28
+3</td><td rowspan="3">+52
+27</td><td rowspan="3">+68
+43</td><td>+117
+92</td><td>+195
+170</td></tr>
<tr><td>140</td><td>160</td><td>−210
−460</td><td>+125
+100</td><td>+215
+190</td></tr>
<tr><td>160</td><td>180</td><td>−230
−480</td><td>+133
+108</td><td>+235
+210</td></tr>
</table>

续表

公称尺寸/mm		公差带												
		c	d	f	g	h				k	n	p	s	u
大于	至	11	9	7	6	6	7	9	11	6	6	6	6	6
180	200	−260 −550											+151 +122	+265 +236
200	225	−260 −550	−170 −285	−50 −96	−15 −44	0 −29	0 −46	0 −115	0 −290	+33 +4	+60 +31	+79 +50	+159 +130	+287 +258
225	250	−280 −570											+169 +140	+313 +284

附表 2　优先配合中孔的基本偏差数值（摘自 GB/T 1801—2009、GB/T 1800.2—2009）

单位：μm

公称尺寸/mm		公差带												
		C	D	F	G	H				K	N	P	S	U
大于	至	11	9	8	7	7	8	9	11	7	7	7	7	7
—	3	+120 +60	+45 +20	+20 +6	+12 +2	+10 0	+14 0	+25 0	+60 0	0 −10	−4 −14	−6 −16	−14 −24	−18 −28
3	6	+145 +70	+60 +30	+28 +10	+16 +4	+12 0	+18 0	+30 0	+75 0	+3 −9	−4 −16	−8 −20	−15 −27	−19 −31
6	10	+170 +80	+76 +40	+35 +13	+20 +5	+15 0	+22 0	+36 0	+90 0	+5 −10	−4 −19	−9 −24	−17 −32	−22 −37
10	14	+205 +95	+93 +50	+43 +16	+24 +6	+18 0	+27 0	+43 0	+110 0	+6 −12	−5 −23	−11 −29	−21 −39	−26 −44
14	18													
18	24	+240 +110	+117 +65	+53 +20	+28 +7	+21 0	+33 0	+52 0	+130 0	+6 −15	−7 −28	−14 −35	−21 −48	−33 −54
24	30													−40 −61
30	40	+280 +120	+142 +80	+64 +25	+34 +9	+25 0	+39 0	+62 0	+160 0	+7 −18	−8 −33	−17 −42	−34 −59	−51 −76
40	50	+290 +130												−61 −86
50	65	+330 +140	+174 +100	+76 +30	+40 +10	+30 0	+46 0	+74 0	+190 0	+9 −21	−9 −39	−21 −51	−42 −72	−76 −106
65	80	+340 +150											−48 −78	−91 −121
80	100	+390 +170	+207 +120	+90 +36	+47 +12	+35 0	+54 0	+87 0	+220 0	+10 −25	−10 −45	−24 −59	−58 −93	−111 −146
100	120	+400 +180											−66 −101	−131 −166
120	140	+450 +200											−77 −117	−155 −195
140	160	+460 +210	+245 +145	+106 +43	+54 +14	+40 0	+63 0	+100 0	+250 0	+12 −28	−12 −52	−28 −68	−85 −125	−175 −215
160	180	+480 +230											−93 −133	−195 −235
180	200	+530 +240											−105 −151	−219 −265
200	225	+550 +260	+285 +170	+122 +50	+61 +15	+46 0	+72 0	+115 0	+290 0	+13 −33	−14 −60	−33 −79	−113 −159	−241 −287
225	250	+570 +280											−123 −169	−267 −313

参考文献

[1] 章毓文．机械制图．第 2 版．北京：北京航空航天大学出版社，2011.

[2] 何铭新，钱可强．机械制图．第 4 版．北京：高等教育出版社，2004.

[3] 朱冬梅，胥北澜．画法几何及机械制图．第 2 版．北京：高等教育出版社，2000.

[4] 刘哲，高玉芬．机械制图．第 5 版．大连：大连理工大学出版社，2011.

[5] 杜海军，张淑红．机械制图．武汉：武汉大学出版社，2011.

[6] 王冰．机械制图及测绘实训．第 2 版．北京：高等教育出版社，2009.

[7] 劳动和社会保障部教材办公室．机械制图．第 5 版．北京：中国劳动社会保障出版社，2007.

[8] 张海鹏．AutoCAD 机械绘图项目教程．北京：北京大学出版社，2010.